# LEÇONS



# COORDONNÉES CURVILIGNES

ET

## LEURS DIVERSES APPLICATIONS.

PARIS. — IMPRIMERIE DE MALLET-BACHELIER,
rue du Jardinet, 12.

# LEÇONS



# COORDONNÉES CURVILIGNES



## LEURS DIVERSES APPLICATIONS,

### Par G. LAMÉ.

# PARIS,

## MALLET-BACHELIER, IMPRIMEUR-LIBRAIRE

DE L'ÉCOLE POLYTECHNIQUE, DU BUREAU DES LONGITUDES,

QUAI DES AUGUSTINS, 55.

1859

# DISCOURS PRÉLIMINAIRE.

Le Cours que j'entreprends aujourd'hui a pour objet diverses questions où l'on emploie la théorie des surfaces. C'est la Géométrie considérée au point de vue de la Physique mathématique, une géométrie spéciale et nouvelle, que je vais essayer de définir.

Il ne s'agit plus d'étudier les propriétés d'une ligne, ou d'une trajectoire, plane ou à double courbure; ni celles de la surface qui limite un corps, et des lignes tracées sur cette surface individuelle. Il faut considérer à la fois, dans l'espace, ou dans l'étendue à trois dimensions, soit une famille de surfaces, réunies par une propriété commune, soit plusieurs familles découpant un volume en polyèdres curvilignes.

Toutes les branches des Mathématiques appliquées s'accordent pour réclamer cette nouvelle étude, cette extension de la Géométrie transcendante. Une revue rapide de ces diverses branches mettra ce fait hors de doute.

Lorsqu'un fluide est en équilibre, à chaque point correspond une pression, qui s'exerce normalement, et avec la même intensité, sur tous les éléments-plans dont ce point fait partie. La même pression appartient à tous les points d'une certaine surface, qu'on appelle surface de niveau, et qui jouit de la propriété d'être partout normale à la résultante des forces extérieures, pesanteur, actions capillaires, ou autres. L'espace occupé par le fluide est le lieu géométrique d'une infinité de surfaces semblables, lesquelles composent une famille de surfaces de niveau. La science de l'Hydrostatique a pour objet de déterminer la forme de ces surfaces, et la loi qui régit la variation de la pression, lorsqu'on passe d'une de ces surfaces à une autre.

D'après la loi de l'attraction universelle, si, pour chaque point de l'espace, on compose la somme des masses de toutes les molécules matérielles de l'univers, respectivement divisées par leurs distances à ce point, on obtient la fonction qui a reçu le nom de *potentiel*, et dont la dérivée partielle, suivant une direction quelconque, donne la composante, suivant cette même direction, de la résultante des attractions exercées sur le point considéré. Le potentiel a la même valeur pour tous les points d'une certaine surface, qu'on appelle encore surface de niveau, et qui jouit pareillement de la propriété d'être partout normale à la résultante des attractions. L'espace est le lieu géométrique d'une infinité de surfaces de même nature, lesquelles composent une famille de surfaces d'égal potentiel, et dont la considération éclaircit singulièrement l'énoncé, et la solution d'un grand nombre de problèmes de la mécanique céleste.

Dans la théorie analytique de la chaleur, lors de l'état statique, la température est stationnaire en chaque point du corps solide homogène que l'on considère. Cette température a la même valeur pour tous les points d'une certaine surface, qu'on appelle surface isotherme. Le volume du corps est le lieu géométrique d'une infinité de surfaces semblables, lesquelles composent une famille de surfaces isothermes, et dont la considération peut simplifier beaucoup la recherche qu'on a en vue. Par exemple, si le solide constitue une enveloppe, dont les deux parois sont entretenues à des températures fixes, connues et différentes, le problème à résoudre consiste à trouver l'équation générale, et le paramètre thermométrique, de la famille de surfaces isothermes qui comprend les deux parois, et la température varie, dans l'intérieur du corps, proportionnellement au paramètre trouvé.

Si l'hydrostatique et la théorie du potentiel ont introduit les familles des surfaces de niveau, la théorie de la chaleur celles des surfaces isothermes, la théorie de la lumière celles des surfaces d'ondes; c'est la théorie mathématique de l'équilibre d'élasticité des corps solides, qui a introduit la considération de trois familles conjuguées et orthogonales.

En effet : il résulte de cette théorie qu'en chaque point d'un solide en équilibre d'élasticité, il existe toujours trois éléments-plans rectangulaires, que les forces élastiques sollicitent normalement, tandis que tous les autres éléments, au même point, peuvent n'éprouver que des tractions ou des pressions obliques. Si donc on considère à la fois les trois éléments-plans sollicités normalement, qui correspondent à tous les points du solide, et dont les positions varient d'une manière continue, tous ces triples éléments pourront former, de proche en proche, trois familles de surfaces orthogonales, composant ce qu'on appelle un système isostatique, et qui jouissent de la propriété fondamentale d'être seules sollicitées normalement par les forces élastiques.

Dans tout système isostatique, chacune des trois familles de surfaces conjuguées a son paramètre, constant pour chaque surface, variable d'une surface à une autre. Les trois paramètres forment évidemment un système de coordonnées, car en leur donnant des valeurs particulières, elles appartiennent à trois surfaces individuelles, qui se coupent orthogonalement en un point, lequel est complétement déterminé par ces valeurs. De là est venue l'idée des coordonnées curvilignes, dont l'emploi est indispensable quand on veut traiter des corps de formes données, dans les diverses branches de la Physique mathématique.

En effet : dans toutes ces branches, il s'agit toujours d'intégrer, ou de déterminer, une ou plusieurs fonctions qui doivent vérifier une ou plusieurs équations aux différences partielles du second ordre, exprimant les lois physiques qui régissent les fonctions dont il s'agit. Et, en outre, ces fonctions, ou leurs intégrales générales, doivent vérifier d'autres équations aux différences partielles du premier ordre, pour tous les points appartenant à la surface qui limite le corps que l'on veut traiter.

Or, ce problème de double intégration serait complétement inabordable, si l'on ne parvenait pas à rapporter les points du corps, à un système de coordonnées tel que la surface, ou les diverses parties qui la composent, soient exprimées par une de ces coordonnées égalée à une constante. C'est ainsi qu'on a pu traiter : le prisme rectangle à l'aide des coordonnées rectilignes ; le cylindre droit par les coordonnées polaires ; la sphère à l'aide des coordonnées sphériques ; l'ellipsoïde par les coordonnées elliptiques.

Dans la théorie de l'attraction, la fonction est le potentiel ; dans celle de la chaleur, c'est la température. L'équation générale aux différences partielles du second ordre, est la même pour les deux théories, quand on ne considère que l'état statique. De là résulte que les paramètres des surfaces d'égal potentiel, et ceux des surfaces isothermes, obéissent aux mêmes conditions géométriques. C'est-à-dire que ces deux classes de surfaces se superposent complétement, ou n'en forment qu'une seule. Coïncidence remarquable, qui rapproche les deux théories, à tel point, qu'en résolvant analytiquement certaine question particulière, chez l'une, on a immédiatement la solution d'une question correspondante, chez l'autre.

Ainsi, la théorie du potentiel se balance entre deux analogies : l'une avec l'hydrostatique, qui lui a donné la définition des surfaces de niveau ; l'autre avec la théorie de la chaleur, dont elle peut s'approprier toutes les familles de surfaces. La première analogie repose sur une propriété mécanique commune, la seconde sur l'identité des formules analytiques ; et cette dernière est certainement la plus utile, puisqu'il s'agit d'intégrations.

Dans la théorie mathématique de l'équilibre d'élasticité des milieux solides, il y a trois fonctions, représentant les projections du déplacement moléculaire, et trois équations aux différences partielles du second ordre, qui régissent simultanément ces trois fonctions.

Les systèmes isostatiques correspondants ne paraissent assujettis à aucune autre condition essentielle, que celle de l'orthogonalité des trois familles de surfaces qui les composent. Mais, à chacune des trois fonctions, correspond une certaine famille de surfaces d'égale intensité. Et ces nouvelles familles, ou leurs paramètres, sont régis par une équation aux différences partielles du quatrième ordre, présentant cette identité, en quelque sorte composée, avec l'équation unique qui régit le potentiel et le paramètre thermométrique, qu'il suffit de doubler l'ensemble des opérations différentielles donnant cette dernière, pour obtenir la première.

Nouveau rapprochement qui fait entrevoir l'avénement futur d'une science rationnelle unique, embrassant, par les mêmes formules, les trois branches des mathématiques appliquées, que je viens de définir, et, en outre, la théorie des ondes sonores et celle des ondes lumineuses, qui ne sont autres que la théorie générale de l'élasticité dans l'état dynamique.

Ces considérations me paraissent établir, et même démontrer, l'importance, ou plutôt la nécessité d'une étude spéciale des familles de surfaces et des systèmes orthogonaux. Cette étude constitue en quelque sorte une nouvelle branche de la Géométrie analytique : après celle des lignes droites ou courbes, après celle des plans ou des surfaces individuelles, vient nécessairement l'étude des volumes, ou de l'étendue à trois dimensions, découpée en éléments de formes diverses, suivant l'objet spécial que l'on se propose.

A ces diverses branches de la géométrie analytique, correspondent les diverses parties du Calcul intégral. L'intégration des équations différentielles ordinaires, ou des fonctions d'une seule variable, c'est l'étude classique des courbes planes, et à doubles courbures. L'intégration des équations aux différences partielles des fonctions de deux variables seulement, c'est l'étude des surfaces individuelles, ou l'analyse appliquée de Monge, complétée par des travaux nombreux, de Gauss, de Liouville, et d'autres géomètres. Enfin, l'intégration des équations aux différences partielles des fonctions de trois variables, correspond à l'étude, qui fera l'objet du cours actuel, des surfaces réunies en familles, des surfaces isothermes, des surfaces de niveau, des surfaces d'ondes, des surfaces isostatiques ou orthogonales.

C'est pour étendre les cas d'intégration des fonctions de plusieurs variables, qui se présentent en physique mathématique, que cette dernière théorie a été imaginée. Son but était donc purement analytique. Aussi est-ce par l'analyse que les propriétés qui la composent ont été découvertes. Celles de ces propriétés qui peuvent s'énoncer dans le langage de la géométrie pure, ont ensuite été établies directement, avec plus ou moins de simplicité ou d'élégance. Mais ces procédés d'après coup ne doivent être considérés que comme de pures vérifications. L'invention ne leur appartient pas; ils la masquent ou la déguisent, à la manière stérile des anciens, et des géomètres du XVII<sup>e</sup> siècle.

Toutefois, parmi les propriétés des systèmes orthogonaux, il en est une, qui avait été découverte antérieurement par M. Ch. Dupin, et qui consiste en ce que, deux des familles de surfaces conjuguées tracent, sur chaque surface de la troisième famille, toutes ses lignes de courbure. Cette belle propriété, reconnue par un trait de génie, est sans doute la première et la plus importante. Toutes les autres en sont pour ainsi dire les conséquences différentielles. Mais leur déduction exige l'emploi de la méthode analytique qui les a signalées. Et ce sont précisément ces conséquences seules, qui répondent directement aux questions de physique mathématique qu'il fallait résoudre.

S'il s'agissait d'une science où tout serait découvert, on pourrait substituer partout, sans inconvénient, sinon avec avantage, des vérifications géométriques aux démonstrations analytiques et primitives. Mais il reste encore beaucoup à chercher, une multitude de points à éclaircir, et même une nouvelle science à édifier. Conservons donc avec soin la méthode d'invention, qui, ayant fait ses preuves, est seule capable d'aborder les dernières difficultés.

En effet, les familles de surfaces, considérées isolément ou par association, éclaircissent incontestablement l'état statique, dans les diverses branches de la physique mathématique, tel que l'équilibre des températures dans les corps solides, ou l'équilibre d'élasticité dans les milieux pondérables. Mais, pour étudier avec succès, et définir complétement l'état dynamique, il faudrait considérer les variations des surfaces conjuguées, leurs transformations successives, savoir comment se modifient les surfaces isothermes, les surfaces isostatiques, d'un instant au suivant.

Nouvelle étude, qui éclaircirait et compléterait : la plupart des problèmes de la mécanique céleste; toute l'hydrodynamique; la propagation des ondes à la surface des liquides; celle des ondes sonores ou l'acoustique; celle des ondes lumineuses ou la théorie de la lumière; enfin les lois de l'échauffement et du refroidissement des milieux pondérables.

C'est toute une quatrième branche de la géométrie transcendante, à peine entrevue, à peine ébauchée, qu'il faudra créer, avant que la physique mathématique, aujourd'hui stationnaire, puisse faire des progrès nouveaux et définitifs. Et cette branche correspondra à l'intégration des équations aux différences partielles des fonctions de quatre variables, des coordonnées et du temps.

On ne saurait trop insister sur cette correspondance, entre deux branches, l'une de la haute géométrie, l'autre de l'analyse infinitésimale. Elles se proposent un même but, qu'elles atteignent en restant unies, en travaillant constamment de conserve; mais, dont elles s'éloigneraient à jamais, en se séparant, pour s'occuper de recherches divergentes.

Quand on médite sur l'histoire des mathématiques appliquées, on est effectivement conduit à attribuer leurs principales découvertes, leurs progrès les plus décisifs, à l'association de l'analyse et de la géométrie. Et les travaux, que produit l'emploi exclusif de chacun de ces instruments, apparaissent alors comme des préparations, des perfectionnements, en attendant l'époque qui sera fécondée par leur réunion.

Puisqu'il s'agit ici d'un Cours de Physique mathématique, destiné à répandre la connaissance de cette science, à faciliter les nouvelles recherches, à indiquer les progrès qu'elle réclame, je regarde comme un devoir, de respecter l'association créatrice de l'analyse et de la géométrie, lorsque j'exposerai la théorie des surfaces orthogonales; de n'avoir recours à la géométrie seule, que pour énoncer, d'une manière claire et précise, les résultats obtenus; de conserver, enfin, une méthode d'invention, qui est loin d'avoir dit son dernier mot.

La Géométrie pure a certainement la puissance de faire des découvertes sur son propre terrain, comme le témoignent, si abondamment, les travaux des Dupin, des Poncelet, des Chasles, des Steiner, et de leurs nombreux élèves. Admirons ces belles recherches; cédons parfois à l'attrait qu'elles offrent, en nous essayant sur les mêmes sujets. Mais, si un grand nombre des résultats, ainsi obtenus, ont été utilisés dans les sciences d'application, gardons-nous cependant de croire à une omnipotence de la géométrie seule, qui n'existe pas, et que l'histoire de la science dément.

Trop éblouis par la simplicité, la lucidité, l'élégance de certaines démonstrations purement géométriques, ne les substituons pas partout, en mécanique,

en physique mathématique, aux méthodes analytiques qui ont véritablement signalé les théorèmes
énoncés, et qui, bien présentées, sont aussi simples,
aussi lucides, aussi élégantes, et ont de plus le mérite
de l'invention.

Après avoir établi la nécessité d'introduire une
nouvelle branche de la géométrie transcendante, et
justifié l'emploi de la méthode analytique dans l'enseignement de cette science, il me reste à indiquer,
succinctement, l'ordre des matières qui composeront
le Cours actuel. Quelques détails préliminaires sont
indispensables pour tracer ce programme.

Dans tout système orthogonal, outre les trois paramètres des surfaces conjuguées, qui sont les coordonnées curvilignes, il y a lieu d'introduire trois autres quantités, ou coefficients, dont la considération
est nécessaire, pour la complète définition du système.
Isolons une des familles, deux de ses surfaces infiniment voisines, et la valeur du paramètre qui appartient à l'une d'elles. Généralement, ces deux surfaces
ne sont pas partout également distantes, et l'épaisseur
de la couche, qu'elles comprennent, varie d'une normale à une autre. Si donc on divise l'accroissement
constant du paramètre, par cette épaisseur, ce rapport sera variable, non-seulement d'une couche à une
autre, mais aussi dans toute l'étendue d'une même
couche.

Je désigne ce rapport sous le nom de *paramètre
différentiel* de la famille de surfaces considérée. Les
paramètres différentiels des trois familles de surfaces
conjuguées sont les quantités, ou les coefficients, qui

particularisent le système orthogonal. Ils sont, en général, fonction des trois coordonnées curvilignes. Et, les formules de transformation, les courbures des surfaces, s'expriment à l'aide de ces fonctions, et de leurs premières dérivées.

Lorsqu'une des familles conjuguées doit être d'une certaine classe, ou qu'elle doit obéir à des conditions géométriques particulières, ces conditions se traduisent analytiquement par une certaine relation entre les paramètres différentiels. Par exemple, si cette famille doit se composer de surfaces isothermes, et qu'on adopte le paramètre thermométrique pour la coordonnée curviligne qui lui correspond, son paramètre différentiel, divisé par le produit des paramètres différentiels des deux autres familles, doit donner un rapport indépendant de la coordonnée thermométrique, ou qui ne soit fonction que des deux autres coordonnées. La forme même de cette relation, et des relations analogues qui caractériseraient des familles de surfaces de nature différente, fait bien voir qu'il s'agit ici d'une géométrie analytique tout autre que celle de Monge.

Les trois paramètres différentiels, dans tout système isostatique, sont loin d'être indépendants. Car la condition de l'orthogonalité, traduite analytiquement, conduit à six équations aux différences partielles du second ordre, simultanées et non linéaires, que ces fonctions doivent vérifier.

Ces six équations aux différences partielles forment, en quelque sorte, le principe, ou la base, de la théorie des surfaces orthogonales, ou des coordonnées curvilignes. Traduites géométriquement, elles expriment les lois qui régissent les courbures des surfaces conjuguées, et leurs variations. Et c'est en les intégrant dans des cas particuliers, ou avec l'adjonction de conditions nouvelles ou simplifiantes, que l'on est parvenu à résoudre des questions importantes pour les Mathématiques appliquées.

Il me sera facile, maintenant, de définir la première partie du Cours, ou la partie théorique. Elle comprendra, ou établira : 1° les formules qui servent à passer des coordonnées rectilignes à des coordonnées curvilignes quelconques (I<sup>re</sup> et III<sup>e</sup> leçons); 2° les expressions des courbures des surfaces conjuguées et de leurs intersections, à l'aide des paramètres différentiels et de leurs premières dérivées (II<sup>e</sup> et IV<sup>e</sup> leçons); 3° les équations aux différences partielles qui régissent les paramètres différentiels, et leur traduction géométrique, ou les lois des variations des courbures (V<sup>e</sup> leçon).

Pour donner un exemple de la marche à suivre, dans l'intégration des équations précédentes, lorsqu'on se propose de déterminer un système orthogonal, satisfaisant à des conditions données, j'exposerai la méthode de recherche qui m'a réellement conduit aux coordonnées elliptiques (VI<sup>e</sup>, VII<sup>e</sup>, et VIII<sup>e</sup> leçons).

Les applications commenceront par la transformation, en coordonnées curvilignes, des équations du mouvement d'un point matériel. Ce sujet, déjà traité dans une thèse remarquable, par M. le professeur Guiraudet, conduit à la généralisation de la théorie des mouvements relatifs, due à Coriolis. L'emploi des équations transformées, dans le cas d'un potentiel cylindrique, donne lieu à des conséquences nouvelles sur le travail des forces (IX$^e$ et X$^e$ leçons).

Les potentiels cylindriques, linéaires et angulaires, formant une infinité de systèmes orthogonaux triplement isothermes, je donnerai la solution générale du problème de l'équilibre des températures dans tous ces systèmes; et je considérerai, particulièrement, le système cylindrique bi-circulaire, et celui des lemniscates (XI$^e$, XII$^e$ et XIII$^e$ leçons).

J'appliquerai les coordonnées curvilignes, aux transformations, conique et cylindrique, des systèmes orthogonaux, par rayons vecteurs réciproques; lesquelles donnent la solution du problème des températures stationnaires pour les systèmes transformés, lorsqu'on la connaît pour les systèmes primitifs (XIV$^e$ leçon).

La dernière partie du Cours sera consacrée à la théorie mathématique de l'élasticité. Elle comprendra : 1$^o$ la transformation, en coordonnées curvilignes, des équations de cette théorie, la loi des surfaces isostatiques, et son application à la résistance des parois sphériques, cylindriques, ou planes (XV$^e$ et XVI$^e$ leçons); 2$^o$ la solution complète du problème de l'équilibre d'élasticité des enveloppes sphériques, comme exemple de la marche à suivre, dans l'intégration des équations générales (XVII$^e$, XVIII$^e$ et XIX$^e$ leçons); 3$^o$ enfin, l'examen des principes qui doivent servir de base à la théorie de l'élasticité (XX$^e$ leçon).

# TABLE DES MATIÈRES.



## PREMIÈRE LEÇON.

### Formules de transformation.



## DEUXIÈME LEÇON.

### Paramètres différentiels.

# TROISIÈME LEÇON.

### Courbures des surfaces orthogonales.



# QUATRIÈME LEÇON.

### Courbures des intersections.

# CINQUIÈME LEÇON.

### Équations aux différences partielles.



# SIXIÈME LEÇON.

### Intégration des équations en $H_i$.



# SEPTIÈME LEÇON.

### Intégration des équations en $u$.

# HUITIÈME LEÇON.

### Système ellipsoïdal.



# NEUVIÈME LEÇON.

### Mouvement d'un point matériel.

# DIXIÈME LEÇON.

Potentiel ordinaire. — Potentiel cylindrique.



# ONZIÈME LEÇON.

Systèmes cylindriques isothermes.



# DOUZIÈME LEÇON.

Système cylindrique bi-circulaire.

# TREIZIÈME LEÇON.

### Système cylindrique des lemniscates.



# QUATORZIÈME LEÇON.

### Systèmes orthogonaux transformés.

# QUINZIÈME LEÇON.

### Équations générales de l'élasticité.



# SEIZIÈME LEÇON.

### Élasticité constante. — Résistances.



# DIX-SEPTIÈME LEÇON.

### Enveloppe sphérique. — Méthode d'intégration

Pages.



## DIX-HUITIÈME LEÇON.

Enveloppe sphérique. — Méthode d'élimination.



## DIX-NEUVIÈME LEÇON.

Enveloppe sphérique. — Vérification.

# VINGTIÈME LEÇON.

**Principes de la théorie de l'élasticité.**



FIN DE LA TABLE DES MATIÈRES.

# LEÇONS

SUR LES

## COORDONNÉES CURVILIGNES

ET

## LEURS DIVERSES APPLICATIONS.

## PREMIÈRE LEÇON.

### FORMULES DE TRANSFORMATION.

Définition d'une fonction-de-point, et de ses paramètres différentiels.—
Problème général des surfaces orthogonales, ou des coordonnées curvilignes.— Relations primitives.—Caractères et définitions des fonctions $h_i$.

## § 1.

### DÉFINITION D'UNE FONCTION-DE-POINT.

J'appellerai *fonction-de-point*, toute quantité qui a une
valeur déterminée et particulière, en chaque point d'un
espace limité ou indéfini ; laquelle valeur change d'un
point à un autre. Cette quantité, ou cette fonction-de-point,
sera évidemment exprimable à l'aide d'un système de coordonnées quelconques, rectilignes ou curvilignes.

J'admettrai que cette quantité varie d'une manière continue, lors même qu'elle n'aurait de valeurs assignables que
pour des points disséminés, et non contigus, tels que nous
imaginons que doivent être réunies les molécules matérielles des milieux pondérables. On conçoit, en effet, que
l'interpolation puisse déterminer une fonction, reprodui-

sant pour chacun des points matériels existants la valeur
qui lui appartient. Ce sera alors cette fonction interpolaire
qui représentera la fonction-de-point ; elle sera nécessairement continue, car elle donnera aussi des valeurs pour les
points géométriques intermédiaires. D'ailleurs, quand on
l'introduira dans les sommations de la physique mathématique, elle s'y trouvera toujours accompagnée d'un facteur
analogue à la masse ; ce qui écartera l'influence des points
géométriques, pour lesquels le facteur sera nul.

D'après la définition qui précède, le potentiel dans la
mécanique céleste, la pression dans un fluide en repos, la
température dans un solide en équilibre de chaleur, appartiennent à la classe des fonctions-de-point.

Une fonction-de-point égalée à une constante, peut représenter une famille de surfaces, dont cette constante est
le paramètre. Ou, autrement, le paramètre de toute famille
de surfaces est une fonction-de-point. Dans l'un ou l'autre
cas, chaque surface individuelle est le lieu géométrique des
points de l'espace, pour lesquels la fonction a une même
valeur. S'il s'agit du potentiel, ou de la pression d'un fluide,
on a une famille de surfaces de niveau ; s'il s'agit de la température, une famille de surfaces isothermes.

Une fonction de trois coordonnées et du temps $t$, donne
à chaque instant une nouvelle famille de surfaces, ou une
fonction-de-point nouvelle, que l'on peut étudier isolément en regardant $t$ comme constant. Mais, une équation
entre les coordonnées et le temps a une tout autre signification : elle représente une famille de surfaces d'ondes, dont
$t$ est le paramètre ; alors le temps lui-même est une fonction-
de-point, fixe et déterminée.

Au point de vue de la géométrie, une certaine fonction-
de-point particularise l'étendue à trois dimensions, comme
une certaine surface, ou comme une certaine courbe, particularisent l'étendue à deux dimensions, ou à une seule

dimension. De même que la surface, de même que la courbe, la fonction-de-point peut être indifféremment rapportée à une infinité de systèmes coordonnés différents. Mais, en chaque point de la courbe, la direction de la tangente, et la grandeur de la courbure simple ou double, en chaque point de la surface, l'orientation du plan tangent, les directions des lignes de courbure, et la grandeur de la courbure sphérique, sont complétement indépendantes du système de coordonnées, auquel la surface et la courbe sont rapportées. Ces divers éléments caractéristiques restent invariables, lorsqu'on passe d'un système à un autre. A la fonction-de-point doivent correspondre des éléments, tout aussi caractéristiques, qui partagent la même indépendance. Il importe de découvrir quels sont ces éléments, et quelle est leur définition naturelle.

## § II.

### FORMULES DES COORDONNÉES RECTILIGNES.

Une première étude, dans ce sens, exige l'emploi des formules qui servent à passer d'un système de coordonnées rectilignes et orthogonales à un autre. Ces formules, dont nous ferons usage plusieurs fois, sont toutes groupées dans la feuille A.

*Feuille A.*

$$(1) \quad \begin{array}{c|c|c|c} x' & m & n & p \\ \hline y' & m_1 & n_1 & p_1 \\ \hline z' & m_2 & n_2 & p_2 \\ & x & y & z \end{array}$$

$$(2) \begin{cases} x = mx' + m_1 y' + m_2 z' \\ y = nx' + n_1 y' + n_2 z' \\ z = px' + p_1 y' + p_2 z' \end{cases} \qquad (3) \begin{cases} x' = m\,x + n\,y + p\,z \\ y' = m_1 x + n_1 y + p_1 z \\ z' = m_2 x + n_2 y + p_2 z \end{cases}$$

$$(4) \qquad x^2 + y^2 + z^2 = x'^2 + y'^2 + z'^2$$

$$(5) \begin{cases} m^2 + n^2 + p^2 = 1 \\ m_1^2 + n_1^2 + p_1^2 = 1 \\ m_2^2 + n_2^2 + p_2^2 = 1 \end{cases} \qquad (6) \begin{cases} m_1 m_2 + n_1 n_2 + p_1 p_2 = 0 \\ m_2 m + n_2 n + p_2 p = 0 \\ m m_1 + n n_1 + p p_1 = 0 \end{cases}$$

$$(7) \begin{cases} m^2 + m_1^2 + m_2^2 = 1 \\ n^2 + n_1^2 + n_2^2 = 1 \\ p^2 + p_1^2 + p_2^2 = 1 \end{cases} \qquad (8) \begin{cases} np + n_1 p_1 + n_2 p_2 = 0 \\ pm + p_1 m_1 + p_2 m_2 = 0 \\ mn + m_1 n_1 + m_2 n_2 = 0 \end{cases}$$

$$(9) \begin{cases} (m_1^2 + n_1^2 + p_1^2)(m_2^2 + n_2^2 + p_2^2) - (m_1 m_2 + n_1 n_2 + p_1 p_2)^2 \\ = (p_1 n_2 - n_1 p_2)^2 + (m_1 p_2 - p_1 m_2)^2 + (n_1 m_2 - m_1 n_2)^2 \end{cases}$$

$$(10) \begin{cases} m = p_1 n_2 - n_1 p_2 \\ n = m_1 p_2 - p_1 m_2 \\ p = n_1 m_2 - m_1 n_2 \end{cases}$$

$$(11) \begin{cases} m_1 = p_2 n - n_2 p \\ n_1 = m_2 p - p_2 m \\ p_1 = n_2 m - m_2 n \end{cases} \qquad (12) \begin{cases} m_2 = pn_1 - np_1 \\ n_2 = mp_1 - pm_1 \\ p_2 = nm_1 - mn_1 \end{cases}$$

Le tableau (1) définit les neuf cosinus des angles que les nouveaux axes font avec les anciens. Les formules (2) et (3) donnent les anciennes coordonnées en fonction des nouvelles, et réciproquement. La relation (4) exprime que la distance du point à l'origine doit rester la même. Sa vérification nécessaire, par les groupes (2) et (3), établit immédiatement, soit les formules (5) et (6), soit les formules inverses (7) et (8). Les valeurs (10) des $(m, n, p)$, multipliées par un même coefficient K, vérifient les deux dernières équations du groupe (6), et, d'après le théorème d'algèbre (9), $K^2$ doit être égal à l'unité, ou K égal à $\pm 1$. Si l'on prend $K = +1$, on a les valeurs (10), d'où l'on déduit, à l'aide de l'élimination, les valeurs (11) et (12).

## § III.

### INTRODUCTION DES $\Delta_1$ ET DES $\Delta_2$.

Abordons actuellement notre première étude. Une fonction-de-point F étant successivement exprimée, à l'aide des deux systèmes de coordonnées rectilignes et orthogonales, de la feuille A, les règles ordinaires du calcul différentiel établissent, facilement, que les premières dérivées partielles de F en $(x', y', z')$, seront liées à celles en $(x, y, z)$, comme les coordonnées mêmes $(x', y', z')$, le sont aux $(x, y, z)$. C'est-à-dire que, dans les groupes (2) et (3), on peut substituer à chaque coordonnée, ancienne ou nouvelle, la dérivée de F par rapport à cette coordonnée. La même substitution peut donc être faite dans la formule (4), laquelle n'est qu'une conséquence des valeurs (2), en vertu des relations (5) et (6). On aura donc

$$\left(\frac{d\mathrm{F}}{dx'}\right)^2 + \left(\frac{d\mathrm{F}}{dy'}\right)^2 + \left(\frac{d\mathrm{F}}{dz'}\right)^2 = \left(\frac{d\mathrm{F}}{dx}\right)^2 + \left(\frac{d\mathrm{F}}{dy}\right)^2 + \left(\frac{d\mathrm{F}}{dz}\right)^2.$$

D'après les mêmes règles de différentiation, pour obtenir

les dérivées secondes $\dfrac{d^2F}{dx'^2}$, $\dfrac{d^2F}{dy'^2}$, $\dfrac{d^2F}{dz'^2}$, on peut élever au carré les valeurs du groupe (3), puis, remplacer tout carré, tel que $x'^2$, $x^2$, par $\dfrac{d^2F}{dx'^2}$, $\dfrac{d^2F}{dx^2}$, tout rectangle, tel que $xy$, par $\dfrac{d^2F}{dxdy}$, et cela, sans changer les coefficients. De là résulte que, si l'on additionne les trois dérivées obtenues, les relations (7) et (8) donneront

$$\frac{d^2F}{dx'^2} + \frac{d^2F}{dy'^2} + \frac{d^2F}{dz'^2} = \frac{d^2F}{dx^2} + \frac{d^2F}{dy^2} + \frac{d^2F}{dz^2}.$$

Ainsi toute fonction-de-point jouit de la double propriété, que les expressions différentielles

$$\sqrt{\left(\frac{dF}{dx}\right)^2 + \left(\frac{dF}{dy}\right)^2 + \left(\frac{dF}{dz}\right)^2},$$

$$\left(\frac{d^2F}{dx^2} + \frac{d^2F}{dy^2} + \frac{d^2F}{dz^2}\right),$$

conservent les mêmes formes, et reproduisent les mêmes valeurs numériques en chaque point, quel que soit le système de coordonnées rectilignes et orthogonales que l'on ait employé.

J'ai donné à ces deux expressions les noms de *paramètres différentiels du premier ordre*, *et du second ordre*, de la fonction-de-point F. On peut les désigner par les symboles $\Delta_1 F$ et $\Delta_2 F$. L'introduction de ces dénominations, dans les diverses questions de la physique mathématique, permet d'en simplifier et d'en généraliser les énoncés. De plus, l'emploi presque constant, dans ce genre de questions, des paramètres dont il s'agit, conduit à la définition la plus complète et la plus naturelle de ces mêmes paramètres.

Remarquons, ici, que toute fonction F, qui contient trois coordonnées parmi ses variables, peut être traitée comme une fonction-de-point. Alors les expressions $\Delta_1 F$ et $\Delta_2 F$, que l'on calcule en laissant constantes les autres variables, sont *partielles*, comme les dérivées qui les composent.

## § IV.

### PROBLÈME DES COORDONNÉES CURVILIGNES $\rho_i$.

Ces préliminaires étant établis, voici le problème qui fera l'objet de nos premières leçons. On conçoit que trois familles de surfaces, représentées par des équations de la forme

$$(a) \quad \begin{cases} f\,(x,\,y,\,z) = \rho\,, \\ f_1(x,\,y,\,z) = \rho_1, \\ f_2(x,\,y,\,z) = \rho_2, \end{cases}$$

peuvent se rencontrer à angles droits, ou découper l'espace en prismes rectangles élémentaires. Il s'agit de démêler les lois qui régissent les fonctions $f_i$, ou $\rho_i$, lorsqu'il en est ainsi, et d'interpréter géométriquement ces lois.

Dans cette étude, nécessairement longue, sur un sujet dont l'exploration est récente, la clarté du langage entre souvent en lutte avec sa concision. Je crois être parvenu à lui conserver ces deux qualités essentielles, tout en évitant, le plus possible, l'introduction de mots nouveaux, tout en augmentant beaucoup les acceptions, soit d'un mot, soit même d'une lettre. C'est ainsi, par exemple, que j'emploie toujours $\rho_i$ pour désigner, séparément ou collectivement, soit les fonctions-de-point $f_i$, soit les paramètres des trois familles conjuguées, soit leurs surfaces individuelles, soit les coordonnées dites *curvilignes*; et l'on reconnaîtra que cette extension, en apparence démesurée, donnée à la signification d'un même symbole, n'occasionne cependant aucune confusion.

## § V.

### NOTATIONS ET SIMPLIFICATIONS.

Pour abréger le calcul et l'indication des formules, nous adoptons les notations suivantes :

La lettre $u$ ou $\nu$ désigne une quelconque des trois coordonnées rectilignes $(x, y, z)$. Quand les coordonnées courantes sont $(X, Y, Z)$, U désigne l'une quelconque d'entre elles.

Avec l'indice $i$ ou $j$, $\rho_i$ ou $\rho_j$ désigne l'une quelconque des trois fonctions $(\rho, \rho_1, \rho_2)$.

La lettre $S$, placée devant une expression contenant $u$, indique la somme de trois expressions semblables, dans lesquelles $u$ est successivement remplacé par $(x, y, z)$.

La lettre $\Sigma$, placée devant une expression contenant l'indice $i$, représente la somme de trois expressions semblables, dans lesquelles l'indice $i$ est successivement, supprimé, égal à 1, égal à 2.

Lorsque les deux lettres $u$ et $\nu$ existent dans une expression précédée du signe $\Sigma$, elles désignent deux coordonnées quelconques $(x, y, z)$, mais différant l'une de l'autre.

Lorsque les deux indices $i$ et $j$ existent dans une expression précédée du signe $S$, ils désignent deux quelconques des indices $(0, 1, 2)$, mais différant l'un de l'autre.

Le nombre placé à la suite d'une formule exprimée, soit en $u$ et $\nu$, soit en $i$ et $j$, soit à l'aide du signe $S$ ou $\Sigma$, indique le nombre total des formules qu'elle remplace, ou qu'on en déduirait, en donnant successivement aux $u$, $\nu$, aux $i$, $j$, toutes leurs valeurs.

Cet ensemble de notations a sans doute des avantages, en quelque sorte matériels, puisqu'il diminue considérablement le texte mathématique, et réduit les formules au niveau du format adopté. Mais son but réel est d'étendre, à l'expression des formules, le principe même de l'algèbre, de concentrer en une seule toutes les homologues, comme on exprime par les mêmes lettres les données ou les inconnues de problèmes identiques. Peu de temps suffira, d'ailleurs, pour se familiariser avec ce petit nombre d'abréviations, et l'on pourra s'étonner, ensuite, de la simplification qu'elles apportent dans le langage mathématique, de la symétrie qu'elles introduisent dans les calculs, de la clarté qu'elles donnent aux démonstrations, en rapprochant sur quelques lignes ce qui, autrement, eût exigé plusieurs pages.

## § VI.

### RELATIONS DÉDUITES DE L'ORTHOGONALITÉ.

Revenons maintenant aux équations $(a)$, qui doivent représenter les trois familles de surfaces orthogonales. La constance de cette orthogonalité établit, entre les dérivées premières $\dfrac{d\rho_i}{du}$, des fonctions-de-point $\rho_i$, plusieurs relations primitives, qui comprennent, en réalité, toutes les lois qu'il s'agit de démêler.

Le plan tangent à la surface $\rho_i$ a pour équation

$$(1) \qquad S\,\frac{d\rho_i}{du}(\mathbf{U} - u) = 0,\ldots,\ 3,$$

et, si l'on désigne par $h_i$ le paramètre différentiel du premier ordre de la fonction $\rho_i$, ou, si l'on pose

$$(2) \qquad S\left(\frac{d\rho_i}{du}\right)^2 = h_i^2,\ldots,\ 3,$$

la normale à la surface fera, avec les $(x, y, z)$, des angles dont les cosinus auront pour expression

$$(3) \qquad \frac{1}{h_i}\frac{d\rho_i}{du}, \ldots, \ 9.$$

Les normales aux trois surfaces orthogonales peuvent être considérées comme étant parallèles aux coordonnées nouvelles $(x', y', z')$ de la feuille A. D'où résulte que les neuf cosinus $(3)$, substitués aux $(m_i, n_i, p_i)$, doivent vérifier toutes les relations de cette feuille. C'est ainsi que les formules $(5)$ et $(6)$ (A) donnent, d'abord les $(2)$ ci-dessus, puis celles-ci

$$(4) \qquad S\,\frac{d\rho_i}{du}\frac{d\rho_j}{du} = 0, \ldots, \ 3,$$

et que les formules inverses $(7)$ et $(8)$ (A) deviennent

$$(5) \qquad \begin{cases} \displaystyle\sum \frac{1}{h_i^2}\left(\frac{d\rho_i}{du}\right)^2 = 1, \ldots, \ 3, \\[2mm] \displaystyle\sum \frac{1}{h_i^2}\left(\frac{d\rho_i}{du}\right)\left(\frac{d\rho_i}{dv}\right) = 0, \ldots, \ 3. \end{cases}$$

Parmi les relations qui précèdent, le groupe des trois équations $(4)$ est le seul distinct et essentiel. Les groupes $(5)$ n'en sont que des conséquences; ils pourraient s'en déduire, de même que, dans la feuille A, les formules inverses $(7)$ et $(8)$ pourraient se déduire de celles $(5)$ et $(6)$. Le groupe $(2)$ ne fait que définir les fonctions composées $h_i$, dont l'introduction peut être motivée sur un but de simplification.

## § VII.

### DÉFINITION DES $h_i$ OU DES $\Delta_i \rho_i$.

Toutefois, quoique les $h_i$ puissent s'exprimer à l'aide des $\left(\dfrac{d\rho_i}{du}\right)$, il importe de les considérer séparément comme trois fonctions spéciales, soit des coordonnées rectilignes $u$, soit des coordonnées curvilignes $\rho_i$. Il y a même de l'avantage à les prendre pour trois fonctions primitives, et à regarder alors le groupe (2) comme établissant trois nouvelles relations, imposées aux fonctions $\left(\dfrac{d\rho_i}{du}\right)$, et qui s'ajoutent à celles du groupe (4).

Une raison puissante milite pour l'adoption du dernier point de vue : les paramètres différentiels du premier ordre $h_i$, des fonctions-de-point $\rho_i$, ont une définition géométrique, d'une grande simplicité, qui manque aux fonctions $\left(\dfrac{d\rho_i}{du}\right)$. En effet, si l'on désigne par $ds_i$ l'élément de la normale à la surface $\rho_i$, et collectivement par $du$ les trois projections de cet élément, on a identiquement

$$(6) \qquad \frac{du}{ds_i} = \frac{1}{h_i}\frac{d\rho_i}{du},\cdots,\ 9;$$

multipliant par $du$, faisant la sommation $S$, et observant que

$$S\ (du)^2 = ds_i^2,$$

$$S\ \frac{d\rho_i}{du}\,du = d\rho_i,$$

on obtient la relation fondamentale

$$(7) \qquad ds_i = \frac{d\rho_i}{h_i},\cdots,\ 3.$$

Cette relation donne $h_i = \dfrac{d\rho_i}{ds_i}$. On peut donc dire qu'en tout point d'une surface $\rho_i$, *la fonction $h_i$ donne la limite du rapport, de l'accroissement du paramètre $\rho_i$, quand on marche vers la surface infiniment voisine, à l'épaisseur $ds_i$ de la couche traversée.* Ajoutons que ce rapport varie généralement, non-seulement d'une surface à une autre, mais aussi sur toute l'étendue d'une même surface.

## § VIII.

### THÉORÈMES POUR LES TRANSFORMATIONS.

Substituant la valeur (7) de $ds_i$ dans (6), on a l'une ou l'autre des deux formules très-simples

$$(8) \quad \begin{cases} \dfrac{du}{d\rho_i} = \dfrac{1}{h_i^2} \dfrac{d\rho_i}{du}, \cdots, 9, \\[2ex] \dfrac{d\rho_i}{du} = h_i^2 \dfrac{du}{d\rho_i}, \cdots, 9, \end{cases}$$

qui sont d'une grande utilité pour les transformations. En voici d'ailleurs une conséquence générale.

Si l'on désigne par $F$ une fonction-de-point, que l'on peut concevoir exprimée, soit par les coordonnées rectilignes $(x, y, z)$, soit par les coordonnées curvilignes $(\rho, \rho_1, \rho_2)$, il résulte de la seconde (8) le théorème

$$(9) \quad S \frac{d\rho_i}{du} \frac{dF}{du} = h_i^2 \, S \frac{dF}{du} \frac{du}{d\rho_i} = h_i^2 \frac{dF}{d\rho_i}.$$

## § IX.

### CARACTÈRE DES $\left(\dfrac{d}{du}\right)$ FONCTIONS DES $\rho_i$.

On doit regarder les $u$, les $h_i$, les $\dfrac{d\rho_i}{du}$ comme étant des fonctions en quelque sorte à double face, de même nature que $F$ (9). Cela posé, par la première (8), l'identité connue

$$\frac{d \dfrac{du}{d\rho_i}}{d\rho_j} = \frac{d \dfrac{du}{d\rho_j}}{d\rho_i}$$

établit directement le groupe suivant :

$$(10) \quad \frac{d \dfrac{1}{h_i^2} \dfrac{d\rho_i}{du}}{d\rho_j} = \frac{d \dfrac{1}{h_j^2} \dfrac{d\rho_j}{du}}{d\rho_i}, \ldots, 9;$$

tandis qu'en différentiant par rapport à $u$ ($x$, ou $y$, ou $z$), l'une des équations (4), une double application du théorème (9) conduit à

$$(11) \qquad h_i^2 \frac{d\dfrac{d\rho_j}{du}}{d\rho_i} + h_j^2 \frac{d\dfrac{d\rho_i}{du}}{d\rho_j} = 0, \ldots, 9.$$

Les relations (10) et (11) sont fondamentales dans la théorie des fonctions $\left(\dfrac{d\rho_i}{du}\right)$. Remarquons ici qu'en les subordonnant aux paramètres différentiels $h_i$, nous n'avons pas voulu dire qu'il fût moins nécessaire d'étudier les fonctions dont il s'agit; cette étude est au contraire fort importante, car ce sont les propriétés de ces fonctions qui signalent les principales conditions géométriques des systèmes orthogonaux. En outre, elles se présentent essentiellement dans plusieurs grandes applications, telles que la théorie de l'attraction et celle de l'équilibre des fluides; car si l'une des trois familles conjuguées est une famille de surfaces de niveau, les $\left(\dfrac{d\rho_i}{du}\right)$ qui lui correspondent sont les composantes de la force agissant sur l'unité de masse.

## § X.

### DÉRIVÉES DE CES FONCTIONS.

Les dérivées, par rapport aux $\rho_i$ des fonctions $\left(\dfrac{d\rho_i}{du}\right)$ se déduisent aisément des formules précédentes. D'abord la relation (10) étant développée, donne

$$\frac{1}{h_i^2}\frac{d\dfrac{d\rho_i}{du}}{d\rho_j} - \frac{1}{h_j^2}\frac{d\dfrac{d\rho_j}{du}}{d\rho_i} = \frac{2}{h_i^3}\frac{dh_i}{d\rho_j}\frac{d\rho_i}{du} - \frac{2}{h_j^3}\frac{dh_j}{d\rho_i}\frac{d\rho_j}{du},$$

et par une élimination faite à l'aide de la relation (11), on obtient

$$(12) \qquad \frac{d\,\dfrac{d\rho_i}{du}}{d\rho_j} = \frac{1}{h_i}\frac{dh_i}{d\rho_j}\frac{d\rho_i}{du} - \frac{h_i^2}{h_j^3}\frac{dh_j}{d\rho_i}\frac{d\rho_j}{du},\; \ldots,\; 18,$$

formule dans laquelle les indices $i$ et $j$ sont essentiellement différents.

Ensuite, si l'on désigne encore par $w$ l'une quelconque des coordonnées $(x, y, z)$, et que l'on différentie, par rapport à cette variable $w$, l'équation $(2)$, on aura, en supprimant le facteur commun $2$,

$$(13) \qquad \mathrm{S}\,\frac{d\rho_i}{du}\frac{d\,\dfrac{d\rho_i}{dw}}{du} = h_i\frac{dh_i}{dw},\; \ldots,\; 9,$$

$w$ restant le même dans les trois termes du premier membre. Or, le théorème $(9)$ donne généralement

$$\frac{d\mathrm{F}}{d\rho_i} = \frac{1}{h_i^2}\,\mathrm{S}\,\frac{d\rho_i}{du}\frac{d\mathrm{F}}{du},$$

et, si l'on prend $\mathrm{F}$ égal à $\dfrac{d\rho_i}{dw}$, on aura, d'après $(13)$,

$$\frac{d\,\dfrac{d\rho_i}{dw}}{d\rho_i} = \frac{1}{h_i}\frac{dh_i}{dw},$$

ou bien, en remplaçant $w$ par $u$, et développant le second membre,

$$(14) \qquad \frac{d\,\dfrac{d\rho_i}{du}}{d\rho_i} = \frac{1}{h_i}\left(\frac{dh_i}{d\rho}\frac{d\rho}{du} + \frac{dh_i}{d\rho_1}\frac{d\rho_1}{du} + \frac{dh_i}{d\rho_2}\frac{d\rho_2}{du}\right),\; \ldots,\; 9.$$

Et les formules $(12)$ et $(14)$ donneront toutes les premières dérivées des $\left(\dfrac{d\rho_i}{du}\right)$, considérées comme des fonctions des coordonnées $(\rho, \rho_1, \rho_2)$.

## § XI.

### THÉORÈMES SUR CES DÉRIVÉES.

Enfin, il faut déduire du groupe (12), outre deux formules utiles dans les transformations, un théorème indispensable dans la théorie actuelle, car il recèle la propriété géométrique la plus caractéristique des systèmes orthogonaux.

Multipliant l'équation (12) par $\dfrac{d\rho_i}{du}$, faisant la sommation $S$, on obtient, en ayant égard aux relations (2) et (4),

$$(15) \qquad S\,\frac{d\rho_i}{du}\,\frac{d\,\dfrac{d\rho_i}{du}}{d\rho_j} = h_i\,\frac{dh_i}{d\rho_j},\ \cdots,\ 6\ \text{ou}\ 9,$$

formule que l'on déduirait de l'équation (2), en la différentiant directement par rapport à $\rho_j$.

Multipliant l'équation (12) par $\dfrac{d\rho_j}{du}$, faisant la sommation $S$, et ayant toujours égard aux relations (2) et (4), on a

$$(16) \qquad S\,\frac{d\rho_j}{du}\,\frac{d\,\dfrac{d\rho_i}{du}}{d\rho_j} = -\frac{h_i^2}{h_j}\,\frac{dh_j}{d\rho_i},\ \cdots,\ 6,$$

formule que l'on pourrait d'ailleurs établir d'une autre manière.

Enfin, multipliant l'équation (12) par $\dfrac{d\rho_k}{du}$, l'indice $k$ étant différent, et de $i$, et de $j$, faisant la sommation $S$, et rappelant les relations (4), on a

$$(17) \qquad S\, \frac{d\rho_k}{du}\, \frac{d\, \frac{d\rho_i}{du}}{d\rho_j} = 0, \ldots 6,$$

formule nouvelle et importante, où nous le répétons, les trois indices $(i, j, k)$ sont essentiellement différents, c'est-à-dire reproduisent complétement dans un ordre quelconque, le groupe $(0, 1, 2)$.

# DEUXIÈME LEÇON.

## PARAMÈTRES DIFFÉRENTIELS.

Paramètres différentiels du second ordre des coordonnées curvilignes. —
Expressions générales des paramètres différentiels. — Leur utilité. —
Équation générale de la théorie de la chaleur. — Paramètres thermo-
métriques.

## § XII.

### PARAMÈTRES DIFFÉRENTIELS $\Delta_2 \rho_i$.

L'objet principal de cette leçon est de résoudre complétement la question posée au § IV, c'est-à-dire de reconnaître les éléments caractéristiques, et indépendants
des systèmes de coordonnées, qui appartiennent aux fonctions-de-point. Une première étude a déjà rendu très-
probable que ces éléments ne sont autres que les deux
paramètres différentiels, définis à l'aide des coordonnées
rectilignes. Il s'agit de constater que ces paramètres conservent le même caractère et la même indépendance, quand
les fonctions-de-point sont exprimées en coordonnées curvilignes.

Il est d'abord nécessaire de chercher quelles sont les
expressions des paramètres différentiels du second ordre
des coordonnées $\rho_i$ elles-mêmes. On y parvient en ache-
vant la substitution, interrompue au § VI, des cosinus (3) aux $(m_i, n_i, p_i)$ de la feuille A. Les dernières formules (10), (11), (12) de cette feuille, donnent alors neuf
équations nouvelles, parmi lesquelles se trouvent les deux

suivantes :

$$(18)\quad\begin{cases}\dfrac{d\rho}{dx}=\dfrac{h}{h_1 h_2}\left(\dfrac{d\rho_1}{dz}\dfrac{d\rho_2}{dy}-\dfrac{d\rho_1}{dy}\dfrac{d\rho_2}{dz}\right),\\[2ex]\dfrac{d\rho}{dy}=\dfrac{h}{h_1 h_2}\left(\dfrac{d\rho_1}{dx}\dfrac{d\rho_2}{dz}-\dfrac{d\rho_1}{dz}\dfrac{d\rho_2}{dx}\right).\end{cases}$$

Égalant la dérivée en $y$ de la première $(18)$, à la dérivée en $x$ de la seconde, pour exprimer l'intégrabilité de la fonction $\rho$, on a d'abord

$$\left(\frac{d\rho_1}{dz}\frac{d\rho_2}{dy}-\frac{d\rho_1}{dy}\frac{d\rho_2}{dz}\right)\frac{d\frac{h}{h_1 h_2}}{dy}$$
$$+\frac{h}{h_1 h_2}\left(\frac{d^2\rho_1}{dz\,dy}\frac{d\rho_2}{dy}+\frac{d\rho_1}{dz}\frac{d^2\rho_2}{dy^2}-\frac{d^2\rho_1}{dy^2}\frac{d\rho_2}{dz}-\frac{d\rho_1}{dy}\frac{d^2\rho_2}{dz\,dy}\right)$$
$$=\left(\frac{d\rho_1}{dx}\frac{d\rho_2}{dz}-\frac{d\rho_1}{dz}\frac{d\rho_2}{dx}\right)\frac{d\frac{h}{h_1 h_2}}{dx}$$
$$+\frac{h}{h_1 h_2}\left(\frac{d^2\rho_1}{dx^2}\frac{d\rho_2}{dz}+\frac{d\rho_1}{dx}\frac{d^2\rho_2}{dz\,dx}-\frac{d^2\rho_1}{dz\,dx}\frac{d\rho_2}{dx}-\frac{d\rho_1}{dz}\frac{d^2\rho_2}{dx^2}\right);$$

ajoutant et retranchant certains termes, faciles à deviner, faisant une quadruple application du théorème $(9)$, et employant le symbole $\Delta_2$ pour les paramètres différentiels du second ordre, on met l'équation précédente sous la forme

$$\frac{h}{h_1 h_2}\left(\frac{d\rho_1}{dz}\Delta_2\rho_2+h_2^2\frac{d\frac{d\rho_1}{dz}}{d\rho_2}\right)+\frac{d\rho_1}{dz}h_2^2\frac{d\frac{h}{h_1 h_2}}{d\rho_2}$$
$$=\frac{h}{h_1 h_2}\left(\frac{d\rho_2}{dz}\Delta_2\rho_1+h_1^2\frac{d\frac{d\rho_2}{dz}}{d\rho_1}\right)+\frac{d\rho_2}{dz}h_1^2\frac{d\frac{h}{h_1 h_2}}{d\rho_1}.$$

Enfin, divisant par le produit $hh_1 h_2$, introduisant les logarithmes népériens, et remplaçant $z$ par $u$ (car il est évident qu'un autre couple de départ $(18)$ conduirait au même résultat, exprimé en $y$, ou en $x$), on a

$$(19)\quad \begin{cases} \dfrac{1}{h_1^2}\dfrac{d\rho_1}{du}\dfrac{\Delta_2\rho_2}{h_2^2} + \dfrac{1}{h_1^2}\dfrac{d\dfrac{d\rho_1}{du}}{d\rho_2} + \dfrac{1}{h_1^2}\dfrac{d\rho_1}{du}\dfrac{d\log\dfrac{h}{h_1 h_2}}{d\rho_2} \\[4mm] = \dfrac{1}{h_2^2}\dfrac{d\rho_2}{du}\dfrac{\Delta_2\rho_1}{h_1^2} + \dfrac{1}{h_2^2}\dfrac{d\dfrac{d\rho_2}{du}}{d\rho_1} + \dfrac{1}{h_2^2}\dfrac{d\rho_2}{du}\dfrac{d\log\dfrac{h}{h_1 h_1}}{d\rho_1}, \end{cases}$$

équation à six termes, d'où découlent plusieurs propriétés importantes.

Si l'on multiplie l'équation (19) par $\dfrac{d\rho}{du}$, et qu'on fasse ensuite la sommation $S$, les relations (4) annulent quatre des six termes, et il reste

$$\frac{1}{h_1^2}\,S\,\frac{d\rho}{du}\frac{d\dfrac{d\rho_1}{du}}{d\rho_2} = \frac{1}{h^2}\,S\,\frac{d\rho}{du}\frac{d\dfrac{d\rho_2}{du}}{d\rho_1};$$

or, parmi les neuf équations (11), il en existe une qu'on peut mettre sous la forme

$$(20)\qquad \frac{1}{h_1^2}\frac{d\dfrac{d\rho_1}{du}}{d\rho_2} + \frac{1}{h_2^2}\frac{d\dfrac{d\rho_2}{du}}{d\rho_1} = 0$$

et qui, multipliée par $\dfrac{d\rho}{du}$, et sommée, donnera

$$\frac{1}{h_1^2}\,S\,\frac{d\rho}{du}\frac{d\dfrac{d\rho_1}{du}}{d\rho_2} + \frac{1}{h_2^2}\,S\,\frac{d\rho}{du}\frac{d\dfrac{d\rho_2}{du}}{d\rho_1} = 0.$$

C'est-à-dire que la somme des deux quantités, trouvées égales, doit être nulle; chacune d'elles l'est donc séparément ; et l'on a

$$S \frac{d\rho}{du} \frac{d \frac{d\rho_1}{du}}{d\rho_2} = 0,$$

$$S \frac{d\rho}{du} \frac{d \frac{d\rho_2}{du}}{d\rho_1} = 0.$$

Ce qui résultait d'ailleurs du théorème (17). Cette première opération ne donne donc qu'une nouvelle démonstration du même théorème.

## § XIII.

### VALEURS DES $\Delta_2 \rho_i$ PAR LES $h_i$.

En ne considérant que les seconds termes des deux membres de l'équation (19), on peut supprimer l'un et doubler l'autre, d'après la relation (20). Doublons celui du premier membre, en supprimant celui du second, multiplions par $\frac{d\rho_1}{du}$, et faisons la sommation $S$, il restera

$$\frac{\Delta_2\rho_2}{h_2^2} + \frac{d \log h_1^2}{d\rho_2} = \frac{d \log \frac{h_1 h_2}{h}}{d\rho_2},$$

d'après les formules (2), (4), et (15), ou plus simplement

$$(21'') \qquad \frac{\Delta_2\rho_2}{h_2^2} = \frac{d \log \frac{h_2}{h h_1}}{d\rho_2}.$$

Pareillement, si l'on double le deuxième terme du second membre de l'équation (19), en supprimant celui du premier, que l'on multiplie par $\frac{d\rho_2}{du}$, et que l'on fasse la sommation $S$, on arrive à

$$(21') \qquad \frac{\Delta_2 \rho_1}{h_1^2} = \frac{d \log \dfrac{h_1}{h_2 h}}{d \rho_1}.$$

Si le groupe de départ (18) avait présenté isolément les dérivées de $\rho_1$, et non celles de $\rho$, la même suite d'opérations aurait conduit finalement à

$$(21) \qquad \frac{\Delta_2 \rho}{h^2} = \frac{d \log \dfrac{h}{h_1 h_2}}{d \rho}.$$

Les formules (21) donnent les paramètres différentiels du second ordre des fonctions $\rho_i$, à l'aide de ceux du premier ordre et de leurs dérivées. On peut les mettre sous la forme

$$(22) \qquad \begin{cases} \Delta_2 \rho = h h_1 h_2 \; \dfrac{d \dfrac{h}{h_1 h_2}}{d \rho} \\[2em] \Delta_2 \rho_1 = h h_1 h_2 \; \dfrac{d \dfrac{h_1}{h_2 h}}{d \rho_1} \\[2em] \Delta_2 \rho_2 = h h_1 h_2 \; \dfrac{d \dfrac{h_2}{h h_1}}{d \rho_2} \end{cases}$$

## § XIV.

### LES $\Delta_1$ ET $\Delta_2$ D'UNE FONCTION-DE-POINT.

Soit maintenant une fonction-de-point $F$, exprimée à l'aide des coordonnées curvilignes $(\rho, \rho_1, \rho_2)$, et cherchons comment ses paramètres différentiels s'expriment à l'aide des mêmes coordonnées. Désignant toujours par $u$ l'une quelconque des coordonnées rectilignes, on aura

$$(23) \qquad \frac{d\,F}{du} = \sum \frac{d\,F}{d\rho_i}\,\frac{d\rho_i}{du};$$

élevant au carré, faisant la sommation $S$, et rappelant les formules (2) et (4), il viendra

$$(24) \qquad (\Delta_1 F)^2 = \sum h_i^2 \left(\frac{d\,F}{d\rho_i}\right)^2.$$

Différentiant une seconde fois (23) par rapport à $u$, on aura

$$\frac{d^2 F}{du^2} = \sum \left( \frac{d^2 F}{d\rho_i^2}\left(\frac{d\rho_1}{du}\right)^2 + \frac{d\,F}{d\rho_i}\,\frac{d^2\rho_i}{du^2}\right)$$

$$+\, 2 \left( \frac{d^2 F}{d\rho_1\,d\rho_2}\,\frac{d\rho_1}{du}\,\frac{d\rho_2}{du} + \frac{d^2 F}{d\rho_2\,d\rho}\,\frac{d\rho_2}{du}\,\frac{d\rho}{du} + \frac{d^2 F}{d\rho\,d\rho_1}\,\frac{d\rho}{du}\,\frac{d\rho_1}{du}\right)$$

et la sommation $S$ de cette dernière valeur donnera

$$(25) \qquad \Delta_2 F = \sum \left( h_i^2 \frac{d^2 F}{d\rho_i^2} + \frac{d\,F}{d\rho_i}\,\Delta_2\rho_i\right)$$

à l'aide des relations (2), (4), et du symbole $\Delta_2$. Ou bien, développant le $\sum$, mettant $hh_1 h_2$ en facteur commun, remplaçant les fractions $\dfrac{\Delta_2\rho_i}{hh_1 h_2}$ par leurs valeurs déduites des équations (22), et réunissant les dérivées partielles de trois produits, on a définitivement

$$(26) \quad \Delta_2 F = hh_1 h_2 \left( \frac{d\,\dfrac{h}{h_1 h_2}\dfrac{d\,F}{d\rho}}{d\rho} + \frac{d\,\dfrac{h_1}{h_2 h}\dfrac{d\,F}{d\rho_1}}{d\rho_1} + \frac{d\,\dfrac{h_2}{hh_1}\dfrac{d\,F}{d\rho_2}}{d\rho_2}\right).$$

Ainsi lorsqu'une fonction-de-point est rapportée à un

système de coordonnées curvilignes, ses deux paramètres différentiels s'expriment, dans le même système, à l'aide des paramètres différentiels du premier ordre, appartenant aux surfaces conjuguées.

L'équation (26) devant être fréquemment employée, dans la suite du cours, il importe de la simplifier par l'introduction du produit

$$(27) \qquad \varpi = hh_1 h_2,$$

ce qui permet de l'écrire de la manière suivante :

$$(28) \qquad \Delta_2 F = \varpi \sum \frac{d \frac{h_i^2}{\varpi} \frac{dF}{d\rho_i}}{d\rho_i}.$$

La même introduction concentre les valeurs (22) dans la formule

$$(29) \qquad \Delta_2 \rho_i = \varpi \frac{d \frac{h_i^2}{\varpi}}{d\rho_i} , \cdots , 3.$$

<h2 style="text-align:center">§ XV.</h2>

### CARACTÈRE ET UTILITÉ DES $\Delta_2$.

J'insiste principalement sur l'équation (26) ou (28). Elle donne une définition du paramètre différentiel du second ordre, beaucoup plus générale que celle du § III. Car si l'on rapportait successivement la fonction-de-point à tous les systèmes imaginables de surfaces orthogonales, la forme (26) serait toujours la même, et reproduirait une même valeur numérique pour chaque point. Particulièrement, lorsque les familles conjuguées sont trois familles de plans parallèles, les $h_i$, ou les paramètres différentiels du premier ordre, sont tous égaux à l'unité, et l'équation (28), se réduisant alors à

$$\Delta_2 F = S \frac{d^2 F}{du^2},$$

comprend la première définition.

Cette constance de forme et de valeur explique, en quelque sorte, comment il se fait que presque toutes les équations aux différences partielles, qui concentrent les lois des phénomènes physiques, peuvent s'exprimer à l'aide de certaines fonctions-de-point et de leurs paramètres différentiels du second ordre, sans qu'il soit nécessaire de spécifier le système de coordonnées que l'on adopte.

En effet : dans la théorie du potentiel, P, l'équation générale est

$$\Delta_2 P = 0.$$

Dans la théorie analytique de la chaleur, la température, V, est régie par l'équation

$$\Delta_2 V = 0$$

lors de l'état permanent, et par celle-ci

$$\Delta_2 V = k \frac{dV}{dt}$$

lors du refroidissement. Dans la théorie mathématique de l'élasticité des solides homogènes non cristallisés, la dilatation cubique, $\theta$, est régie par l'équation

$$\Delta_2 \theta = 0.$$

lors de l'état statique, et par celle-ci

$$\frac{d^2 \theta}{dt^2} = a^2 \Delta_2 \theta$$

lors des vibrations ; de plus, les projections du déplacement moléculaire, et les composantes des forces élastiques, lors de l'état d'équilibre, vérifient toutes l'équation

$$\Delta_1 \cdot \Delta_2 F = 0.$$

En résumé, lorsqu'une classe de phénomènes physiques dépend des variations d'une certaine fonction-de-point, c'est presque uniquement par son paramètre différentiel du second ordre que cette fonction intervient. Comme si ce paramètre était une *dérivée naturelle*, plus essentielle, plus simple, et en même temps plus complète, que toutes les dérivées partielles, choisies plus ou moins arbitrairement, que l'on a l'habitude de considérer.

## § XVI.

### ÉQUATION DE LA CHALEUR PAR LES $\rho_i$.

Il ne sera pas inutile de montrer ici que l'on peut établir directement l'équation générale de la théorie de la chaleur, en coordonnées curvilignes quelconques. On obtient ainsi une démonstration nouvelle de la formule (26), d'où l'on peut déduire ensuite les valeurs (22).

La température des différents points d'un solide homogène, non cristallisé, étant toujours désignée par V, on sait que le flux de chaleur qui traverse, dans le temps $dt$, un élément-plan $\omega$, pris dans l'intérieur du corps, a pour expression

$$(30) \qquad q\, \omega\, d t \left( -\frac{dV}{dn} \right)$$

$q$ étant le coefficient de la conductibilité, $dn$ l'accroissement de la normale à $\omega$.

Le corps étant rapporté au système des coordonnées $\rho_i$, son élément de volume, W, est un parallélipipède rectangle dont les côtés sont les

$$d s_i = \frac{d \rho_i}{h_i}.$$

Si l'on désigne généralement par $\omega_i$, $\omega_i'$, les faces de cet élément, situées sur les surfaces $\rho_i$, $\rho_i + d\rho_i$, on peut regarder W, dont le volume s'exprime indifféremment par

$$(31) \qquad ds\,ds_1\,ds_2 = \frac{d\rho\,d\rho_1\,d\rho_2}{\varpi} = \omega_i\,ds_i = \omega_i\,\frac{d\rho_i}{h_i},$$

comme recevant de la chaleur par les trois faces $\omega_i$, et en perdant, au contraire, par les trois faces respectivement opposées $\omega_i'$.

Le flux qui entre par une face $\omega_i$ sera, d'après l'expression (30),

$$q\,dt\left(-\omega_i\,\frac{dV}{ds_i}\right)$$

ou bien

$$q\,dt\left(-\omega_i\,h_i\,\frac{dV}{d\rho_i}\right);$$

augmentant cette expression de sa différentielle prise par rapport à $\rho_i$, on aura le flux qui sort par $\omega_i'$, et retranchant ce dernier flux du premier, il restera

$$q\,dt\,\frac{d\,\omega_i\,h_i\,\dfrac{dV}{d\rho_i}}{d\rho_i}\,d\rho_i;$$

remplaçant $\omega_i\,d\rho_i$ par $\dfrac{h_i}{\varpi}\,d\rho\,d\rho_1\,d\rho_2$, valeur déduite du groupe (31), et additionnant les trois excès semblables, on aura

$$q\,dt\,d\rho\,d\rho_1\,d\rho_2\,\sum\frac{d\,\dfrac{h_i^2}{\varpi}\,\dfrac{dV}{d\rho_i}}{d\rho_i}$$

pour le gain total de chaleur que fait W pendant le temps $dt$.

Ce gain élèvera sa température de $\dfrac{dV}{dt}\,dt$, et sera conséquemment égal à cette élévation, multipliée par le calorique spécifique C du corps, par la densité D, et par le volume (31) de W, c'est-à-dire à

$$\mathrm{CD}\, \mathrm{d}t\, \frac{d\rho\, d\rho_1\, d\rho_2}{\varpi}\, \frac{d\mathrm{V}}{dt}.$$

Enfin, l'égalité de ces deux expressions différentes, de la même quantité de chaleur, donnera, en supprimant les facteurs communs, multipliant par $\varpi$, divisant par $q$, et représentant par $k$ la fraction $\dfrac{\mathrm{CD}}{q}$,

$$(32) \qquad k\frac{d\mathrm{V}}{dt} = \varpi \sum \frac{\mathrm{d}\dfrac{h_i^2}{\varpi}\dfrac{d\mathrm{V}}{d\rho_i}}{d\rho_i}$$

pour l'équation générale cherchée.

Particulièrement, si les coordonnées étaient rectilignes, ou si les surfaces orthogonales étaient trois familles de plans parallèles, les $h_i$, et par suite $\varpi$, devenant tous égaux à l'unité, l'équation (32) prendrait la forme

$$(33) \qquad k\frac{d\mathrm{V}}{dt} = \mathrm{S}\frac{d^2\mathrm{V}}{du^2} = \Delta_2\mathrm{V}.$$

Or, l'accroissement de la température, en chaque point, est évidemment indépendant du système de coordonnées; les seconds membres des équations (32) et (33) doivent donc être identiquement égaux.

Ce qui établit directement la valeur, (28) ou (26), du paramètre différentiel du second ordre de V, représentant d'ailleurs une fonction-de-point quelconque. Et si la fonction V, des $\rho_i$, se réduit particulièrement à l'une des coordonnées curvilignes, cette valeur (28) donnera, inversement, la formule (29), ou les valeurs (22).

## § XVII.

### DÉNOMINATION PROPOSÉE POUR LES $\Delta_2$.

En établissant, aussi complétement, les propriétés caractéristiques des paramètres différentiels du second ordre, la théorie mathématique de la chaleur se présente comme l'origine naturelle de cet élément analytique, et peut réclamer le droit de lui assigner un nom. Puisque, dans la dynamique, on appelle *accélération*, la limite du rapport de l'accroisment de la vitesse à celui du temps, ne peut-on pas appeler aussi, *accélération calorifique*, augmentation, ou plus simplement *augment*, la limite du rapport de l'accroissement de la température à celui du temps?

Alors, supposant $k$ égal à l'unité, il résultera de l'équation (33), que le paramètre différentiel du second ordre d'une fonction-de-point ne sera autre que son *augment*. C'est-à-dire que, si tous les points du solide, limité ou indéfini, que particularise cette fonction-de-point, avaient fortuitement des températures égales aux diverses valeurs qu'elle leur assigne, le paramètre dont il s'agit assignerait l'échauffement de ces points au premier instant.

## § XVIII.

### CARACTÈRE ET UTILITÉ DES $\Delta_1$.

Parlons maintenant du paramètre différentiel du premier ordre. La formule (24) en donne aussi une définition plus générale que celle du § III. Si ce paramètre n'existe pas essentiellement, comme celui du second ordre, dans les équations générales de la physique mathématique, néanmoins son rôle naturel est tout aussi important.

En effet, on sait que la dérivée $\dfrac{dP}{du}$ du potentiel P, donne la composante, suivant la direction fixe de toute coordonnée rectiligne $u$, de la résultante des attractions exercées sur l'unité de masse; il suit de là que cette résultante elle-même, $F$, sera donnée par la formule

$$F = \sqrt{S\left(\frac{dP}{du}\right)^2} = \Delta_1 P ;$$

c'est-à-dire qu'elle ne sera autre que le paramètre différentiel du premier ordre du potentiel.

On sait aussi que la dérivée $\dfrac{dp}{du}$, de la pression $p$ dans un fluide en repos, est égale au produit $U\partial$, de la densité $\partial$ du fluide, par la composante $U$, suivant l'axe des $u$, de la résultante des forces extérieures rapportée à l'unité de masse; il suit de là que cette résultante elle-même, $F$, sera donnée par la formule

$$\Delta_1 p = F\partial ;$$

c'est-à-dire qu'elle sera égale au paramètre différentiel du premier ordre de la pression, divisé par la densité.

## § XIX.

### DÉNOMINATION PROPOSÉE POUR LES $\Delta_1$.

Or, toute fonction-de-point, $F$, peut représenter, soit un potentiel, soit la pression d'un fluide. On pourrait donc dire, inversement, que son paramètre différentiel du premier ordre, $\Delta_1 F$, représente sa *force*. En outre, les cosinus des angles de direction de cette force fictive, étant les

$$\frac{1}{\Delta_1 F}\frac{dF}{du},$$

ces expressions, si souvent reproduites dans nos formules, auraient aussi leur représentation.

Je ne veux pas insister pour que l'on nomme *force* et *augment* d'une fonction-de-point, ses paramètres différentiels du premier et du second ordre; quoique de telles dénominations pussent se justifier, tout aussi bien que celles de *po-*

*tentiel,* de *courbure sphérique*, et autres. J'ai seulement
voulu montrer, par les considérations qui précèdent, toute
l'importance des paramètres dont il s'agit; et surtout faire
comprendre, que ces paramètres sont les véritables *dérivées
naturelles* des fonctions-de-point; qu'ils les caractérisent et
les distinguent, comme les plans tangents, les lignes et les
rayons de courbure, caractérisent et distinguent les surfaces; comme les tangentes, les plans et les cercles osculateurs, les courbures doubles et simples, caractérisent et
distinguent les lignes courbes.

## § XX.

### FONCTIONS - DE - POINT DONT LES $\Delta_2$ SONT NULS.

Il convient d'étudier particulièrement les fonctions-de-
point dont l'augment, ou le paramètre différentiel du second ordre, est nul, puisqu'elles se présentent si fréquemment dans les applications. La température stationnaire $V$,
dans un milieu solide en équilibre de chaleur, est une de ces
fonctions. En l'égalant à un paramètre, on a une famille de
surfaces, que j'ai appelées *isothermes ;* la température étant
la même dans toute l'étendue de chacune d'elles.

Réciproquement, les surfaces d'une famille au paramètre
$\lambda$, supposées dans un milieu solide, seront isothermes, s'il
peut arriver que la température stationnaire, $V$, qui doit
vérifier l'équation $\Delta_2 V = o$, soit simplement une fonction
de $\lambda$ ; de telle sorte que sur chaque surface, où $\lambda$ est constant,
$V$ le soit pareillement. Ce qui impose des conditions nécessaires, tant à la fonction-de-point $\lambda$, qu'à la fonction $V$
de $\lambda$.

En effet : si $V$ est une fonction $f$ de $\lambda$, dont $f'$, $f''$ sont les
dérivées, on aura successivement

$$\frac{dV}{du} = f'\frac{d\lambda}{du}, \quad \frac{d^2V}{du^2} = f'\frac{d^2\lambda}{du^2} + f''\left(\frac{d\lambda}{du}\right)^2.$$

La sommation $S$ de la dernière équation donne, en introduisant les symboles $\Delta_i$,

$$\Delta_2 V = f' \Delta_2 \lambda + f'' (\Delta_1 \lambda)^2 ;$$

et, puisque le premier membre doit être nul, lors de l'équilibre de température supposé, il faut que l'on puisse avoir

$$(34) \qquad \frac{\Delta_2 \lambda}{(\Delta_1 \lambda)^2} + \frac{f''}{f'} = 0$$

ou que la première fraction ne varie qu'avec $\lambda$ seul, comme la seconde.

## § XXI.

### PARAMÈTRES THERMOMÉTRIQUES.

Ainsi, pour que les surfaces $\lambda$ soient isothermes, il faut, essentiellement, que le rapport du paramètre différentiel du second ordre, au carré de celui du premier, reste constant sur chaque surface, ou qu'on puisse l'exprimer par une fonction de $\lambda$ seul. Quand il en est ainsi, on peut mettre ce rapport sous la forme $\frac{\varphi'}{\varphi}$, $\varphi$ étant une fonction de $\lambda$ et $\varphi'$ sa dérivée. Substituant cette valeur dans l'équation $(34)$, elle devient

$$\frac{\varphi'}{\varphi} + \frac{f''}{f'} = 0$$

et donne, par deux intégrations successives,

$$\varphi f' = c, \quad f = c \int \frac{d\lambda}{\varphi(\lambda)} + c' = V ;$$

$c$ et $c'$ étant des constantes arbitraires. Ce qui donne la forme nécessaire de la fonction V de $\lambda$, telle que son paramètre différentiel du second ordre soit nul.

De là résulte qu'en posant

$$(35) \qquad\qquad \tau = c \int \frac{d\lambda}{\varphi(\lambda)}$$

$\tau$ sera une fonction de $\lambda$, telle que $\Delta_2 \tau = 0$, et qui, ne variant qu'avec $\lambda$ seul, peut aussi servir de paramètre pour représenter la famille des surfaces, reconnues isothermes à l'aide de l'opération qui a donné la fonction $\varphi$. Afin de distinguer ce nouveau *paramètre* $\tau$ de l'ancien $\lambda$, on peut l'appeler *thermométrique*, puisque sa propriété caractéristique est de vérifier l'équation qui régit les températures stationnaires.

Dans la suite du cours, quand j'introduirai le paramètre thermométrique d'une famille de surfaces reconnues isothermes, je supposerai que la constante $c$, dans la valeur (35), ait été choisie de telle sorte, que $\tau$ soit un nombre, un simple rapport, sans aucune dimension géométrique; afin qu'il puisse occasionnellement exprimer une température. Alors, son paramètre différentiel du premier ordre sera nécessairement égal au quotient, d'un autre nombre ou rapport, divisé par une ligne; ainsi que cela résulte clairement de la relation $h = \dfrac{d\rho}{ds}$.

Faisant essai des dénominations d'augment et de force, on pourrait dire comme conclusion : *Lorsqu'une fonction-de-point $\lambda$ est telle, que le rapport de son augment, au carré de sa force, ne varie qu'avec elle-même, il existe une fonction $\tau$ de $\lambda$ dont l'augment est nul.*

## § XXII.

### SIMPLIFICATION RÉSULTANT DES $\Delta_2 \rho_i = 0$.

Lorsqu'un système orthogonal comprend une famille de surfaces isothermes, on peut prendre pour la coordonnée $\rho$ qui lui correspond, son paramètre thermométrique ; alors

$\Delta_2\, \rho = 0$, et d'après la première $(22)$,

$$\frac{d\,\dfrac{h}{h_1\,h_2}}{d\rho} = 0,$$

c'est-à-dire que le rapport $\dfrac{h}{h_1\,h_2}$ ne varie pas avec $\rho$. Il en résulte une simplification dans la formule $(26)$, car le premier terme du second membre, qui est

$$h\,h_1\,h_2\,\frac{d\,\dfrac{h}{h_1\,h_2}\dfrac{d\mathrm{F}}{d\rho}}{d\rho},$$

devient, toute réduction faite,

$$h^2\,\frac{d^2\mathrm{F}}{d\rho^2}\cdot$$

Et, si le système orthogonal est formé par trois familles de surfaces isothermes, adoptant leurs paramètres thermométriques pour coordonnées, on a définitivement

$$(36) \qquad \Delta_2\,\mathrm{F} = \sum h_i^2\,\frac{d^2\mathrm{F}}{d\rho_i^2},$$

formule analogue à celle $(24)$, et tout aussi simple.

Les trois systèmes classiques de coordonnées rentrent dans ce dernier cas : chacun d'eux est formé par trois familles de surfaces isothermes; et quoique l'on ne prenne pas, pour toutes ces familles, leurs paramètres thermométriques, la triple simplification de la formule $(36)$, toute masquée qu'elle soit, conserve son influence. C'est à elle que l'on doit, sans aucun doute, d'avoir pu traiter, depuis longtemps, dans les diverses branches de la physique mathématique, un petit nombre de corps, limités par des plans, des sphères, ou des cylindres droits. Là, quand on est obligé de se servir d'un système de coordonnées, pour lequel cette triple simplification n'est pas possible, on est immédiatement arrêté par des difficultés d'intégration, qui paraissent insurmontables.

Lorsque l'une des trois familles de surfaces, d'un système orthogonal, se compose de plans parallèles, au paramètre $\rho_2 = z$, on a

$$h_2 = 1, \quad \Delta_2 \rho_2 = 0.$$

Les deux autres familles de surfaces sont cylindriques; ou bien, les fonctions-de-point $\rho$ et $\rho_1$ donnent un système de courbes orthogonales sur le plan des bases de ces cylindres; leurs paramètres différentiels du premier ordre $h$, $h_1$ sont indépendants de $z$, et ceux du second ordre sont donnés par les relations

$$(37) \quad \begin{cases} \dfrac{\Delta_2 \rho}{h^2} = \dfrac{d \log \dfrac{h}{h_1}}{d\rho}, \\[3ex] \dfrac{\Delta_2 \rho_1}{h_1^2} = \dfrac{d \log \dfrac{h_1}{h}}{d\rho_1}, \end{cases}$$

d'après les formules (21). Or, ces relations conduisent, par différentiation, à l'équation

$$(38) \quad \frac{d \dfrac{\Delta_2 \rho}{h^2}}{d\rho_1} + \frac{d \dfrac{\Delta_2 \rho_1}{h_1^2}}{d\rho} = 0,$$

d'où résulte la conséquence suivante.

Si le premier terme de cette équation (38) est nul, il en sera de même du second. Ou bien, si le rapport $\dfrac{\Delta_2 \rho}{h^2}$ ne dépend que de $\rho$, le rapport $\dfrac{\Delta_2 \rho_1}{h_1^2}$ ne dépendra que de $\rho_1$. Ou enfin, d'après le § XX, si la famille de cylindres, ou de

courbes, au paramètre $\rho$, est isotherme, celle au paramètre
$\rho_1$ le sera nécessairement : l'une ne peut pas l'être sans
l'autre. Quand cette circonstance se présente, le système
orthogonal, complété par la famille de plans parallèles,
est triplement isotherme, et l'on peut l'appeler simplement
*système cylindrique isotherme*, les deux épithètes concen-
trant toute la définition.

Comme on le verra, le nombre des systèmes cylindriques
isothermes est infini, et la triple simplification de la formule (36) leur est à tous applicable. Aussi, peut-on résoudre, dans la théorie analytique de la chaleur, une de ses
principales questions, sur tous les prismes curvilignes rectangles, dont les faces latérales sont des cylindres isothermes. Et si l'on adopte essentiellement, pour variables,
leurs paramètres thermométriques, la formule qui exprime
numériquement la loi intégrale cherchée, est absolument
la même pour tous ces prismes, quels que soient les systèmes
cylindriques isothermes que l'on considère. Cette formule
possède, en quelque sorte, la même généralité que l'équation qui exprime la loi différentielle. Concordance bien
rare, sinon unique, dans les diverses branches de la physique mathématique.

Hors de là, dans les systèmes orthogonaux non cylindriques, lorsque deux des trois familles de surfaces conjuguées sont isothermes, la troisième ne l'est pas nécessairement. Alors, la triple simplication de la formule (36)
devenant beaucoup moins fréquente, il faut recourir à
d'autres procédés pour obtenir des formules intégrales, pos-
sédant une généralité analogue à celle qui vient d'être
définie.

Quoi qu'il en soit, les considérations précédentes signalent clairement, et l'importance analytique des familles de
surfaces isothermes ou des fonctions-de-point dont l'aug-

3.

ment est nul, et la nécessité d'adopter pour variables leurs paramètres thermométriques. Tel est le but que nous nous sommes proposé dans les trois derniers paragraphes.

# TROISIÈME LEÇON.

## COURBURES DES SURFACES ORTHOGONALES.

Lignes de courbure des surfaces orthogonales. — Théorème de M. Ch. Dupin.
— Expressions des courbures des surfaces conjuguées. — Courbures paramétriques. — Coordonnées thermométriques du système sphérique.

### § XXIII.

#### LIGNES DE COURBURE DES SURFACES $\rho_i$.

Proposons-nous de déterminer les lignes et les rayons de
courbure des surfaces orthogonales conjuguées. Considérons
particulièrement une surface $\rho$; $(x, y, z)$ étant les coordonnées d'un de ses points M, $(x', y', z')$ celles du point M',
situé sur la normale en M, et centre d'une des courbures
dont le rayon est R, on aura

$$(1) \qquad \frac{\left(\dfrac{d\rho}{dx}\right)}{x'-x} = \frac{\left(\dfrac{d\rho}{dy}\right)}{y'-y} = \frac{\left(\dfrac{d\rho}{dz}\right)}{z'-z} = \frac{h}{R};$$

car les trois premières fractions sont égales entre elles, d'après les équations de la normale; et l'on obtient encore le
même rapport, en additionnant les carrés des numérateurs
de ces trois fractions, puis ceux de leurs dénominateurs, et
divisant, l'une par l'autre, les racines carrées de ces deux
sommes; ce qui donne la fraction $\dfrac{h}{R}$.

Soit $M_1$ un point infiniment voisin de M, et situé sur la

ligne de courbure correspondante au rayon R ; et soient
$(x + \delta_1 x, y + \delta_1 y, z + \delta_1 z)$ ses coordonnées. Les termes
$(x', y', z', R)$ du groupe (1) ne devront pas changer, lors-
qu'on y substituera les coordonnées de $M_1$ à celles de M.
C'est-à-dire que l'on doit pouvoir regarder $(x', y', z', R)$
comme des constantes, quand on différentiera, en $\delta_1$, les
rapports égaux (1), ou mieux, les logarithmes de ces
rapports, ce qui donnera

$$(2) \qquad \left\{ \begin{aligned} \frac{\delta_1 \frac{d\rho}{dx}}{\left(\frac{d\rho}{dx}\right)} + \frac{\delta_1 x}{x' - x} = \\ \frac{\delta_1 \frac{d\rho}{dy}}{\left(\frac{d\rho}{dy}\right)} + \frac{\delta_1 y}{y' - y} = \\ \frac{\delta_1 \frac{d\rho}{dz}}{\left(\frac{d\rho}{dz}\right)} + \frac{\delta_1 z}{z' - z} = \end{aligned} \right\} = \frac{\delta_1 h}{h}$$

ou bien, égalant séparément chacun des trois premiers
membres au quatrième, et ayant égard aux égalités (1), on
aura le groupe suivant :

$$(3) \qquad \left\{ \begin{aligned} \delta_1 \frac{d\rho}{dx} &= \frac{\delta_1 h}{h} \frac{d\rho}{dx} - \frac{h}{R} \delta_1 x, \\ \delta_1 \frac{d\rho}{dy} &= \frac{\delta_1 h}{h} \frac{d\rho}{dy} - \frac{h}{R} \delta_1 y, \\ \delta_1 \frac{d\rho}{dz} &= \frac{\delta_1 h}{h} \frac{d\rho}{dz} - \frac{h}{R} \delta_1 z. \end{aligned} \right.$$

Par un procédé fréquemment employé, on fera dispa-
raître les coefficients $\frac{\delta_1 h}{h}$ et $\frac{h}{R}$, en ajoutant les équations (3),

respectivement multipliées par les facteurs binômes

$$(4) \quad \begin{cases} \dfrac{d\rho}{dz}\,\delta_1 y - \dfrac{d\rho}{dy}\,\delta_1 z = \lambda\delta_2 x, \\[2ex] \dfrac{d\rho}{dx}\,\delta_1 z - \dfrac{d\rho}{dz}\,\delta_1 x = \lambda\delta_2 y, \\[2ex] \dfrac{d\rho}{dy}\,\delta_1 x - \dfrac{d\rho}{dx}\,\delta_1 y = \lambda\delta_2 z, \end{cases}$$

que l'on peut égaler à une même quantité $\lambda$, multipliée par les différentielles nouvelles $(\delta_2 x,\ \delta_2 y,\ \delta_2 z)$, signalant, dans le voisinage de $\mathbf{M}$, un autre point $\mathbf{M_2}$, qui sert en quelque sorte d'intermédiaire, et dont les coordonnées sont $(x + \delta_2 x, y + \delta_2 y, z + \delta_2 z)$.

Or les valeurs $(4)$, deux fois additionnées, après les avoir respectivement multipliées, la première fois par $\left(\dfrac{d\rho}{dx},\ \dfrac{d\rho}{dy},\ \dfrac{d\rho}{dz}\right)$, la seconde fois par $(\delta_1 x, \delta_1 y, \delta_1 z)$, donnent

$$\frac{d\rho}{dx}\,\delta_2 x + \frac{d\rho}{dy}\,\delta_2 y + \frac{d\rho}{dz}\,\delta_2 z = 0,$$

$$\delta_1 x\,\delta_2 x + \delta_1 y\,\delta_2 y + \delta_1 z\,\delta_2 z = 0.$$

La première de ces relations montre que le point $\mathbf{M_2}$ est situé sur le plan tangent à la surface $\rho$ en $\mathbf{M}$, la seconde que les deux directions $\overline{\mathbf{MM_1}}$, $\overline{\mathbf{MM_2}}$, sont perpendiculaires entre elles. Donc, si le point $\mathbf{M_1}$ est situé sur une des deux lignes de courbure, le point $\mathbf{M_2}$ se trouvera sur l'autre.

Si l'on additionne maintenant les équations $(3)$, respectivement multipliées par les facteurs $(4)$ simplifiés, on aura

$$(5) \qquad \delta_2 x.\delta_1\frac{d\rho}{dx} + \delta_2 y.\delta_1\frac{d\rho}{dy} + \delta_2 z\;\delta_1\frac{d\rho}{dz} = 0;$$

relation qui exprime la condition, nécessaire et suffisante, pour que la direction correspondante à une variation tangentielle $\delta_1$ soit celle d'une ligne de courbure; la variation

$\delta_2$, pareillement tangentielle, s'opérant dans une direction perpendiculaire à la première.

## § XXIV.

### THÉORÈME DE M. DUPIN.

Faisons subir cette épreuve à la direction $d\rho_1$, de la normale à la surface $\rho_1$ qui passe en M, laquelle direction est nécessairement tangentielle, puisque les surfaces conjuguées sont orthogonales. Si la variation $\delta_1$ correspond à la direction $d\rho_1$, la variation $\delta_2$ correspondra à la direction $d\rho_2$, ou à celle de la normale à la surface $\rho_2$ qui passe en M. On prendra donc

$$(6) \quad \begin{cases} \delta_1 \dfrac{d\rho}{du} = \dfrac{d\,\dfrac{d\rho}{du}}{d\rho_1}\, d\rho_1, \\[3ex] \delta_2 u = \dfrac{du}{d\rho_2}\, d\rho_2 = \dfrac{1}{h_2^2}\dfrac{d\rho_2}{du}\, d\rho_2, \end{cases}$$

d'après la première (8), § **VIII**; et le premier membre, de l'équation (5) à vérifier, deviendra

$$\frac{d\rho_1\, d\rho_2}{h_2^2}\, S\, \frac{d\rho_2}{du}\, \frac{d\,\dfrac{d\rho}{du}}{d\rho_1}.$$

Or, cette quantité est identiquement nulle, d'après le théorème (17), § **XI**. La condition (5) est donc satisfaite.

Ainsi la direction de $d\rho_1$, et par suite celle de $d\rho_2$, sont celles des deux lignes de courbure de la surface $\rho$ en M. D'où résulte, enfin, le théorème important, dû à M. Dupin, que, *dans tout système orthogonal les surfaces de deux des familles conjuguées, tracent, sur une surface de la troisième famille, toutes ses lignes de courbure.*

## § XXV.

### EXPRESSION D'UN RAYON DE COURBURE.

Procédons maintenant à la détermination du rayon de courbure R de la surface $\rho$, qui correspond à la ligne de courbure $d\rho_1$. La nature actuelle de la variation $\delta_1$ donnera, outre la première (6), les valeurs suivantes :

$$\delta_1 h = \frac{dh}{d\rho_1}\, d\rho_1,$$

$$\delta_1 u = \frac{du}{d\rho_1}\, d\rho_1 = \frac{1}{h_1^2}\frac{d\rho_1}{du}\, d\rho_1\,;$$

et la substitution de ces diverses valeurs concentrera le groupe (3) dans la formule

$$(7)\qquad \frac{d\dfrac{d\rho}{du}}{d\rho_1} = \frac{1}{h}\frac{dh}{d\rho_1}\frac{d\rho}{du} - \frac{1}{R}\cdot\frac{h}{h_1^2}\frac{d\rho_1}{du}.$$

Or, il résulte du théorème (12), § X, que

$$(8)\qquad \frac{d\dfrac{d\rho}{du}}{d\rho_1} = \frac{1}{h}\frac{dh}{d\rho_1}\frac{d\rho}{du} - \frac{h}{h_1}\frac{dh_1}{d\rho}\cdot\frac{h}{h_1^2}\frac{d\rho_1}{du}\,;$$

l'identité nécessaire des deux valeurs (7) et (8) exige donc que

$$(9)\qquad \frac{1}{R} = \frac{h}{h_1}\frac{dh_1}{d\rho}\,;$$

et telle est la valeur de la courbure cherchée.

Si l'on désigne par $\mathcal{R}$ le rayon de courbure de la surface $\rho$, qui correspond à la seconde direction $d\rho_2$, on aura, de la même manière,

$$(10)\qquad \frac{1}{\mathcal{R}} = \frac{h}{h_2}\frac{dh_2}{d\rho}.$$

L'équation (21) du § XIII, laquelle peut se mettre sous la forme

$$\frac{h}{h_1}\frac{dh_1}{d\rho} + \frac{h}{h_2}\frac{dh_2}{d\rho} = \frac{dh}{d\rho} - \frac{\Delta_2\rho}{h},$$

devient, par la substitution des valeurs (9) et (10),

$$(11)\qquad \frac{1}{R} + \frac{1}{\mathfrak{R}} = \frac{dh}{d\rho} - \frac{\Delta_2\rho}{h},$$

expression remarquable de la somme des deux courbures de la surface $\rho$, ou de sa courbure sphérique, d'après Gauss.

## § XXVI.

### CHANGEMENT DE PARAMÈTRE.

Observons ici que le paramètre $\rho$ d'une famille de surfaces n'a rien d'essentiel, car il pourrait être remplacé par une quelconque de ses fonctions

$$(12)\qquad \varepsilon = f(\rho),$$

puisque, si $\rho$ reste constant sur chaque surface individuelle, il en sera de même de $\varepsilon$. Soit désigné par $n$ le paramètre différentiel du premier ordre de $\varepsilon$, $h$ étant toujours celui de $\rho$. L'élément $ds$ de la normale à la surface $\rho$ ou $\varepsilon$, c'est-à-dire l'épaisseur, au point que l'on considère, de la couche comprise entre deux surfaces infiniment voisines, admettra la double expression

$$(13)\qquad ds = \frac{d\rho}{h} = \frac{d\varepsilon}{n},$$

d'après la formule (7), § VII. De même, la courbure sphérique (11) de la surface $\rho$ ou $\varepsilon$, pourra s'exprimer des deux manières suivantes :

$$(14)\qquad \frac{1}{R} + \frac{1}{\mathfrak{R}} = \begin{cases} = \dfrac{dh}{d\rho} - \dfrac{\Delta_2\rho}{h}, \\[2ex] = \dfrac{dn}{d\varepsilon} - \dfrac{\Delta_2\varepsilon}{n}, \end{cases}$$

car cette courbure sphérique, aussi bien que l'épaisseur $ds$, sont des éléments géométriques, complétement indépendants du choix que l'on peut faire, parmi tous les paramètres également admissibles. Ainsi, quelle que soit la fonction f $(12)$, on doit avoir identiquement

$$(15) \quad \begin{cases} \dfrac{d\varepsilon}{\eta} = \dfrac{d\rho}{h}, \\[2ex] \dfrac{d\eta}{d\varepsilon} - \dfrac{\Delta_2\varepsilon}{\eta} = \dfrac{dh}{d\rho} - \dfrac{\Delta_2\rho}{h}. \end{cases}$$

La vérification analytique de ces identités est d'ailleurs facile. Si l'on désigne par f′, f″, les premières dérivées de f, l'équation $(12)$ donne

$$(16) \qquad d\varepsilon = f'\, d\rho,$$

quelle que soit la variable indépendante; et, si cette variable est une coordonnée rectiligne $u$, on aura, par deux différentiations successives,

$$(17) \quad \begin{cases} \dfrac{d\varepsilon}{du} = f'\dfrac{d\rho}{du}, \\[2ex] \dfrac{d^2\varepsilon}{du^2} = f'\dfrac{d^2\rho}{du^2} + f''\left(\dfrac{d\rho}{du}\right)^2. \end{cases}$$

L'élévation au carré de la première $(17)$, et la sommation $S$, conduisent à

$$(18) \qquad \eta = f'h;$$

or, l'élimination de f′ entre $(16)$ et $(18)$, donne la première identité $(15)$.

La dérivée de $\eta$ $(18)$ par rapport à $\rho$, est

$$\frac{d\eta}{d\rho} = f'\frac{dh}{d\rho} + f''h,$$

et si l'on divise cette équation par f′, en remplaçant au dénominateur du premier membre $f'd\rho$ par $d\varepsilon$, il vient

$$(19) \qquad \frac{d\eta}{d\varepsilon} = \frac{dh}{d\rho} + \frac{f''}{f'}\, h.$$

D'un autre côté, la sommation $S$ de la seconde $(17)$, donne

$$\Delta_2 \varepsilon = f' \Delta_2 \rho + f'' h^2,$$

et divisant cette équation par celle $(18)$, membre à membre, on a

$$(20) \qquad \frac{\Delta_2 \varepsilon}{\eta} = \frac{\Delta_2 \rho}{h} + \frac{f''}{f'}\, h.$$

Or, l'élimination du rapport $\dfrac{f''}{f'}$ entre $(19)$ et $(20)$, donne la seconde des identités $(15)$.

## § XXVII.

### HOMOGÉNÉITÉ DES $h_i$.

Les doubles expressions $(13)$ et $(14)$ sont donc justifiées. Remarquons, en outre, que, si les deux familles de surfaces $\rho_1$ et $\rho_2$ conservent leurs paramètres, tandis que l'on change en $\varepsilon$ celui $\rho$ de la troisième famille, les dérivées de $\eta$ et de $h$, en $\rho_1$, ou en $\rho_2$, seront liées par les deux équations

$$\frac{d\eta}{d\rho_1} = f'\frac{dh}{d\rho_1}, \quad \frac{d\eta}{d\rho_2} = f'\frac{dh}{d\rho_2},$$

puisque, lors de ces dérivations, $\rho$ restera invariable dans la relation $(18)$; et l'élimination de $f'$, faite à l'aide de cette même relation, donnera

$$\frac{1}{\eta}\frac{d\eta}{d\rho_1} = \frac{1}{h}\frac{dh}{d\rho_1}, \quad \frac{1}{\eta}\frac{d\eta}{d\rho_2} = \frac{1}{h}\frac{dh}{d\rho_2},$$

ou, plus généralement, $\partial$ exprimant une variation tangentielle à la surface $\rho$ ou $\varepsilon$,

$$\frac{\partial \eta}{\eta} = \frac{\partial h}{h}.$$

Identités, qui, jointes à la première (15), permettent de vérifier l'homogénéité de nos équations aux différences partielles ; et qui, de plus, expliquent la forme spéciale de ces mêmes équations.

C'est ainsi, par exemple, que l'expression (9) de la courbure $\frac{1}{R}$, conservera la même valeur, soit que l'on change $\rho$ en $\varepsilon$, puisque

$$\frac{n}{d\varepsilon} = \frac{h}{d\rho},$$

soit que l'on change $\rho_1$ en $\varepsilon_1$, puisque

$$\frac{\delta n_1}{n_1} = \frac{\delta h_1}{h_1},$$

quand la variation $\delta$ est tangentielle à la surface $\rho_1$ ou $\varepsilon_1$.

C'est ici le lieu d'indiquer une propriété importante, dont jouit tout système cylindrique isotherme. Lorsqu'on le rapporte à ses paramètres thermométriques, on a

$$\Delta_2 \rho = 0, \quad \Delta_2 \rho_1 = 0,$$

et les relations (37) du § **XXII** expriment alors que le rapport $h : h_1$ est constant. Soit $a^2$ la valeur de ce rapport ; si l'on change $\rho$ et $\rho_1$ en

$$\varepsilon = \frac{1}{a} \rho, \quad \varepsilon_1 = a \rho_1,$$

ces nouveaux paramètres, étant respectivement proportionnels aux anciens, seront encore thermométriques, car on aura

$$\Delta_2 \varepsilon = 0, \quad \Delta_2 \varepsilon_1 = 0.$$

De plus, la formule (18) donnera

$$n = \frac{1}{a} h, \quad n_1 = a h_1,$$

et le rapport de ces deux valeurs sera l'unité, puisque $h:h_1 = a^2$. Donc, on peut toujours modifier, par des facteurs constants, les paramètres thermométriques d'un système cylindrique isotherme, de telle sorte que les deux familles de cylindres aient le même paramètre différentiel du premier ordre.

## § XXVIII.

### SIGNE D'UNE COURBURE.

La simplicité des expressions (9) et (10), des courbures des surfaces orthogonales, invite à chercher leur démonstration directe, et en quelque sorte géométrique. On y parvient aisément; mais on rencontre une ambiguïté de signe, sur laquelle la géométrie pure resterait muette, et que l'analyse peut seule écarter.

Lorsque, dans une famille de surfaces, on mène une normale en un point de l'une d'elles, cette normale peut être considérée comme ayant, sa partie positive du côté où le paramètre de la famille augmente, sa partie négative du côté où ce paramètre diminue. Cela posé, la courbure $\dfrac{1}{R}$ sera positive, ou négative, suivant que son centre sera situé sur la partie positive, ou sur la partie négative, de la normale. Tel est le principe qu'il s'agit d'établir.

En admettant d'abord ce principe, on retrouve l'expression (9) de la manière suivante. Soient, au point M, les

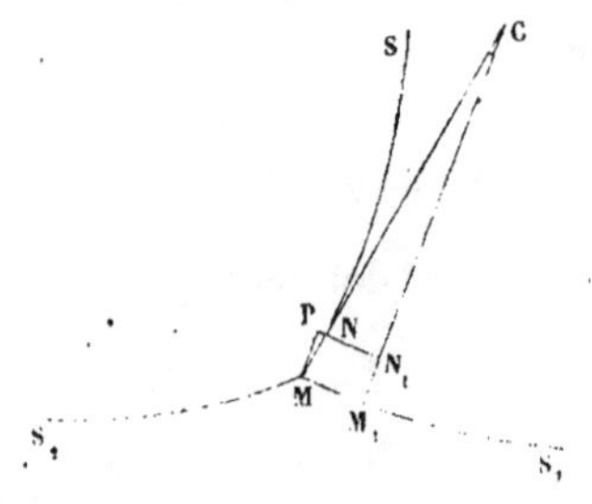

arcs $\overline{MS}$, $\overline{MS_1}$, $\overline{MS_2}$, normaux aux surfaces orthogonales,
et dirigés suivant les directions où leurs paramètres vont
en augmentant; C le centre de la courbure $\frac{1}{R}$, situé sur la
partie positive de la normale à la surface, laquelle normale
est tangente à l'arc $s$ en M; $M_1$ un point infiniment voisin
de M, et situé sur $s_1$. L'arc $\overset{\frown}{MM_1}$ appartiendra au cercle
dont le centre est en C, et dont le rayon est R; sa gran-
deur aura pour expression

$$(21) \qquad\qquad ds_1 = \frac{d\rho_1}{h_1}.$$

Au point N situé à la distance $ds$ de M, sur l'arc $s$, ou
sur la normale $\overline{MC}$, menons l'arc de cercle $\overset{\frown}{PNN_1}$, décrit de
C comme centre avec $\overline{CN}$ pour rayon, et menons MP paral-
lèle à $M_1 C$. Les triangles PMN, $MCM_1$, sont semblables;
d'où résulte la proportion

$$\frac{ds}{R} = \frac{\overline{PN}}{ds_1}.$$

Si $\delta$ indique la variation d'une quantité, lorsqu'on passe de
M à N, PN sera égal à $-\delta.ds_1$, car $ds_1$ ayant diminué dans
ce passage, sa variation est négative, et l'on doit conséquemment changer son signe, pour en faire l'élément, essentiellement positif, d'une proportion. On aura donc

$$\frac{ds}{R} = -\frac{\delta.ds_1}{ds_1}.$$

Or, si l'on prend la variation $\delta$ de l'équation (21), ou mieux,
des logarithmes de ses deux membres, $d\rho_1$ restant invariable, on aura

$$-\frac{\delta.ds_1}{ds_1} = \frac{\delta h_1}{h_1} = \frac{1}{h_1}\frac{dh_1}{d\rho}\,d\rho,$$

d'où résulte définitivement

$$\frac{1}{R} = \frac{1}{h_1}\frac{dh_1}{d\rho}\cdot\frac{d\rho}{ds} = \frac{h}{h_1}\frac{dh_1}{d\rho},$$

ou l'expression (9).

Supposons, maintenant, le cas où le centre C est situé sur la partie négative de la normale. Si l'on conservait le rayon R positif, la même construction, les mêmes lettres,

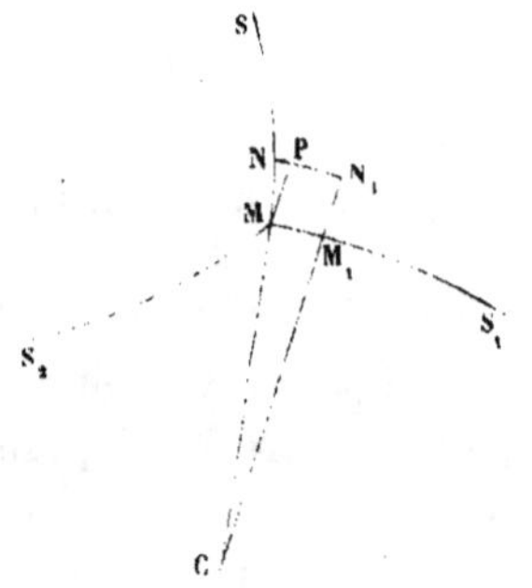


et la même similitude de triangles, conduiraient encore à la proportion

$$\frac{ds}{R} = \frac{PN}{ds_1};$$

mais ici la variation $\partial . ds_1$ étant positive, on prendrait conséquemment $\overline{PN} = \partial . ds_1$, et on arriverait, en poursuivant le même procédé, à

$$\frac{1}{R} = -\frac{h}{h_1}\frac{dh_1}{d\rho},$$

au lieu de l'expression (9). Il faut donc que, dans ce dernier cas, le rayon R soit regardé comme étant négatif. Ce qui justifie, et même nécessite, le principe posé.

## § XXIX.

### NOTATIONS POUR LES COURBURES.

Continuons de désigner par $s$, $s_1$, $s_2$, les arcs normaux aux trois surfaces orthogonales qui passent au point M, comme dans les figures précédentes. L'arc $s$ est la courbe d'intersection des deux surfaces $\rho_1$ et $\rho_2$; l'arc $s_1$ celle des surfaces $\rho_2$ et $\rho$; l'arc $s_2$ celle des surfaces $\rho$ et $\rho_1$. De là résulte que la coordonnée $\rho$ varie seule sur $s$, $\rho_1$ sur $s_1$, $\rho_2$ sur $s_2$. Les lignes de courbure de la surface $\rho$ sont $s_1$ et $s_2$; celles de la surface $\rho_1$ sont $s_2$ et $s$; enfin celles de la surface $\rho_2$ sont $s$ et $s_1$. Les lettres R et $\mathcal{R}$ désignant déjà les deux rayons de courbure de la surface $\rho$, $R_1$ et $\mathcal{R}_1$ peuvent désigner ceux de la surface $\rho_1$, $R_2$ et $\mathcal{R}_2$ ceux de la surface $\rho_2$.

Mais, cette notation est en quelque sorte incomplète, car si elle indique, par l'indice, à quelle surface appartient le rayon $R_i$ ou $\mathcal{R}_i$, elle n'indique pas celle des deux lignes de courbure de la surface, à laquelle correspond ce rayon. Cette dernière indication étant souvent nécessaire, nous désignerons aussi les six rayons de courbure par la seule lettre $r$, avec l'indice $i$ et l'accent $j$: l'indice $i$ étant celui de la surface; l'accent $j$ représentant l'indice de l'arc, c'est-à-dire, n'existant pas si c'est $s$ qui sert de ligne de courbure, étant $(')$ si c'est $s_1$, étant $('')$ si c'est $s_2$. La correspondance des deux notations est donnée par le tableau suivant :

$$(22) \quad \left\{ \begin{array}{ll} R = r', & \mathcal{R} = r'', \\ R_1 = r_1'', & \mathcal{R}_1 = r_1, \\ R_2 = r_2, & \mathcal{R}_2 = r_2'. \end{array} \right.$$

On remarquera que l'indice $i$ et l'accent $j$ ne sont jamais égaux; c'est-à-dire que $r$, $r_1'$, $r_2''$, ne se trouvent pas parmi les six rayons de courbure.

J'appellerai *conjuguées en surface,* deux courbures ayant

le même indice, telles que

$$\left(\frac{1}{r'},\ \frac{1}{r''}\right),\quad \left(\frac{1}{r''_1},\ \frac{1}{r_1}\right),\quad \left(\frac{1}{r_2},\ \frac{1}{r'_2}\right).$$

J'appellerai *conjuguées en arc*, deux courbures ayant le même accent, telles que

$$\left(\frac{1}{r_1},\ \frac{1}{r_2}\right),\quad \left(\frac{1}{r'_2},\ \frac{1}{r'}\right),\quad \left(\frac{1}{r''},\ \frac{1}{r''_1}\right).$$

Enfin, on peut appeler *réciproques*, deux courbures telles que l'indice de l'une est égal à l'accent de l'autre, et réciproquement, comme

$$\left(\frac{1}{r''_1},\ \frac{1}{r'_2}\right),\quad \left(\frac{1}{r_2},\ \frac{1}{r''}\right),\quad \left(\frac{1}{r'},\ \frac{1}{r_1}\right).$$

On verra que ce luxe de notations, et de dénominations, éclaircit singulièrement l'énoncé des lois géométriques qui régissent les surfaces orthogonales ; qu'il permet de simplifier les formules ou d'en diminuer le nombre ; et qu'enfin, il peut servir de guide, tout aussi bien que l'homogénéité, pour éviter ou signaler des erreurs.

## § XXX.

### EXPRESSIONS DES SIX COURBURES.

On reconnaît facilement, d'après les expressions (9) et (10), et la méthode suivie pour établir la première, que les six courbures des surfaces orthogonales ont pour expression générale

$$(23) \qquad \frac{1}{r_i^{(j)}} = \frac{h_i}{h_j}\frac{dh_j}{d\rho_i}.$$

Leurs valeurs particulières sont d'ailleurs toutes comprises dans le tableau suivant, auquel nous aurons souvent recours :

$$(24) \quad \begin{cases} \dfrac{1}{r'} = \dfrac{h}{h_1}\dfrac{dh_1}{d\rho}, \quad & \dfrac{1}{r''} = \dfrac{h}{h_2}\dfrac{dh_2}{d\rho}, \\[2ex] \dfrac{1}{r''_1} = \dfrac{h_1}{h_2}\dfrac{dh_2}{d\rho_1}, \quad & \dfrac{1}{r_1} = \dfrac{h_1}{h}\dfrac{dh}{d\rho_1}, \\[2ex] \dfrac{1}{r_2} = \dfrac{h_2}{h}\dfrac{dh}{d\rho_2}, \quad & \dfrac{1}{r'_2} = \dfrac{h_2}{h_1}\dfrac{dh_1}{d\rho_2}. \end{cases}$$

## § XXXI.

### COURBURES PARAMÉTRIQUES.

Les six courbures de ce tableau $(24)$ sont les seules que puissent admettre les surfaces conjuguées. Mais la formule $(23)$ en comprend réellement trois autres : en effet, lorsqu'on y fait l'accent $j$ égal à l'indice $i$, elle donne

$$(25) \quad \begin{cases} \dfrac{1}{r} = \dfrac{dh}{d\rho}, \\[2ex] \dfrac{1}{r'_1} = \dfrac{dh_1}{d\rho_1}, \\[2ex] \dfrac{1}{r''_2} = \dfrac{dh_2}{d\rho_2}. \end{cases}$$

Les valeurs de $r$, $r'_1$, $r''_2$, qui résultent de ces expressions, sont des longueurs, ou des rayons assignables ; car, puisque $\dfrac{1}{ds_i} = \dfrac{h_i}{d\rho_i}$, $dh_i$ étant de même espèce que $h_i$, $r_i^{(j)}$ sera de même espèce que $ds_i$, c'est-à-dire une ligne.

Ainsi $\dfrac{dh}{d\rho}$ représente réellement une certaine courbure, autre que les deux courbures définies de la surface $\rho$, et on pourra toujours la calculer, aussi bien que ces deux courbures classiques. Analytiquement, ce qui distingue la courbure $\dfrac{dh}{d\rho}$ des deux courbures $\dfrac{1}{R}$ et $\dfrac{1}{\mathcal{R}}$, c'est qu'elle dépend du paramètre choisi : car, si l'on change $\rho$ en $\varepsilon = \mathrm{f}(\rho)$, on n'a pas $\dfrac{d\eta}{d\varepsilon}$ égal à $\dfrac{dh}{d\rho}$ (§ **XXVI**) ; tandis que $\dfrac{1}{R}$ et $\dfrac{1}{\mathcal{R}}$ restent invariables lors de ce changement (§ **XXVII**). Profitant de cette distinction caractéristique, nous désignerons, $\dfrac{dh}{d\rho}$, sous le nom de *courbure paramétrique*.

La formule ( 11 ) établit alors le théorème suivant : *En tout point d'une des surfaces représentées par une fonction-de-point, le rapport des deux paramètres différentiels de cette fonction est égal à l'excès de la courbure paramétrique sur la courbure sphérique.*

D'où résulte ce premier corollaire : *Lorsque le paramètre différentiel du second ordre est nul, la courbure paramétrique est égale à la courbure sphérique.* Et ce second : *Lorsque la courbure paramétrique est nulle, on obtient le paramètre différentiel du second ordre, en prenant, avec un signe contraire, le produit du paramètre différentiel du premier ordre, par la courbure sphérique.*

## § XXXII.

### COURBURES DU SYSTÈME SPHÉRIQUE.

Afin d'éclaircir et de vérifier plusieurs des théorèmes établis dans cette leçon, considérons particulièrement le système des coordonnées sphériques. Les trois familles de surfaces conjuguées, sont : 1° les plans méridiens passant par l'axe polaire, et dont le paramètre est la longitude ou l'azimut $\psi$ ; 2° les cônes droits entourant l'axe, et dont le paramètre est la latitude $\varphi$ ; 3° les sphères concentriques dont le paramètre est le rayon $r$. Posant donc

$$(26) \qquad \rho = \psi, \quad \rho_1 = \varphi, \quad \rho_2 = r;$$

les $ds_i$ dont les valeurs sont connues, donnent les égalités suivantes :

$$ds = \frac{d\psi}{h} = r \cos\varphi \, d\psi,$$

$$ds_1 = \frac{d\varphi}{h_1} = rd\varphi,$$

$$ds_2 = \frac{dr}{h_2} = dr;$$

d'où l'on déduit directement, pour les fonctions $h_i$,

$$(27) \qquad h = \frac{1}{r \cos\varphi}, \quad h_1 = \frac{1}{r}, \quad h_2 = 1;$$

ces valeurs, et leurs dérivées, transforment ainsi le groupe (24)

$$(28) \qquad \left\{ \begin{array}{ll} \dfrac{1}{r'} = 0, & \dfrac{1}{r''} = 0, \\[2ex] \dfrac{1}{r''_1} = 0, & \dfrac{1}{r_1} = \dfrac{\tan\varphi}{r}, \\[2ex] \dfrac{1}{r_2} = -\dfrac{1}{r}, & \dfrac{1}{r'_2} = -\dfrac{1}{r}. \end{array} \right.$$

Comme cela était d'ailleurs évident, des six courbures trois sont nulles, savoir : les deux courbures du plan méridien, et la courbure du cône de latitude qui correspond à sa ligne de courbure rectiligne. Des trois courbures qui restent, celles de la sphère sont égales entre elles, et à celle d'un grand cercle (ce que l'on savait); mais elles sont *négatives* (ce que l'on ne savait pas bien), parce que leur centre commun est placé sur la partie négative de la normale à la sphère, c'est-à-dire du côté où le paramètre $r$ diminue. Enfin, la courbure du cône de latitude, correspondante à sa ligne de courbure circulaire, et dont la valeur absolue était facilement assignable, est *positive*, parce que son centre, situé sur l'axe polaire, est placé sur la partie positive de la normale au cône; c'est-à-dire sur la partie de cette normale, dirigée du côté où le paramètre $\varphi$ va en augmentant.

Les trois courbures paramétriques sont nulles dans le système sphérique ; car il résulte des valeurs (27), que $h$ ne varie pas avec $\rho$ ou $\psi$, ni $h_1$ avec $\rho_1$ ou $\varphi$, ni $h_2$ avec $\rho_2$ ou $r$. (Les courbures paramétriques étant pareillement nulles dans les deux autres systèmes classiques de coordonnées, on comprend que ces courbures aient pu rester inconnues ; on verra, par les leçons qui vont suivre, que leur considération est utile dans la théorie générale des coordonnées curvilignes.) Appliquant ici le second corollaire du § XXXI, on a immédiatement

$$(29) \qquad \Delta_2 \psi = 0, \quad \Delta_1 \varphi = -\frac{\operatorname{tang} \varphi}{r^2}, \quad \Delta_2 r = \frac{2}{r}.$$

## § XXXIII.

### SES COORDONNÉES THERMOMÉTRIQUES.

Le rapprochement des valeurs (27) et (29) conduit aux rapports

$$(30) \qquad \begin{cases} \dfrac{\Delta_2 \varphi}{(\Delta_1 \varphi)^2} = -\dfrac{\sin \varphi}{\cos \varphi}, \\[2mm] \dfrac{\Delta_2 r}{(\Delta_1 r)^2} = \dfrac{2}{r}; \end{cases}$$

d'où l'on conclut, d'après les règles du § XXI, d'abord, que le système sphérique est formé par trois familles de surfaces isothermes ; ensuite, que les paramètres thermométriques de ces familles sont

$$(31) \qquad \rho = \psi, \quad \rho_1 = \int \frac{d\varphi}{\cos \varphi}, \quad \rho_2 = \frac{l}{r};$$

$l$ étant une longueur constante quelconque.

Lorsqu'on adopte ces coordonnées $\rho_1$ et $\rho_2$ (31), au lieu de $\varphi$ et $r$ (26), leurs paramètres différentiels du premier ordre, que nous désignerons par $h'_1$, $h_2$, ne sont plus les $h_1$, $h_2$ (27). D'ailleurs, en différentiant les deux dernières (31), on a

$$\frac{d\rho_1}{du} = \frac{1}{\cos \varphi}\, \frac{d\varphi}{du},$$

$$\frac{d\rho_2}{du} = -l\frac{u}{r^3};$$

puis élevant au carré, faisant la sommation $S$, extrayant la racine carrée, et cela sur chacune des deux dérivées précédentes, on obtient

$$(32) \qquad \begin{cases} h'_1 = \dfrac{h_1}{\cos \varphi} = \dfrac{1}{r\cos \varphi}, \\[2mm] h'_2 = \dfrac{l}{r^2}. \end{cases}$$

Avec ces valeurs (32), et celle (27) de $h$ qui est conservée, la formule (36), § **XXII**, donne pour l'expression simplifiée des $\Delta_2$, dans le système sphérique, celle-ci

$$(33) \qquad \Delta_2 F = \frac{1}{r^2 \cos^2 \varphi} \left( \frac{d^2 F}{d\rho^2} + \frac{d^2 F}{d\rho_1^2} \right) + \frac{l^2}{r^4} \frac{d^2 F}{d\rho_2^2};$$

où l'on doit considérer $\cos \varphi$ comme une fonction de la coordonnée $\rho_1$, $r$ comme une fonction de la coordonnée $\rho_2$.

Ce dernier paramètre $\rho_2$ représente le *potentiel* dans la famille des surfaces de niveau, sphériques et concentriques. Par l'élimination de $r$, faite à l'aide de la dernière (31), les valeurs (32) deviennent

$$(32\ bis) \qquad h'_1 = h = \frac{\rho_2}{l \cos \varphi}, \qquad h'_2 = \frac{\rho_2^r}{l};$$

et leur substitution dans les formules (24) donne

$$(34) \qquad \frac{h'_2}{h}\frac{dh}{d\rho_2} = \frac{h'_2}{h'_1}\frac{dh'_1}{d\rho_2} = \frac{\rho_2}{l} = \frac{1}{r},$$

pour la valeur commune des deux courbures de la surface $\rho_2$.

En résumé, lorsque le système sphérique est rapporté à ses coordonnées thermométriques : 1° les paramètres différentiels du premier ordre des deux familles de surfaces, conjuguées à la sphère, ont la même valeur, comme dans les systèmes cylindriques isothermes (§ XXVII) ; 2° de là résulte naturellement l'égalité des deux courbures de la troisième famille, lesquelles sont *positives*, puisque le potentiel $\rho_2$ augmente vers le centre d'attraction ; 3° enfin, l'expression (33), de l'augment d'une fonction-de-point, est évidemment la plus simple et la plus symétrique. Ces diverses propriétés sont méconnaissables avec les coordonnées géométriques (26).

# QUATRIÈME LEÇON.

## COURBURES DES INTERSECTIONS.

**Plans osculateurs et courbures des arcs d'intersection des surfaces orthogonales. — Courbures résultantes. — Relations entre les courbures des surfaces et celles des arcs. — Application au système sphérique.**

### § XXXIV.

#### REPRÉSENTATION D'UNE COURBURE.

Pour démêler et énoncer les relations qui existent entre toutes les courbures appartenant, soit aux surfaces $\rho_i$, soit aux arcs $s_i$, soit à d'autres courbes passant par un même point M, il est souvent nécessaire de représenter chaque courbure $\left(\dfrac{1}{R}\right)$ par une ligne, qui lui soit égale ou proportionnelle, dirigée de M vers le centre de cette courbure, ou sur son rayon même.

Cette représentation est analogue à celle des forces en mécanique. D'ailleurs, on peut regarder une courbure comme étant, soit l'accélération normale correspondant au mouvement libre d'un point, dont la trajectoire passe en M, si sa vitesse est de 1 mètre par seconde; soit la composante normale de la force qui agit sur le point matériel, si la masse, ainsi que la vitesse, sont égales à l'unité.

Traitant, dans le langage, cette analogie comme une identité, nous parlerons des composantes ou des projections d'une courbure, de la résultante de plusieurs courbures. Quand on considère la simplicité que ces dénominations introduisent dans les énoncés des lois, on s'étonne qu'elles soient fictives et non réelles.

## § XXXV.

### EXPRESSIONS NOUVELLES DES SIX COURBURES.

Les six courbures des surfaces orthogonales, que le groupe (24), § **XXX**, donne au moyen des paramètres différentiels $h_i$, peuvent aussi s'exprimer à l'aide des fonctions $\dfrac{d\rho_i}{du}$. En effet, la formule (14), § X, par la suppression de l'indice, donne

$$(1) \qquad \frac{d\,\dfrac{d\rho}{du}}{d\rho} = \frac{1}{h}\left(\frac{dh}{d\rho}\frac{d\rho}{du} + \frac{dh}{d\rho_1}\frac{d\rho_1}{du} + \frac{dh}{d\rho_2}\frac{d\rho_2}{du}\right);$$

multipliant successivement cette équation par $\dfrac{1}{h_1}\dfrac{d\rho_1}{du}$, $\dfrac{1}{h_2}\dfrac{d\rho_1}{dx}$, et faisant à chaque fois la sommation $S$, on a, d'après les relations (2) et (4) du § **VI**,

$$(1\ bis) \quad \begin{cases} \dfrac{1}{h_1}\,S\,\dfrac{d\rho_1}{du}\dfrac{d\,\dfrac{d\rho}{du}}{d\rho} = \dfrac{h_1}{h}\dfrac{dh}{d\rho_1} = \dfrac{1}{r_1}, \\[2em] \dfrac{1}{h_2}\,S\,\dfrac{d\rho_2}{du}\dfrac{d\,\dfrac{d\rho}{du}}{d\rho} = \dfrac{h_2}{h}\dfrac{dh}{d\rho_2} = \dfrac{1}{r_2}. \end{cases}$$

En opérant de la même manière sur la formule (14), § X, prise avec $i = 1$, et ensuite avec $i = 2$, on complète le tableau suivant :

$$(2) \quad \begin{cases} \dfrac{1}{r_1} = \dfrac{1}{h_1} \, \mathrm{S} \, \dfrac{d\rho_1}{du} \dfrac{\mathrm{d}\dfrac{d\rho}{du}}{d\rho}, & \dfrac{1}{r_2} = \dfrac{1}{h_2} \, \mathrm{S} \, \dfrac{d\rho_2}{du} \dfrac{\mathrm{d}\dfrac{d\rho}{du}}{d\rho}; \\[3em] \dfrac{1}{r'^2} = \dfrac{1}{h_2} \, \mathrm{S} \, \dfrac{d\rho_2}{du} \dfrac{\mathrm{d}\dfrac{d\rho_1}{du}}{d\rho_1}, & \dfrac{1}{r'} = \dfrac{1}{h} \, \mathrm{S} \, \dfrac{d\rho}{du} \dfrac{\mathrm{d}\dfrac{d\rho_1}{du}}{d\rho_1}; \\[3em] \dfrac{1}{r''} = \dfrac{1}{h} \, \mathrm{S} \, \dfrac{d\rho}{du} \dfrac{\mathrm{d}\dfrac{d\rho_2}{du}}{d\rho_2}, & \dfrac{1}{r''_1} = \dfrac{1}{h_1} \, \mathrm{S} \, \dfrac{d\rho_1}{du} \dfrac{\mathrm{d}\dfrac{d\rho_2}{du}}{d\rho_2}; \end{cases}$$

où les six courbures géométriques des surfaces orthogonales sont rangées, de telle sorte que les courbures conjuguées en arc se trouvent sur la même ligne.

On retrouve encore ici les courbures paramétriques, quand on somme l'équation (1) multipliée par $\dfrac{1}{h}\dfrac{d\rho}{du}$, ou généralement, quand on somme la formule (14), § X, multipliée par $\dfrac{1}{h_i}\dfrac{d\rho_i}{du}$, ce qui donne

$$(3) \quad \begin{cases} \dfrac{1}{h} \, \mathrm{S} \, \dfrac{d\rho}{du} \dfrac{\mathrm{d}\dfrac{d\rho}{du}}{d\rho} = \dfrac{dh}{d\rho} = \dfrac{1}{r}, \\[3em] \dfrac{1}{h_1} \, \mathrm{S} \, \dfrac{d\rho_1}{du} \dfrac{\mathrm{d}\dfrac{d\rho_1}{du}}{d\rho_1} = \dfrac{dh_1}{d\rho_1} = \dfrac{1}{r'_1}, \\[3em] \dfrac{1}{h_2} \, \mathrm{S} \, \dfrac{d\rho_2}{du} \dfrac{\mathrm{d}\dfrac{d\rho_2}{du}}{d\rho_2} = \dfrac{dh_2}{d\rho_2} = \dfrac{1}{r''_2}; \end{cases}$$

valeurs que l'on obtient d'ailleurs directement, en différentiant la formule (2), § VI, par rapport à $\rho_i$.

## § XXXVI.

### COURBURES RÉSULTANTES.

Les deux groupes (2) et (3) conduisent à une conséquence remarquable, ou à une sorte de représentation des dérivées

$$(4) \qquad \frac{\mathrm{d}\dfrac{d\rho_i}{du}}{d\rho_i}.$$

Considérons, par exemple, les premières équations de ces groupes ; les $\dfrac{1}{h_i}\dfrac{d\rho_i}{du}$ étant des cosinus, les dérivées $(4)$ seront de l'espèce de grandeur des $\dfrac{1}{r_i}$ ; on peut donc les considérer comme étant les projections, sur les axes des $u$, d'une ligne prise égale ou proportionnelle à une certaine courbure $\dfrac{1}{q}$.

La grandeur et la direction de cette ligne sont faciles à déterminer : en effet, le premier membre de l'équation $(1)$ étant, par hypothèse, la projection de $\dfrac{1}{q}$ sur l'axe des $u$, on peut lui substituer $\dfrac{\cos U}{q}$, puis, élevant au carré, faisant la sommation $\mathbf{S}$, et extrayant la racine, on a

$$(5) \quad \frac{1}{q} = \frac{1}{h}\sqrt{h^2\left(\frac{dh}{d\rho}\right)^2 + h_1^2\left(\frac{dh}{d\rho_1}\right)^2 + h_2^2\left(\frac{dh}{d\rho_2}\right)^2} = \frac{\Delta_1 h}{h},$$

d'après les relations $(2)$, $(4)$, § VI, et la valeur générale $(24)$, § XIV, des paramètres différentiels du premier ordre. La grandeur $\dfrac{1}{q}$ de la ligne supposée étant ainsi connue, on aura

$$(6) \qquad \cos U = \frac{h}{\Delta_1 h}\frac{\mathrm{d}\dfrac{d\rho}{du}}{d\rho},\cdots,\quad 3$$

pour les cosinus des angles que sa direction fait avec les $u$.

Cela posé, les équations formant la première ligne du groupe (2) expriment que les courbures $\frac{1}{r_1}$ et $\frac{1}{r_2}$ sont respectivement égales aux projections de la ligne ou courbure $\frac{1}{q}$, sur les normales aux surfaces $\rho_1$ et $\rho_2$. Et, en projetant la même courbure $\frac{1}{q}$ sur la normale à la surface $\rho$, on aura, d'après la première du groupe (3), la courbure paramétrique de cette surface.

On arriverait à des résultats analogues, en considérant successivement les secondes et les troisièmes lignes, des groupes (2) et (3). Ainsi, les six courbures géométriques, et les trois courbures paramétriques des surfaces orthogonales, se présentent comme étant les projections, sur les normales à ces surfaces, de trois courbures

$$(7) \qquad \frac{\Delta_1 h_i}{h_i}, \dots, \quad 3,$$

que nous appellerons *courbures résultantes*, et qui sont portées sur trois lignes, faisant avec les $u$ des angles dont les cosinus sont

$$(8) \qquad \frac{h_i}{\Delta_1 h_i} \frac{d\,\dfrac{d\rho_i}{du}}{d\rho_i}, \dots, \quad 9,$$

chaque courbure, projetée ou résultante, étant portée sur la droite où se trouve son centre.

## § XXXVII.

### PLAN OSCULATEUR DE L'ARC $s$.

Cherchons maintenant les plans osculateurs, et les courbures propres des arcs $s_i$, normaux aux surfaces orthogonales. Le plan osculateur de l'arc $s$, sur lequel la coordonnée curviligne $\rho$ varie seule, ayant une équation de la forme

$$(9) \qquad S\, A_u\, (U - u) = 0,$$

les trois constantes $A_u$ doivent vérifier, 1° l'équation qu'on obtient, en faisant varier les $u$ par rapport à $\rho$ dans l'équation (9), sans changer les U, et qui, en observant que

$$\frac{du}{d\rho} = \frac{1}{h^2} \frac{d\rho}{du},$$

d'après la formule (8), § VII, s'écrit ainsi

$$(10) \qquad S\, A_u\, \frac{d\rho}{du} = 0;$$

2° l'équation qu'on obtient, en différentiant (10), toujours par rapport à $\rho$, et qui est

$$(11) \qquad S\, A_u\, \frac{d \dfrac{d\rho}{du}}{d\rho} = 0.$$

Car, ces deux équations expriment que le plan (9), qui passe en M, passe aussi par un second point et par un troisième se suivant immédiatement sur l'arc $s$.

Ces constantes seront donc proportionnelles aux valeurs

$$A_u = \frac{1}{r_2}\frac{1}{h_1}\frac{d\rho_1}{du} - \frac{1}{r_1}\frac{1}{h_2}\frac{d\rho_2}{du},\ldots,\ \ 3,$$

qui annulent le premier membre de la formule (10), d'après les relations (4), § VI, et le premier membre de (11), d'après les valeurs du groupe (2). Le plan osculateur de l'arc $s$ a donc pour équation

$$(12) \qquad S\left(\frac{1}{r_2}\frac{1}{h_1}\frac{d\rho_1}{du} - \frac{1}{r_1}\frac{1}{h_2}\frac{d\rho_2}{du}\right)(U - u) = 0.$$

Le plan normal au même arc n'est autre que le plan tangent à la surface $\rho$, et son équation est

$$(13) \qquad S \frac{d\rho}{du}(U - u) = 0.$$

Les deux équations (12) et (13) représentent la normale principale.

## § XXXVIII.

### COURBURE PROPRE DU MÊME ARC.

Maintenant, si les U appartiennent au centre de la courbure propre de l'arc $s$, on doit pouvoir différentier l'équation (13) par rapport à $\rho$, sans changer ces U, ce qui donne

$$(14) \qquad S \frac{d\frac{d\rho}{du}}{d\rho}(U - u) = S \frac{d\rho}{du}\frac{du}{d\rho} = 1,$$

d'après les formules (8), § VII, et (2), § VI. Les projections $(U - u)$ du rayon de courbure de l'arc $s$, rayon que nous désignerons par $p$, seront donc données par les trois équations précédentes.

On satisfait aux équations (12) et (13), en prenant, avec le même coefficient $k$, les trois valeurs

$$(15) \qquad U - u = k\left(\frac{1}{r_1}\frac{1}{h_1}\frac{d\rho_1}{du} + \frac{1}{r_2}\frac{1}{h_2}\frac{d\rho_2}{du}\right),\dots,\quad 3,$$

qui annulent le premier membre de (13), d'après les relations (4), § VI, et le premier membre de (12), d'après les formules (2), (4), § VI, et les premières du groupe (2). En substituant ces valeurs (15) dans l'équation (14), on a, encore d'après les premieres (2),

$$(16) \qquad k\left(\frac{1}{r_1^2} + \frac{1}{r_2^2}\right) = 1,$$

équation qui détermine le coefficient $k$. Enfin, ces mêmes

valeurs (15) donnent

$$(17) \qquad p^2 = S\,(U - u)^2 = k^2\left(\frac{1}{r_1^2} + \frac{1}{r_2^2}\right) = k,$$

d'après les relations (2), (4), § VI, et l'équation (16).

Ainsi, le coefficient $k$ est égal à $p^2$, et l'équation (16) peut s'écrire ainsi

$$(18) \qquad \frac{1}{p^2} = \frac{1}{r_1^2} + \frac{1}{r_2^2};$$

c'est-à-dire que le carré de la courbure propre de l'arc $s$ est égal à la somme des carrés des deux courbures des surfaces orthogonales, qui sont conjuguées en cet arc $s$. Puisque $k$ est égal à $p^2$, les valeurs (15) donnent

$$(19) \qquad \frac{U - u}{p} = \frac{p}{r_1}\,\frac{1}{h_1}\,\frac{d\rho_1}{du} + \frac{p}{r_2}\,\frac{1}{h_2}\,\frac{d\rho_2}{du}, \cdots, \; 3,$$

pour les cosinus des angles que $p$ fait avec les $u$; d'où l'on déduit aisément

$$(20) \qquad \begin{cases} S\,\dfrac{U - u}{p}\,\dfrac{1}{h_1}\,\dfrac{d\rho_1}{du} = \dfrac{p}{r_1}, \\[2ex] S\,\dfrac{U - u}{p}\,\dfrac{1}{h_2}\,\dfrac{d\rho_2}{du} = \dfrac{p}{r_2}, \end{cases}$$

pour les cosinus des angles que $p$ fait avec les normales aux surfaces $\rho_1$ et $\rho_2$, ou avec les rayons $r_1$ et $r_2$.

Soient tracés, sur le plan tangent à la surface $\rho$ en M, les centres $C_1$ et $C_2$ des courbures

$$\frac{1}{r_1} \quad \text{et} \quad \frac{1}{r_2},$$

lesquels points se trouvent respectivement sur les tangentes orthogonales aux arcs $s_1$ et $s_2$, à des distances $\overline{MC_1}$ et $\overline{MC_2}$ égales à $r_1$ et $r_2$. On s'assure facilement que la perpendiculaire $\overline{MP}$, abaissée de M sur l'hypoténuse $\overline{C_1 C_2}$, représente, en grandeur et en direction, le rayon de courbure $p$. En

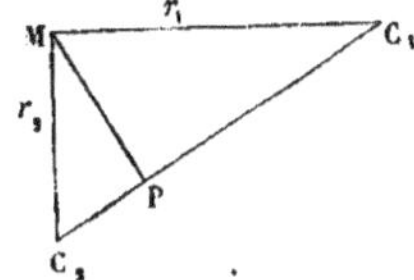

effet, soit $\overline{MP} = P$, la figure donne

$$P^2 = \overline{PC_1} \cdot \overline{PC_2},$$
$$P^4 = (r_1^2 - P^2) \cdot (r_2^2 - P^2);$$

développant et réduisant cette dernière relation, on a

$$0 = r_1^2 \, r_2^2 - P^2 (r_1^2 + r_2^2),$$

équation que l'on peut écrire sous la forme

$$\frac{1}{P^2} = \frac{1}{r_1^2} + \frac{1}{r_2^2}.$$

Donc P est égal à $p$ (18), et il a la même direction (20),
puisque

$$\cos PMC_1 = \frac{P}{r_1},$$

$$\cos PMC_2 = \frac{P}{r_2}.$$

On peut donc dire que *la courbure propre de l'arc s est
la résultante des deux courbures $\frac{1}{r_1} \cdot \frac{1}{r_2}$, conjuguées en cet
arc;* ou, inversement, que *les deux courbures du système
orthogonal, conjuguées en l'arc s, sont les composantes
de la courbure propre de cet arc.* On pouvait établir ces
divers théorèmes par des considérations purement géométriques; mais les formules de leur démonstration analytique
étaient nécessaires, car elles vont conduire à d'autres conséquences importantes.

5

## § XXXIX.

### CENTRES DES COURBURES RÉSULTANTES.

La ligne ou courbure résultante $\frac{1}{q}$, § XXXVI, est située dans le plan osculateur de l'arc $s$ : car l'équation (12) de ce plan est vérifiée par les valeurs

$$U - u = q^2 \frac{d \frac{d\rho}{du}}{d\rho}, \cdots, \quad 3,$$

appartenant au point de cette ligne, situé à la distance $q$ du point M qui est lui-même et sur la ligne et sur le plan.

On a, d'après la valeur (5), les groupes (1 *bis*) et (3), et l'équation (18)

$$(21) \qquad \frac{1}{q^2} = \frac{1}{r^2} + \frac{1}{r_1^2} + \frac{1}{r_2^2} = \frac{1}{r^2} + \frac{1}{p^2}.$$

D'où il suit que, si l'on porte sur la tangente à l'arc $s$, ou sur la normale à la surface $\rho$, une longueur $\overline{MC}$ égale à

$$r = \frac{1}{\left(\dfrac{dh}{d\rho}\right)},$$

on démontrera, comme plus haut, que la perpendiculaire $\overline{MQ}$, abaissée de M sur l'hypoténuse $\overline{PC}$, est égale au rayon $q$.

De plus, cette perpendiculaire a la direction de la ligne $\frac{1}{q}$; laquelle direction n'est autre que celle de la normale au plan représenté par l'équation (14), d'après les cosinus (6). En effet, ce plan (14), normal au plan (12) et passant en P, va aussi passer par le point C, dont les coordonnées

$$U - u = \frac{1}{h}\frac{d\rho}{dx}\frac{1}{\left(\dfrac{dh}{d\rho}\right)},\ldots,\ 3,$$

vérifient son équation, d'après la première (3); il coupe donc, perpendiculairement, le plan osculateur suivant la ligne $\overline{PC}$; et sa normale, ou la direction de $\frac{1}{q}$, n'est autre que $\overline{MQ}$.

Ainsi, le point Q, déterminé par la construction précédente, est le centre de la courbure résultante $\frac{1}{q}$. Il faut remarquer que ce centre, toujours situé dans le plan osculateur de l'arc $s$, change de position, lorsqu'on remplace le paramètre $\rho$ par $\varepsilon = f(\rho)$, puisque la ligne $\overline{MC}$ n'a plus la même grandeur; ou, autrement, puisque la courbure $\frac{1}{q}$ est la résultante, de la courbure paramétrique, qui est changeante, et de la courbure propre de l'arc $s$, qui reste invariable.

## § XL.

### RELATIONS DES COURBURES DES ARCS $s_i$.

Considérons à la fois les trois courbures des arcs $s_i$; soient $p_i$ leurs rayons, on aura, par l'équation (18) et ses homologues,

$$(22)\quad \begin{cases} 1 = \dfrac{p^2}{r_1^2} + \dfrac{p^2}{r_2^2}, \\[2mm] 1 = \dfrac{p_1^2}{r'^2_2} + \dfrac{p_1^2}{r'^2}, \\[2mm] 1 = \dfrac{p_2^2}{r''^2} + \dfrac{p''^2}{r''^2}. \end{cases}$$

Désignons par $m$ le cosinus de $(p_1, p_2)$, angle compris entre $p_1$ et $p_2$, par $m_1$ celui de $(p_2, p)$, par $m_2$ celui de $(p, p_1)$, et par $(n, n_1, n_2)$ les sinus des mêmes angles. L'angle-plan $(p_1, p_2)$ est opposé à un angle dièdre droit, dans l'angle trièdre dont la troisième arête est la normale à la surface $p$, lieu des rayons $r'$ et $r''$; on a donc, par une formule connue,

$$\cos(p_1, p_2) = \cos(p_1, r') \cos(p_2, r''),$$

ou la première des valeurs homologues

$$(23) \qquad \begin{cases} m = \dfrac{p_1 p_2}{r' r''}, \\[2ex] m_1 = \dfrac{p_2 p}{r_1'' r_1}, \\[2ex] m_2 = \dfrac{p p_1}{r_2 r_2'}. \end{cases}$$

Dans le carré $m^2$, qui est le produit de deux fractions, on peut substituer, à l'une ou à l'autre de ces fractions, sa valeur prise au groupe $(22)$; on a ainsi

$$n^2 = 1 - m^2 = \begin{cases} = 1 - \dfrac{p_1^2}{r'^2}\left(1 - \dfrac{p_2^2}{r_1'^2}\right), \\[2ex] = 1 - \dfrac{p_2^2}{r''^2}\left(1 - \dfrac{p_1^2}{r_2'^2}\right), \end{cases}$$

et, par des réductions empruntées au même groupe $(22)$, on arrive aux doubles valeurs

$$(24) \qquad \begin{cases} n^2 = \dfrac{p_1^2 p_2^2}{r'^2 r_1''^2} + \dfrac{p_1^2}{r_2'^2} = \dfrac{p_1^2 p_2^2}{r''^2 r_2'^2} + \dfrac{p_2^2}{r_1''^2}, \\[2ex] n_1^2 = \dfrac{p_2^2 p^2}{r_1''^2 r_2^2} + \dfrac{p_2^2}{r''^2} = \dfrac{p_2^2 p^2}{r''^2 r_1^2} + \dfrac{p^2}{r_2^2}, \\[2ex] n_2^2 = \dfrac{p^2 p_1^2}{r_2^2 r'^2} + \dfrac{p^2}{r_1^2} = \dfrac{p^2 p_1^2}{r_1^2 r_2'^2} + \dfrac{p_1^2}{r''^2}, \end{cases}$$

qui, multipliées par divers facteurs, et rapprochées des

carrés des $m_i$ (23), conduisent aisément aux égalités multiples

$$(25) \quad \begin{cases} \dfrac{p^2}{r_2^2}\, n^2 - m_2^2 = \dfrac{p_1^2}{r'^2}\, n_1^2 - m^2 = \dfrac{p_2^2}{r''_2^2}\, n_2^2 - m_1^2 = \mathfrak{P}', \\[2ex] \dfrac{p^2}{r_1^2}\, n^2 - m_1^2 = \dfrac{p_1^2}{r'_2^2}\, n_1^2 - m_2^2 = \dfrac{p_2^2}{r''^2}\, n_2^2 - m^2 = \mathfrak{P}'', \end{cases}$$

où les valeurs communes $\mathfrak{P}'$ et $\mathfrak{P}''$, sont les deux fractions

$$(26) \quad \begin{cases} \mathfrak{P}' = \dfrac{p^2\, p_1^2\, p_2^2}{r'^2\, r''_1^2\, r_2^2}, \\[2ex] \mathfrak{P}'' = \dfrac{p^2\, p_1^2\, p_2^2}{r''^2\, r_1^2\, r'_2^2}. \end{cases}$$

## § XLI.

### COURBURES DES SURFACES PAR CELLES DES ARCS.

Le produit de ces fractions (26) donne évidemment celui des carrés $m_i^2$ (23); d'où

$$(27) \qquad \mathfrak{P}'\mathfrak{P}'' = m^2\, m_1^2\, m_2^2.$$

La somme des premiers membres des égalités multiples (25) est $(n^2 - m_1^2 - m_2^2)$, d'après la première (22), et, puisque $n^2 = 1 - m^2$, il vient

$$(28) \qquad \mathfrak{P}' + \mathfrak{P}'' = 1 - m^2 - m_1^2 - m_2^2.$$

Les deux relations précédentes donneront, en fonction des cosinus $m_i$, les deux produits distincts $\mathfrak{P}'$ et $\mathfrak{P}''$, par les racines d'une équation du second degré, dont la composition est facile. Enfin, le groupe (25) donne à l'aide de ces racines,

$$(29) \quad \begin{cases} \dfrac{p_1^2}{r'^2} = \dfrac{\mathfrak{P}' + m^2}{n_1^2}, \qquad & \dfrac{p_2^2}{r''^2} = \dfrac{\mathfrak{P}'' + m^2}{n_2^2}; \\[2ex] \dfrac{p_2^2}{r''_1^2} = \dfrac{\mathfrak{P}' + m_1^2}{n_2^2}, \qquad & \dfrac{p^2}{r_1^2} = \dfrac{\mathfrak{P}'' + m_1^2}{n^2}; \\[2ex] \dfrac{p^2}{r_2^2} = \dfrac{\mathfrak{P}' + m_2^2}{n^2}, \qquad & \dfrac{p_1^2}{r'_2^2} = \dfrac{\mathfrak{P}'' + m_2^2}{n_1^2}. \end{cases}$$

Si donc, on connaît les rayons de courbure $p_i$, des trois arcs $s_i$, qui passent en un même point M du système orthogonal, et les angles aux cosinus et sinus $m_i$ et $n_i$, que font entre elles leurs normales principales, les équations (29) détermineront les six courbures des surfaces conjuguées, au même point M.

Lorsque deux des trois normales principales feront entre elles un angle droit, le cosinus $m_i$ correspondant étant nul, $\Phi'$ ou $\Phi''$ s'annulera, d'après la relation (27); par suite, *une des six courbures des surfaces conjuguées sera nécessairement nulle*, d'après les valeurs (26) ou (29).

Pour que les produits $\Phi'$ et $\Phi''$ (26) soient égaux, il faut que les $m_i$ vérifient l'équation

$$(30) \qquad (1 - m^2 - m_1^2 - m_2^2)^2 = 4 m^2 \, m_1^2 \, m_2^2$$

d'après les relations (27) et (28).

## § XLII.

### APPLICATION AU SYSTÈME SPHÉRIQUE.

Les formules établies dans cette leçon, et les théorèmes qu'on en déduit, conduiront à des conséquences importantes, quand nous pourrons les appliquer à des systèmes orthogonaux complets, ou sans courbures nulles. Le système sphérique, qui est loin d'être dans ce cas, peut cependant fournir quelques vérifications, surtout lorsqu'il est exprimé par ses coordonnées thermométriques, qui sont (§ XXXIII)

$$\rho = \psi, \qquad \rho_1 = \int \frac{d\varphi}{\cos\varphi}, \qquad \rho_2 = \frac{l}{r}.$$

$r$ étant la fonction $\dfrac{l}{\rho_2}$, $\varphi$ et $\cos\varphi$ étant des fonctions de $\rho_1$. Avec ces coordonnées, les $h_i$ ont les valeurs

$$h = \frac{\rho_2}{l \cos\varphi}, \qquad h_1 = \frac{\rho_2}{l \cos\varphi}, \qquad h_2 = \frac{\rho_2}{l}.$$

Si l'on évalue les six courbures des surfaces conjuguées (24), § **XXX**, à l'aide de ces valeurs des $h_i$, en observant que $\dfrac{d\varphi}{d\rho_1} = \cos\varphi$, et exprimant les résultats obtenus en $r$ et $\varphi$, on reproduit le tableau (28), § **XXXII**, mais avec cette différence, déjà signalée, que les deux dernières courbures s'y présentent positives, parce que le paramètre $\rho_2$ augmente quand on marche vers leur centre.

Les courbures paramétriques ne sont plus nulles. Elles doivent être égales aux courbures sphériques des surfaces conjuguées, d'après le premier corollaire du § **XXXI**; on trouve, en effet,

$$\frac{dh}{d\rho} = 0, \quad \frac{dh_1}{d\rho_1} = \frac{\tan\psi}{r}, \quad \frac{dh_2}{d\rho_2} = \frac{2}{r}.$$

Les formules (22), § **XL**, donnent pour les courbures propres des arcs $s_i$,

$$\frac{1}{p} = \frac{1}{r\cos\varphi}, \quad \text{d'où} \quad p = r\cos\varphi,$$

$$\frac{1}{p_1} = \frac{1}{r}, \quad \text{d'où} \quad p_1 = r,$$

$$\frac{1}{p_2} = 0, \quad \text{d'où} \quad p_2 = \infty,$$

ce qui devait être.

Les courbures résultantes $\dfrac{1}{q_i}$ sont, en employant une notation introduite dans le nouvel enseignement de la mécanique,

$$\frac{1}{q} = \text{rés.}\left(\frac{dh}{d\rho}, \frac{1}{p}\right) = \frac{1}{r\cos\varphi},$$

$$\frac{1}{q_1} = \text{rés.}\left(\frac{dh_1}{d\rho_1}, \frac{1}{p_1}\right) = \frac{1}{r\cos\varphi},$$

$$\frac{1}{q_2} = \text{rés.}\left(\frac{dh_2}{d\rho_2}, \frac{1}{p_2}\right) = \frac{2}{r}.$$

Le centre de courbure $Q_2$ est au milieu du rayon $r$, sur la partie actuellement positive de la normale à la sphère. Le centre $Q$ est celui du petit cercle parallèle à l'équateur. Et le centre $Q_1$ se confond avec $Q$, puisqu'en appliquant la construction du § XXXIX, le point $P$ est le centre même du système sphérique, le point $C$ celui de la courbure du cône de latitude, et que, conséquemment, l'hypoténuse $\overline{PC}$ se confond avec l'axe polaire.

Ainsi, les deux courbures résultantes $\dfrac{1}{q}$ et $\dfrac{1}{q_1}$ sont égales et ont le même centre. Mais, malgré cette superposition, chacune d'elles conserve sa propriété caractéristique. La courbure résultante $\dfrac{1}{q} = \dfrac{1}{r\cos\varphi}$, relative à la surface $\rho$, donne : $1^{\circ}$ par sa projection sur la normale à $\rho$, la courbure paramétrique ou sphérique du plan méridien, qui est nulle ; $2^{\circ}$ par sa projection sur la normale à $\rho_1$, la courbure du cône de latitude ; $3^{\circ}$ par sa projection sur la normale à $\rho_2$, une première courbure de la sphère. La courbure résultante $\dfrac{1}{q_1} = \dfrac{1}{r\cos\varphi}$, relative à la surface $\rho_1$, donne : $1^{\circ}$ par sa projection sur la normale à $\rho_1$, la courbure paramétrique ou sphérique du cône de latitude ; $2^{\circ}$ par sa projection sur le rayon, la seconde courbure de la sphère ; $3^{\circ}$ par sa projection sur la perpendiculaire au méridien, une de ses courbures nulles.

# CINQUIÈME LEÇON.

## ÉQUATIONS AUX DIFFÉRENCES PARTIELLES.

Équations qui régissent les fonctions $H_i$.— Variations des courbures. — Application aux systèmes orthogonaux cylindriques et coniques. — Équations qui régissent les fonctions $u$ ou $(x, y, z)$.

---

### § XLIII.

#### EQUATIONS EN $H_i$ OU $\dfrac{1}{h_i}$. — PREMIER GROUPE.

Lorsqu'on doit employer le système des coordonnées curvilignes $\rho_i$, les paramètres différentiels du premier ordre $h_i$ sont trois fonctions de ces coordonnées qu'il faut connaître, soit pour calculer les courbures des surfaces conjuguées, soit pour exprimer les deux paramètres différentiels des fonctions-de-point, qui se présentent dans la question que l'on traite. Or ces fonctions $h_i$ vérifient six équations aux différences partielles qu'il importe d'établir. Car, ces équations sont indispensables pour effectuer certaines transformations, et c'est par leur intégration qu'il faut procéder, pour obtenir le système de coordonnées qui doit remplir un but déterminé. On parvient aux équations dont il s'agit en exprimant les conditions d'intégrabilité des trois cosinus $\left( \dfrac{1}{h_i} \dfrac{d\rho_i}{du} \right)$, des angles que la direction fixe de l'axe des $u$ fait avec les normales aux trois surfaces; ces cosinus étant considérés comme des fonctions de $(\rho, \rho_1, \rho_2)$.

Les formules (14) et (12), § X, donnent pour les trois

dérivées premières de la fonction $\left(\dfrac{d\rho}{du}\right)$, les valeurs

$$(1)\quad\begin{cases}\dfrac{d\dfrac{d\rho}{du}}{d\rho}=\dfrac{1}{h}\dfrac{dh}{d\rho}\dfrac{d\rho}{du}+\dfrac{1}{h}\dfrac{dh}{d\rho_1}\dfrac{d\rho_1}{du}+\dfrac{1}{h}\dfrac{dh}{d\rho_2}\dfrac{d\rho_2}{du},\\[2em] \dfrac{d\dfrac{d\rho}{du}}{d\rho_1}=\dfrac{1}{h}\dfrac{dh}{d\rho_1}\dfrac{d\rho}{du}-\dfrac{h^2}{h_1^3}\dfrac{dh_1}{d\rho}\dfrac{d\rho_1}{du},\\[2em] \dfrac{d\dfrac{d\rho}{du}}{d\rho_2}=\dfrac{1}{h}\dfrac{dh}{d\rho_2}\dfrac{d\rho}{du}-\dfrac{h^2}{h_2^3}\dfrac{dh_2}{d\rho}\dfrac{d\rho_2}{du}.\end{cases}$$

On met facilement ces équations sous la forme suivante :

$$(2)\quad\begin{cases}\dfrac{d\dfrac{1}{h}\dfrac{d\rho}{du}}{d\rho}=-\dfrac{1}{h_1}\dfrac{d\rho_1}{du}h_1\dfrac{d\dfrac{1}{h}}{d\rho_1}-\dfrac{1}{h_2}\dfrac{d\rho_2}{du}h_2\dfrac{d\dfrac{1}{h}}{d\rho_2},\\[2em] \dfrac{d\dfrac{1}{h}\dfrac{d\rho}{du}}{d\rho_1}=\dfrac{1}{h_1}\dfrac{d\rho_1}{du}h\dfrac{d\dfrac{1}{h_1}}{d\rho},\\[2em] \dfrac{d\dfrac{1}{h}\dfrac{d\rho}{du}}{d\rho^2}=\dfrac{1}{h_2}\dfrac{d\rho_2}{du}h\dfrac{d\dfrac{1}{h_2}}{d\rho};\end{cases}$$

et si, pour simplifier, on pose généralement

$$(3)\quad\begin{cases}\dfrac{1}{h_i}=\mathrm{H}_i,\\[1em] \dfrac{1}{h_i}\dfrac{d\rho_i}{du}=\mathrm{U}_i,\end{cases}$$

ces équations (2) deviennent

$$(4)\quad\begin{cases}\dfrac{d\mathrm{U}}{d\rho}=-\mathrm{U}_1\dfrac{1}{\mathrm{H}_1}\dfrac{d\mathrm{H}}{d\rho_1}-\mathrm{U}_2\dfrac{1}{\mathrm{H}_2}\dfrac{d\mathrm{H}}{d\rho_2},\\[1.5em] \dfrac{d\mathrm{U}}{d\rho_1}=\mathrm{U}_1\dfrac{1}{\mathrm{H}}\dfrac{d\mathrm{H}_1}{d\rho},\\[1.5em] \dfrac{d\mathrm{U}}{d\rho_2}=\mathrm{U}_2\dfrac{1}{\mathrm{H}}\dfrac{d\mathrm{H}_2}{d\rho}.\end{cases}$$

En partant des dérivées des fonctions $\frac{d\rho_1}{du}$, $\frac{d\rho_2}{du}$, on obtient, de la même manière, celles des cosinus $U_1$, $U_2$; ce qui donne en tout neuf équations; trois d'entre elles ont trois termes, et la première (4) fait partie de ce groupe; les six autres n'ont que deux termes, et sont comprises dans la formule générale

$$(5) \qquad \frac{d\,U_i}{d\rho_j} = U_j\,\frac{1}{H_i}\,\frac{d\,H_j}{d\rho_i},$$

où les indices $i$ et $j$ sont essentiellement différents.

Cela posé, différentiant la seconde des valeurs (4) par rapport à $\rho_2$, et la troisième par rapport à $\rho_1$, on aura deux valeurs de

$$\frac{d^2\,U}{d\rho_1\,d\rho_2},$$

lesquelles doivent être égales, en vertu de l'intégrabilité de la fonction $U$. Ce qui donne d'abord

$$U_1\,\frac{d\,\frac{1}{H}\,\frac{d\,H_1}{d\rho}}{d\rho_2} + \frac{1}{H}\,\frac{d\,H_1}{d\rho}\,\frac{d\,U_1}{d\rho_2}$$

$$= U_2\,\frac{d\,\frac{1}{H}\,\frac{d\,H_2}{d\rho}}{d\rho_1} + \frac{1}{H}\,\frac{d\,H_2}{d\rho}\,\frac{d\,U_2}{d\rho_1},$$

et ensuite par la substitution des valeurs des dérivées $\frac{d\,U_1}{d\rho_2}$, $\frac{d\,U_2}{d\rho_1}$, déduites de la formule (5),

$$(6) \quad \left\{ \begin{aligned} &U_1\,\frac{d\,\frac{1}{H}\,\frac{d\,H_1}{d\rho}}{d\rho_2} + U_2\,\frac{1}{H_1}\,\frac{d\,H_2}{d\rho_1}\,\frac{1}{H}\,\frac{d\,H_1}{d\rho} \\ &= U_2\,\frac{d\,\frac{1}{H}\,\frac{d\,H_2}{d\rho}}{d\rho_1} + U_1\,\frac{1}{H_2}\,\frac{d\,H_1}{d\rho_2}\,\frac{1}{H}\,\frac{d\,H_2}{d\rho}. \end{aligned} \right.$$

Or, la direction fixe de la coordonnée rectiligne $u$ est arbitraire. Par exemple, elle pourrait être, ou parallèle au plan tangent de la surface $\rho_1$, et alors $U_1$ serait zéro, ou parallèle au plan tangent de la surface $\rho_2$, ce qui annulerait $U_2$. En un mot, $U_1$ et $U_2$ n'ont aucune relation nécessaire. L'équation (6) doit donc être satisfaite, quel que soit le rapport de ces deux cosinus. C'est-à-dire que les coefficients de $U_1$, dans les deux membres, doivent être égaux, ainsi que ceux de $U_2$; ces coefficients étant complétement indépendants de la direction de $u$.

On a donc séparément les deux premières équations du groupe

$$(7)\begin{cases} \dfrac{d\,\frac{1}{H}\frac{dH_1}{d\rho}}{d\rho_2} = \dfrac{1}{H_2}\dfrac{dH_1}{d\rho_2}\dfrac{1}{H}\dfrac{dH_2}{d\rho}, & \dfrac{d\,\frac{1}{H}\frac{dH_2}{d\rho}}{d\rho_1} = \dfrac{1}{H_1}\dfrac{dH_2}{d\rho_1}\dfrac{1}{H}\dfrac{dH_1}{d\rho}; \\[4ex] \dfrac{d\,\frac{1}{H_1}\frac{dH_2}{d\rho_1}}{d\rho} = \dfrac{1}{H}\dfrac{dH_2}{d\rho}\dfrac{1}{H_1}\dfrac{dH}{d\rho_1}, & \dfrac{d\,\frac{1}{H_1}\frac{dH}{d\rho_1}}{d\rho_2} = \dfrac{1}{H_2}\dfrac{dH}{d\rho_2}\dfrac{1}{H_1}\dfrac{dH_2}{d\rho_1}; \\[4ex] \dfrac{d\,\frac{1}{H_2}\frac{dH}{d\rho_2}}{d\rho_1} = \dfrac{1}{H_1}\dfrac{dH}{d\rho_1}\dfrac{1}{H_2}\dfrac{dH_1}{d\rho_2}, & \dfrac{d\,\frac{1}{H_2}\frac{dH_1}{d\rho_2}}{d\rho} = \dfrac{1}{H}\dfrac{dH_1}{d\rho}\dfrac{1}{H_2}\dfrac{dH}{d\rho_2}; \end{cases}$$

les quatre autres se déduiraient, de la même manière, de l'égalité des deux valeurs

$$\text{de}\quad \frac{d^2U_1}{d\rho_2\,d\rho},\qquad \text{de}\quad \frac{d^2U_2}{d\rho\,d\rho_1}.$$

On reconnaît aisément que le développement des six équations (7) n'en donne que trois qui soient distinctes, et que voici :

$$(8)\begin{cases} \dfrac{d^2H}{d\rho_1\,d\rho_2} = \dfrac{1}{H_1}\dfrac{dH}{d\rho_1}\dfrac{dH_1}{d\rho_2} + \dfrac{1}{H_2}\dfrac{dH}{d\rho_2}\dfrac{dH_2}{d\rho_1}, \\[3ex] \dfrac{d^2H_1}{d\rho_2\,d\rho} = \dfrac{1}{H_2}\dfrac{dH_1}{d\rho_2}\dfrac{dH_2}{d\rho} + \dfrac{1}{H}\dfrac{dH_1}{d\rho}\dfrac{dH}{d\rho_2}, \\[3ex] \dfrac{d^2H_2}{d\rho\,d\rho_1} = \dfrac{1}{H}\dfrac{dH_2}{d\rho}\dfrac{dH}{d\rho_1} + \dfrac{1}{H_1}\dfrac{dH_2}{d\rho_1}\dfrac{dH}{d\rho}. \end{cases}$$

## § XLIV.

### ÉQUATIONS DU SECOND GROUPE.

Mais, en différentiant la seconde (4) par rapport à $\rho$, et la première par rapport à $\rho_1$, on aura deux valeurs de

$$\frac{d^2 U}{d\rho \, d\rho_1},$$

lesquelles doivent être encore égales ; ce qui conduit à trois nouvelles équations que doivent vérifier les fonctions $H_i$, ou $\frac{1}{h_i}$. L'égalité indiquée donne d'abord

$$U_1 \frac{d\dfrac{1}{H}\dfrac{dH_1}{d\rho}}{d\rho} + \frac{1}{H}\frac{dH_1}{d\rho}\frac{dU_1}{d\rho}$$

$$= - U_1 \frac{d\dfrac{1}{H_1}\dfrac{dH}{d\rho_1}}{d\rho_1} - \frac{1}{H_1}\frac{dH}{d\rho_1}\frac{dU_1}{d\rho_1} - U_2 \frac{d\dfrac{1}{H_2}\dfrac{dH}{d\rho_2}}{d\rho_1} - \frac{1}{H_2}\frac{dH}{d\rho_2}\frac{dU_2}{d\rho_1}.$$

Substituant, dans cette équation, aux dérivées $\dfrac{dU_1}{d\rho}$, $\dfrac{dU_2}{d\rho_1}$, leurs valeurs déduites de la formule (5), et à $\dfrac{dU_1}{d\rho_1}$ la valeur

$$\frac{dU_1}{d\rho_1} = - U_2 \frac{1}{H_2}\frac{dH_1}{d\rho_2} - U \frac{1}{H}\frac{dH_1}{d\rho},$$

homologue de la première (4), elle devient

$$U_1 \left( \frac{d\dfrac{1}{H}\dfrac{dH_1}{d\rho}}{d\rho} + \frac{d\dfrac{1}{H_1}\dfrac{dH}{d\rho_1}}{d\rho_1} \right) + U \frac{1}{H_1}\frac{dH}{d\rho_1}\frac{1}{H}\frac{dH_1}{d\rho}$$

$$= \frac{1}{H_1}\frac{dH}{d\rho_1}\left( U_2 \frac{1}{H_2}\frac{dH_1}{d\rho_2} + U \frac{1}{H}\frac{dH_1}{d\rho} \right)$$

$$- U_2 \frac{d\dfrac{1}{H_2}\dfrac{dH}{d\rho_2}}{d\rho_1} - U_1 \frac{1}{H_2}\frac{dH_1}{d\rho_2}\frac{1}{H_2}\frac{dH}{d\rho_2}.$$

Ici, les termes en U, étant égaux de part et d'autre, se détruisent; au second membre, le coefficient total de $U_2$ est nul de lui-même, d'après une des équations du groupe (7). Divisant donc par $U_1$, seul cosinus qui reste, on a la première des trois équations du groupe

$$(9)\quad\left\{\begin{aligned}
&\frac{d\,\dfrac{1}{H_1}\dfrac{dH}{d\rho_1}}{d\rho_1} + \frac{d\,\dfrac{1}{H}\dfrac{dH_1}{d\rho}}{d\rho} + \frac{1}{H^2}\frac{dH}{d\rho_2}\frac{dH_1}{d\rho_2} = 0,\\[2ex]
&\frac{d\,\dfrac{1}{H}\dfrac{dH_2}{d\rho}}{d\rho} + \frac{d\,\dfrac{1}{H_2}\dfrac{dH}{d\rho_2}}{d\rho_2} + \frac{1}{H_1^2}\frac{dH_2}{d\rho_1}\frac{dH}{d\rho_1} = 0,\\[2ex]
&\frac{d\,\dfrac{1}{H_2}\dfrac{dH_1}{d\rho_2}}{d\rho_2} + \frac{d\,\dfrac{1}{H_1}\dfrac{dH_2}{d\rho_1}}{d\rho_1} + \frac{1}{H^2}\frac{dH_1}{d\rho}\frac{dH_2}{d\rho} = 0;
\end{aligned}\right.$$

les deux autres se déduiraient, de la même manière, de l'égalité des deux valeurs

$$\text{de}\quad \frac{d^2 U_1}{d\rho_1\, d\rho_2}, \quad \text{de}\quad \frac{d^2 U_2}{d\rho_2\, d\rho}.$$

Les six équations aux différences partielles (8) et (9) sont les seules, réellement distinctes, que doivent vérifier les fonctions $H_i$, ou $\dfrac{1}{h_i}$.

## § XLV

### ÉQUATIONS SECONDAIRES.

Parmi tous les corollaires qui résultent de la combinaison des équations (8) et (9), nous distinguerons les deux suivants, en raison de leur symétrie. On reconnait aisément, à l'aide du groupe (7), qui n'est autre que celui (8) mis sous une double forme, l'égalité des quatre expressions suivantes :

$$(10)\begin{cases} \dfrac{d\left(\dfrac{1}{H_1}\dfrac{dH}{d\rho_1}\,\dfrac{1}{H}\dfrac{dH_1}{d\rho}\right)}{d\rho_2}= \\[2ex] \dfrac{d\left(\dfrac{1}{H}\dfrac{dH_2}{d\rho}\,\dfrac{1}{H_2}\dfrac{dH}{d\rho_2}\right)}{d\rho_1}= \\[2ex] \dfrac{d\left(\dfrac{1}{H_2}\dfrac{dH_1}{d\rho_2}\,\dfrac{1}{H_1}\dfrac{dH_2}{d\rho_1}\right)}{d\rho}= \end{cases}=\dfrac{\dfrac{dH}{d\rho_2}\dfrac{dH_1}{d\rho}\dfrac{dH_2}{d\rho_1}+\dfrac{dH}{d\rho_1}\dfrac{dH_1}{d\rho_2}\dfrac{dH_2}{d\rho}}{H\,H_1\,H_2}.$$

Une combinaison tout aussi facile des trois équations du groupe (9) conduit à celle-ci :

$$(11)\begin{cases} \dfrac{d\dfrac{1}{H}\dfrac{dH_1}{d\rho}H_2}{d\rho}+\dfrac{d\dfrac{1}{H_1}\dfrac{dH_2}{d\rho_1}H}{d\rho_1}+\dfrac{d\dfrac{1}{H_2}\dfrac{dH}{d\rho_2}H_1}{d\rho_2} \\[2ex] =\dfrac{1}{H}\dfrac{dH_1}{d\rho}\dfrac{dH_2}{d\rho}+\dfrac{1}{H_1}\dfrac{dH_2}{d\rho_1}\dfrac{dH}{d\rho_1}+\dfrac{1}{H_2}\dfrac{dH}{d\rho_2}\dfrac{dH_1}{d\rho_2}. \end{cases}$$

## § XLVI.

### VARIATIONS DES COURBURES.

Toutes les équations aux différences partielles, que nous venons d'établir, peuvent s'exprimer à l'aide des arcs élémentaires $ds_i$ et des six rayons de courbure $r_i^{(j)}$, sans mélange de paramètres d'aucune espèce. Elles indiquent alors les lois géométriques, essentielles et peu nombreuses, qui régissent les courbures des surfaces orthogonales et leurs variations. On obtient les expressions dont il s'agit, en remplaçant d'abord les $h_i$ par les $\dfrac{1}{H_i}$, dans les valeurs des arcs $ds_i$ (7), § **VII**, qui deviénnent

$$(12)\qquad H\,d\rho=ds,\qquad H_1\,d\rho_1=ds_1,\qquad H_2\,d\rho_2=ds_2,$$

et dans celles des courbures (24), § **XXX**, d'où le nouveau tableau :

$$(13) \quad \begin{cases} \dfrac{1}{H}\dfrac{d\,H_1}{d\rho} = -\dfrac{H_1}{r'}, & \dfrac{1}{H}\dfrac{d\,H_2}{d\rho} = -\dfrac{H_2}{r''} ; \\[2ex] \dfrac{1}{H_1}\dfrac{d\,H_2}{d\rho_1} = -\dfrac{H_2}{r''_2}, & \dfrac{1}{H_1}\dfrac{d\,H}{d\rho_1} = -\dfrac{H}{r_1} ; \\[2ex] \dfrac{1}{H_2}\dfrac{d\,H}{d\rho_2} = -\dfrac{H}{r_2}, & \dfrac{1}{H_2}\dfrac{d\,H_1}{d\rho_2} = -\dfrac{H_1}{r'_2}. \end{cases}$$

Cette préparation faite, la première équation du groupe (7) devient successivement, à l'aide des valeurs (13),

$$\frac{d\dfrac{H_1}{r'}}{d\rho_2} + \frac{H_1\,H_2}{r'_2\,r''} = 0,$$

$$H_1\frac{d\dfrac{1}{r'}}{d\rho_2} - \frac{H_1\,H_2}{r'\,r'_2} + \frac{H_1\,H_2}{r'_2\,r''} = 0 ;$$

et divisant par $H_1\,H_2$, remplaçant $H_2\,d\rho_1$, par $ds_2$, on a la première des six relations suivantes :

$$(14) \quad \begin{cases} \dfrac{d\dfrac{1}{r'}}{ds_2} = \dfrac{1}{r'_2}\left(\dfrac{1}{r'} - \dfrac{1}{r''}\right), & \dfrac{d\dfrac{1}{r''}}{ds_1} = \dfrac{1}{r''_1}\left(\dfrac{1}{r''} - \dfrac{1}{r'}\right) ; \\[3ex] \dfrac{d\dfrac{1}{r''_1}}{ds} = \dfrac{1}{r''}\left(\dfrac{1}{r''_1} - \dfrac{1}{r_1}\right), & \dfrac{d\dfrac{1}{r_1}}{ds_2} = \dfrac{1}{r_2}\left(\dfrac{1}{r_1} - \dfrac{1}{r''_1}\right) ; \\[3ex] \dfrac{d\dfrac{1}{r_2}}{ds_1} = \dfrac{1}{r_1}\left(\dfrac{1}{r_2} - \dfrac{1}{r'_2}\right), & \dfrac{d\dfrac{1}{r'_2}}{ds} = \dfrac{1}{r'}\left(\dfrac{1}{r'_2} - \dfrac{1}{r_2}\right) ; \end{cases}$$

les cinq autres traduisent, de la même manière, le reste du groupe (7).

Toujours à l'aide des valeurs (13) la troisième du

groupe (9) devient successivement

$$\frac{H_1 H_2}{r' r''} = \frac{d\frac{H_1}{r'_2}}{d\rho_2} + \frac{d\frac{H_2}{r''_1}}{d\rho_1}$$

$$= H_1 \frac{d\frac{1}{r'_2}}{d\rho_2} - \frac{H_1 H_2}{r'^2_2} + H_2 \frac{d\frac{1}{r'_1}}{d\rho_1} - \frac{H_1 H_2}{r''^2_1},$$

et divisant encore par $H_1 H_2$, remplaçant $H_2\, d\rho_2$ par $ds_2$, $H_1\, d\rho_1$ par $ds_1$, on a la première des trois relations

$$(15) \quad \begin{cases} \dfrac{1}{r' r''} + \left(\dfrac{1}{r'_2}\right)^2 + \left(\dfrac{1}{r''_1}\right)^2 = \dfrac{d\frac{1}{r'_2}}{ds_2} + \dfrac{d\frac{1}{r''_1}}{ds_1}, \\[1em] \dfrac{1}{r''_1 r_1} + \left(\dfrac{1}{r''}\right)^2 + \left(\dfrac{1}{r_2}\right)^2 = \dfrac{d\frac{1}{r''}}{ds} + \dfrac{d\frac{1}{r_2}}{ds_2}, \\[1em] \dfrac{1}{r_1 r'_2} + \left(\dfrac{1}{r_1}\right)^2 + \left(\dfrac{1}{r'}\right)^2 = \dfrac{d\frac{1}{r_1}}{ds_1} + \dfrac{d\frac{1}{r'}}{ds}; \end{cases}$$

les deux autres traduisent, de la même manière, le reste du groupe (9), pris dans un ordre inverse.

Rappelons maintenant les dénominations introduites au § **XXIX**; remarquons que le *plan d'une courbure* est celui du cercle osculateur; enfin, appelons *variation d'une quantité suivant une certaine ligne*, la limite du rapport de l'accroissement de cette quantité à l'arc parcouru sur la ligne. Avec ces conventions on peut énoncer ainsi qu'il suit, et en quelque sorte géométriquement, tous les résultats qui précèdent.

Les six relations (14) sont comprises dans cette première loi : *La variation d'une courbure, suivant l'arc normal à son plan, est égale au produit de sa conjuguée en arc, par son excès sur sa conjuguée en surface.* Les trois relations (15) sont comprises dans cette seconde loi : *Le produit des deux courbures d'une même surface, augmenté de la somme des carrés de leurs conjuguées en arc, est égal à la somme des variations de ces deux dernières courbures, suivant leurs arcs réciproques.*

## § XLVII.

### LOIS SECONDAIRES.

Ces deux lois sont seules distinctes et nécessaires. Elles expriment complétement les conditions géométriques, imposées aux variations des courbures par l'orthogonalité constante des trois familles de surfaces conjuguées. Les autres lois, que l'on pourrait déduire de la considération des infiniment petits, ne pourraient être que des corollaires des deux précédentes, comme celles qui ne feraient qu'énoncer les relations déduites, par toutes les combinaisons imaginables, des groupes (14) et (15).

Dans les recherches de cette nature, la méthode purement géométrique est sans contredit fort élégante, mais elle a le désavantage de laisser ignorer la liaison qui existe entre les différentes lois que l'on découvre ainsi, de ne pouvoir assigner celles qui sont primitives et celles qui ne sont que secondaires, de n'indiquer aucune limite où l'on doive s'arrêter. Tandis que la méthode analytique, moins attrayante, répond d'une manière précise à toutes ces questions.

Les équations (10) et (11), déduites des groupes (7) et (9), peuvent aussi s'exprimer à l'aide des courbures et de leurs variations. Mais, au lieu de les transformer à l'aide des valeurs (13), il est plus simple de chercher directement leur traduction, par la combinaison correspondante des relations (14) et (15).

On constate aisément, d'après le groupe (14), l'égalité des quatre expressions suivantes :

$$(16)\quad \left\{ \begin{aligned} &\left(\frac{1}{r'}+\frac{1}{r''}\right)\frac{1}{r'_2\,r''_1}-\frac{d\,\dfrac{1}{r'_2\,r''_1}}{ds}= \\[1em] &\left(\frac{1}{r''_1}+\frac{1}{r_1}\right)\frac{1}{r''\,r_2}-\frac{d\,\dfrac{1}{r''\,r_2}}{ds_1}= \\[1em] &\left(\frac{1}{r_2}+\frac{1}{r'_2}\right)\frac{1}{r_1\,r'}-\frac{d\,\dfrac{1}{r_1\,r'}}{ds_2}= \end{aligned} \right\}=\frac{1}{r'\,r''\,r_2}+\frac{1}{r''\,r_1\,r'_2},$$

laquelle n'est autre que celle indiquée par les équations (10), et qui établit cette double loi : *Si l'on multiplie la somme des courbures de chaque surface par le produit de leurs conjuguées en arc, et qu'on retranche ensuite la variation de ce dernier produit suivant l'arc normal à la surface, on aura trois différences, lesquelles sont égales entre elles.* De plus : *Si l'on forme le produit des trois premières courbures* $\left(\dfrac{1}{R}\cdot\dfrac{1}{R_1}\cdot\dfrac{1}{R_2}\right)$, *et celui des trois secondes* $\left(\dfrac{1}{\mathcal{R}}\cdot\dfrac{1}{\mathcal{R}_1}\cdot\dfrac{1}{\mathcal{R}_2}\right)$, § XXIX, *la somme des deux produits, ainsi obtenus, sera la valeur commune des différences précédentes.* On remarquera que ce partage des six rayons de courbure en deux groupes $(r'\,r''_1\,r_2,$ et $r''\,r_1\,r'_2)$, est le seul pour lequel les trois rayons de chaque groupe sont orthogonaux, ou forment les trois côtés d'un parallélipipède rectangle.

Si l'on désigne la courbure sphérique de la surface $\rho_i$ par

$$(17)\qquad \frac{1}{\sigma_i}=\frac{1}{R_i}+\frac{1}{\mathcal{R}_i},$$

on déduit, sans peine, de la combinaison des trois relations (15), l'égalité

$$(18)\quad \left\{ \begin{aligned} &\left(\frac{1}{\sigma}\right)^2-\frac{d\,\dfrac{1}{\sigma}}{ds}+\left(\frac{1}{\sigma_1}\right)^2-\frac{d\,\dfrac{1}{\sigma_1}}{ds_1}+\left(\frac{1}{\sigma_2}\right)^2-\frac{d\,\dfrac{1}{\sigma_2}}{ds_2} \\[1em] &\qquad\qquad =\frac{1}{r'\,r''}+\frac{1}{r''_1\,r_1}+\frac{1}{r_2\,r'_2}, \end{aligned} \right.$$

6.

laquelle n'est autre que celle indiquée par l'équation (11), et qui établit cette loi : *Si, du carré de la courbure sphérique de chaque surface coordonnée, on retranche la variation de cette courbure sphérique suivant l'arc normal à la surface, on aura trois différences, dont la somme sera égale à celle des trois produits qu'on obtient, en multipliant l'une par l'autre les deux courbures de chaque surface.*

Plusieurs autres combinaisons, qui se présentent naturellement, surtout à l'inspection du groupe (14), conduisent à d'autres lois secondaires, plus ou moins simples, que l'on énoncerait d'une manière analogue. Nous les passons sous silence, car leur source commune étant maintenant bien connue, les reproduirait immédiatement s'il en était besoin.

## § XLVIII.

### SYSTÈMES CYLINDRIQUES.

Pour rendre encore plus précise l'interprétation des relations (14) et (15), appliquons-les aux systèmes orthogonaux, cylindriques et coniques, qui, quoique les plus simples, ont encore une grande généralité.

Dans les systèmes cylindriques orthogonaux, une des familles, celle au paramètre $\rho_2$, étant composée de plans parallèles, ses deux courbures sont nulles partout; on a donc

$$(19) \qquad \frac{1}{r_2} = 0, \qquad \frac{1}{r'_2} = 0.$$

De plus l'arc $s_2$, normal à ces surfaces planes, étant une ligne droite, dans toute son étendue, les deux courbures conjuguées en cet arc sont pareillement nulles; on a donc encore

$$(20) \qquad \frac{1}{\rho'} = 0, \qquad \frac{1}{\rho''} = 0.$$

Il ne reste plus que les deux courbures réciproques $\frac{1}{r'}$ et $\frac{1}{r_1}$.

La première est la courbure du cylindre au paramètre $\rho$, et son arc est $s_1$ ; la seconde est la courbure du cylindre au paramètre $\rho_1$, et son arc est $s$. Elles sont aussi les courbures propres de leurs arcs ; ou, autrement, $r_1$ et $r'$ sont respectivement les deux rayons de courbure des deux trajectoires planes et orthogonales $s$ et $s_1$.

Par la substitution des valeurs (19) et (20), le groupe (14) donne quatre identités, et les deux relations

$$\frac{d\frac{1}{r'}}{ds_2} = 0, \qquad \frac{d\frac{1}{r_1}}{ds_2} = 0,$$

lesquelles indiquent que les courbures des arcs $s_1$ et $s$ ne changent pas, quand on s'élève sur l'arête commune à deux cylindres $\rho$ et $\rho_1$ ; ce qui est évident. Par la même substitution, le groupe (15) donne deux identités, et la relation

$$(21) \qquad \frac{d\frac{1}{r_1}}{ds_1} + \frac{d\frac{1}{r'}}{ds} = \left(\frac{1}{r_1}\right)^2 + \left(\frac{1}{r'}\right)^2,$$

laquelle exprime cette loi : *La somme des variations des deux courbures cylindriques suivant leurs arcs réciproques, est égale à la somme des carrés de ces courbures mêmes.*

Le système habituel des coordonnées polaires planes n'est qu'un système cylindrique particulier. Alors, la famille de cylindres au paramètre $\rho_1$ se composant de plans méridiens, sa courbure est nulle ; on a donc encore

$$\frac{1}{r_1} = 0 ;$$

la famille au paramètre $\rho$ se composant de cylindres droits concentriques, dont nous désignerons le rayon par $\gamma$ $(= \rho)$, sa courbure est celle du cercle de rayon $\gamma$, mais prise négativement (§ XXVIII); on a donc

$$\frac{1}{r'} = -\frac{1}{\gamma}.$$

Avec ces valeurs particulières, l'équation (21), où l'on remplace $ds$ par $d\gamma$, se réduit à l'identité

$$-\frac{d\frac{1}{\gamma}}{d\gamma} = \left(\frac{1}{\gamma}\right)^2.$$

Ce qui complète une première vérification des groupes (14) et (15).

## § XLIX.

### SYSTÈMES CONIQUES.

Dans les systèmes coniques orthogonaux, une des familles, celle au paramètre $\rho_2$, étant composée de sphères concentriques, dont nous désignerons le rayon par $\gamma$ ($= \rho_2$), ses deux courbures sont égales entre elles, et à celle d'un grand cercle de la sphère, mais prise négativement; on a donc

$$(22) \qquad \frac{1}{r_2} = \frac{1}{r'_2} = -\frac{1}{\gamma}.$$

De plus, l'arc $s_2$ normal aux sphères étant une ligne droite, dans toute son étendue, les deux courbures conjuguées en cet arc sont nulles partout; d'où

$$(23) \qquad \frac{1}{r''} = 0, \quad \frac{1}{r''_1} = 0.$$

Des deux courbures réciproques $\frac{1}{r'}$, $\frac{1}{r_1}$, qui restent à définir, la première est la courbure du cône au paramètre $\rho$, et son arc est $s_1$; la seconde est la courbure du cône au paramètre $\rho_1$, et son arc est $s$.

Ici, les deux courbures propres $\dfrac{1}{p}$ et $\dfrac{1}{p_1}$ des arcs $s$ et $s_1$, ou des trajectoires sphériques orthogonales, ne sont pas représentées par $\dfrac{1}{r_1}$ et $\dfrac{1}{r'}$; elles sont données par les relations

$$(24)\qquad \left\{ \begin{aligned} \frac{1}{p^2} &= \frac{1}{r_1^2} + \frac{1}{\gamma^2},\\[2mm] \frac{1}{p_1^2} &= \frac{1}{r'^2} + \frac{1}{\gamma^2}, \end{aligned}\right.$$

d'après les formules $(22)$, § XL.

Par la substitution des valeurs $(22)$ et $(23)$, les relations $(14)$ deviennent, en remplaçant $ds_2$ par $d\gamma$,

$$\frac{d\frac{1}{r'}}{d\gamma} = -\frac{1}{\gamma}\frac{1}{r'}, \qquad 0 = 0;$$

$$0 = 0, \qquad \frac{d\frac{1}{r_1}}{d\gamma} = -\frac{1}{\gamma}\frac{1}{r_1};$$

$$\frac{d\frac{1}{\gamma}}{ds} = 0, \qquad \frac{d\frac{1}{\gamma}}{ds_1} = 0.$$

La deuxième et la troisième sont identiques. Les deux dernières disent, ce qui est, que la courbure d'une sphère est la même en tous ses points. Par une intégration facile, la première et la quatrième expriment cette loi, que les rayons des courbures coniques $r'$ et $r_1$ varient comme le rayon $\gamma$, quand on s'élève sur l'arête commune à deux cônes $p$ et $p_1$; d'après les relations $(24)$, la même loi s'étend aux rayons $p$ et $p_1$; cette loi est d'ailleurs évidente. Des trois relations $(15)$, les deux premières se réduisent à l'identité

$$\left(\frac{1}{\gamma}\right)^2 = -\frac{d\frac{1}{\gamma}}{d\gamma},$$

la troisième devient

$$(25) \qquad \left(\frac{1}{\gamma}\right)^2 + \left(\frac{1}{r_1}\right)^2 + \left(\frac{1}{r'}\right)^2 = \frac{d\,\frac{1}{r_1}}{ds_1} + \frac{d\,\frac{1}{r'}}{ds},$$

et exprime la loi qui régit les variations des courbures des cônes $\rho_1$ et $\rho$ suivant leurs arcs réciproques.

Le système habituel des coordonnées sphériques n'est qu'un système conique particulier. Alors, la famille de cônes, au paramètre $\rho$, devient celle des plans méridiens, dont la longitude est $\psi\,(=\rho)$, et sa courbure étant nulle partout, on a

$$\frac{1}{r'} = 0.$$

La famille au paramètre $\rho_1$ est celle des cônes de latitude $\varphi\,(=\rho_1)$; sa courbure, qui est positive, a pour expression

$$\frac{1}{r_1} = \frac{\tang\,\varphi}{\gamma}.$$

Avec ces valeurs particulières, l'équation (25), où l'on remplace $ds_1$ par $\gamma\,d\varphi$, et que l'on multiplie ensuite par $\gamma^2$, se réduit définitivement à l'identité

$$1 + \tang^2\varphi = \frac{d\,\tang\,\varphi}{d\varphi}.$$

Ce qui complète une seconde vérification des groupes (14) et (15).

<h2 style="text-align:center">§ L.</h2>

ÉQUATIONS EN $u$; $u$ ÉTANT $x$, OU $y$, OU $z$.

Pour achever, ici, la théorie générale des systèmes orthogonaux, établissons ses dernières formules. Toute coordonnée rectiligne $u$ est une fonction des coordonnées curvilignes $(\rho, \rho_1, \rho_2)$. Cette fonction vérifie plusieurs équations aux différences partielles, qu'il importe de connaitre, car elles entrent comme parties essentielles dans diverses questions.

La seconde des formules (8), § VIII, donnant

$$\frac{d\rho_i}{du} = h_i^2 \frac{du}{d\rho_i}, \quad \frac{d\rho_j}{du} = h_j^2 \frac{du}{d\rho_j},$$

si l'on substitue ces valeurs dans l'équation (11), § IX, cette équation devient

$$(26) \qquad h_i^2 \frac{d\, h_j^2 \dfrac{du}{d\rho_j}}{d\rho_i} + h_j^2 \frac{d\, h_i^2 \dfrac{du}{d\rho_i}}{d\rho_j} = 0, \ldots, \quad 3,$$

ou bien, en la développant et réduisant,

$$(27) \qquad \frac{d^2 u}{d\rho_i\, d\rho_j} + \frac{1}{h_i}\frac{dh_i}{d\rho_j}\frac{du}{d\rho_i} + \frac{1}{h_j}\frac{dh_j}{d\rho_i}\frac{du}{d\rho_j} = 0,$$

formule qui comprend les trois équations suivantes :

$$(28) \qquad \begin{cases} \dfrac{d^2 u}{d\rho_1\, d\rho_2} + \dfrac{1}{h_1}\dfrac{dh_1}{d\rho_2}\dfrac{du}{d\rho_1} + \dfrac{1}{h_2}\dfrac{dh_2}{d\rho_1}\dfrac{du}{d\rho_2} = 0, \\[2ex] \dfrac{d^2 u}{d\rho_2\, d\rho} + \dfrac{1}{h_2}\dfrac{dh_2}{d\rho}\dfrac{du}{d\rho_2} + \dfrac{1}{h}\dfrac{dh}{d\rho_2}\dfrac{du}{d\rho} = 0, \\[2ex] \dfrac{d^2 u}{d\rho\, d\rho_1} + \dfrac{1}{h}\dfrac{dh}{d\rho_1}\dfrac{du}{d\rho} + \dfrac{1}{h_1}\dfrac{dh_1}{d\rho}\dfrac{du}{d\rho_1} = 0. \end{cases}$$

La première des équations (5), § VI, peut se mettre sous la forme

$$\Sigma \left( \frac{1}{h_i}\frac{d\rho_i}{du} \right)^2 = 1,$$

et puisque l'on a, d'après le groupe (8), § VIII,

$$\frac{1}{h_i}\frac{d\rho_i}{du} = h_i \frac{du}{d\rho_i},$$

la fonction $u$ doit vérifier l'équation aux différences partielles du premier ordre et du second degré

$$(29) \qquad \sum \left( h_i \frac{du}{d\rho_i} \right)^2 = 1.$$

Les équations (28) et (29) sont les seules, réellement distinctes et nécessaires, qui régissent la fonction ou la coordonnée rectiligne $u$.

## § LI.

### DÉRIVÉES DES FONCTIONS $u$.

L'équation (29), différentiée par rapport à $\rho$, donne

$$h \frac{du}{d\rho} \frac{\mathrm{d}\, h \frac{du}{d\rho}}{d\rho} + h_1 \frac{du}{d\rho_1} \frac{\mathrm{d}\, h_1 \frac{du}{d\rho_1}}{d\rho} + h_2 \frac{du}{d\rho_2} \frac{\mathrm{d}\, h_2 \frac{du}{d\rho_2}}{d\rho} = 0 ;$$

or, il résulte de la troisième et de la deuxième (28), que

$$\frac{\mathrm{d}\, h_1 \frac{du}{d\rho_1}}{d\rho} = - \frac{h_1}{h} \frac{dh}{d\rho_1} \frac{du}{d\rho},$$

$$\frac{\mathrm{d}\, h_2 \frac{du}{d\rho_2}}{d\rho} = - \frac{h_2}{h} \frac{dh}{d\rho_2} \frac{du}{d\rho};$$

substituant ces valeurs dans l'équation précédente, elle devient divisible par la dérivée $\dfrac{du}{d\rho}$, et prend la forme

$$h^2 \frac{\mathrm{d}\, h \frac{du}{d\rho}}{d\rho} = h_1^2 \frac{dh}{d\rho_1} \frac{du}{d\rho_1} + h_2^2 \frac{dh}{d\rho_2} \frac{du}{d\rho_2};$$

son développement conduit à la première du groupe suivant :

$$(30)\quad\begin{cases}\dfrac{d^2u}{d\rho^2}+\dfrac{1}{h}\dfrac{dh}{d\rho}\dfrac{du}{d\rho}=\dfrac{h_1^2}{h^3}\dfrac{dh}{d\rho_1}\dfrac{du}{d\rho_1}+\dfrac{h_2^2}{h^3}\dfrac{dh}{d\rho_2}\dfrac{du}{d\rho_2},\\[2ex]\dfrac{d^2u}{d\rho_1^2}+\dfrac{1}{h_1}\dfrac{dh_1}{d\rho_1}\dfrac{du}{d\rho_1}=\dfrac{h_2^2}{h_1^3}\dfrac{dh_1}{d\rho_2}\dfrac{du}{d\rho_2}+\dfrac{h^2}{h_1^3}\dfrac{dh_1}{d\rho}\dfrac{du}{d\rho},\\[2ex]\dfrac{d^2u}{d\rho_2^2}+\dfrac{1}{h_2}\dfrac{dh_2}{d\rho_2}\dfrac{du}{d\rho_2}=\dfrac{h^2}{h_2^3}\dfrac{dh_2}{d\rho}\dfrac{du}{d\rho}+\dfrac{h_1^2}{h_2^3}\dfrac{dh_2}{d\rho_1}\dfrac{du}{d\rho_1};\end{cases}$$

les deux autres s'établissent de la même manière, en différentiant l'équation (29) par rapport à $\rho_1$, puis par rapport à $\rho_2$.

Les groupes (28) et (30) donnent, à l'aide des trois dérivées partielles du premier ordre de la fonction $u$, les six dérivées du second ordre de la même fonction. Ils donneraient successivement, par différentiation et élimination, les dérivées des ordres supérieurs, toutes exprimées à l'aide des trois premières, et cela, par des équations du premier degré, quoique l'équation de départ (29) ne soit pas linéaire; fait digne d'être remarqué.

Si l'on ajoute les trois équations (30), respectivement multipliées par $(h^2,\ h_1^2,\ h_2^2)$, le résultat peut s'écrire sous la forme

$$(31)\quad\begin{cases}h^2\left(\dfrac{d^2u}{d\rho^2}+\dfrac{du}{d\rho}\dfrac{d\log\dfrac{h}{h_1h_2}}{d\rho}\right)\\[3ex]+\,h_1^2\left(\dfrac{d^2u}{d\rho_1^2}+\dfrac{du}{d\rho_1}\dfrac{d\log\dfrac{h_1}{h_2h}}{d\rho_1}\right)\\[3ex]+\,h_2^2\left(\dfrac{d^2u}{d\rho_2^2}+\dfrac{du}{d\rho_2}\dfrac{d\log\dfrac{h_2}{hh_1}}{d\rho_2}\right)\end{cases}=0;$$

mettant le produit $hh_1h_2$, ou $\varpi$, en facteur commun, réunissant les dérivées partielles de trois produits, comme on l'a fait au § XIV, pour obtenir successivement les formules (26) et (28) de ce paragraphe, l'équation (31) devient définitivement

$$\varpi \sum \frac{d\,\dfrac{h_i^2}{\varpi}\dfrac{du}{d\rho_i}}{d\rho_i} = 0,$$

ou $\Delta_2 u = 0$. Ce qui devait être, puisque l'augment de toute coordonnée rectiligne est identiquement nul.

Particulièrement, si le système orthogonal est triplement isotherme, et rapporté à ses coordonnées thermométriques, il suit du § XXII que les trois dérivées logarithmiques disparaissent de l'équation (31), laquelle le réduit à

$$\sum h_i^2 \frac{d^2 u}{d\rho_i^2} = 0,$$

ou encore $\Delta_2 u = 0$, d'après la formule simplifiée (36) du même § XXII. On a ainsi une double vérification des formules (30), lesquelles sont importantes dans la théorie des coordonnées curvilignes.

# SIXIÈME LEÇON.

## INTÉGRATION DES ÉQUATIONS EN $H_i$.

Recherche des systèmes de coordonnées curvilignes. — Recherche du système ellipsoïdal. — Loi d'un système triplement isotherme. — Exemple d'intégration des équations qui régissent les fonctions $H_i$.

### § LII.

#### RECHERCHE D'UN SYSTÈME ORTHOGONAL.

Dès que l'on se propose de traiter, dans les diverses branches de la physique mathématique, un corps de forme nouvelle, il faut procéder à la recherche d'un système de coordonnées, tel que la surface libre du corps, ou ses différentes parties puissent être représentées par des valeurs constantes de ces coordonnées; tel, en même temps, que l'on puisse intégrer les équations générales transformées dans ce système, et déterminer les constantes arbitraires introduites par l'intégration, soit à l'aide de l'état initial, soit à l'aide des équations dites *à la surface*.

Or le système nouveau ne peut être obtenu que par l'intégration directe des équations aux différences partielles qui régissent les fonctions $H_i$ ou $\frac{1}{h_i}$, en y adjoignant les équations qui traduisent les conditions à remplir. Il importe donc d'indiquer comment peut s'effectuer cette intégration. Je prendrai pour exemple la méthode qui m'a réellement conduit aux coordonnées elliptiques; coordonnées que j'ai introduites synthétiquement dans les *Leçons sur les fonctions inverses*.

Malgré tous mes efforts pour édifier, après la réussite de cette première méthode, une autre méthode de recherche qui pût conduire plus rapidement aux résultats trouvés, je ne suis jamais parvenu à donner à cette dernière l'apparence complète d'un procédé d'invention. Je saisis l'occasion, qui se présente si naturellement, d'exposer la première et la véritable méthode. Cette exposition suppose que le problème soit à résoudre ; elle introduit successivement les idées primitives et toutes les idées subséquentes ; elle analyse les difficultés qui s'offrent à chaque pas, imagine les procédés d'intégration qui doivent les surmonter. C'est, en quelque sorte, un exemple de la marche que suit tout géomètre, pour atteindre le but qu'il s'est proposé.

## § LIII.

### RECHERCHE DU SYSTÈME ELLIPSOIDAL.

Il faut chercher un système de coordonnées qui permette de traiter directement l'ellipsoïde, dans la théorie analytique de la chaleur ; de résoudre d'abord la plus simple des questions générales de cette théorie, ou de déterminer la température stationnaire V des points intérieurs d'un solide homogène, limité par un ellipsoïde à trois axes inégaux, entretenu à des températures fixes et connues, qui diffèrent d'un point à l'autre de cette surface.

L'ellipsoïde proposé doit faire partie de l'une des familles de surfaces conjuguées $\rho_2$, en sorte que si $\lambda$ est la valeur du paramètre $\rho_2$ qui lui correspondra, on puisse prendre l'équation à la surface sous la forme

$$(1) \qquad V_\lambda = F(\rho, \rho_1).$$

La fonction V doit vérifier l'équation $\Delta_2 V = 0$ qui, étant exprimée en $\rho_i$, § XIV, se réduit, par la suppression du facteur commun $hh_1 h_2$, à

$$(2) \qquad \frac{\mathrm{d}\dfrac{h}{h_1 h_2}\dfrac{d\mathrm{V}}{d\rho}}{d\rho} + \frac{\mathrm{d}\dfrac{h_1}{h_2 h}\dfrac{d\mathrm{V}}{d\rho_1}}{d\rho_1} + \frac{\mathrm{d}\dfrac{h_2}{h h_1}\dfrac{d\mathrm{V}}{d\rho_2}}{d\rho_2} = 0.$$

Les seuls systèmes orthogonaux employés jusqu'ici, et qui ont permis de vaincre toutes les difficultés que présente l'intégration de l'équation (2), sont, sans exception, composés de trois familles de surfaces isothermes, en sorte que la triple simplification définie au § XXII leur est applicable. Tout porte donc à penser qu'on n'atteindra le but proposé, que si les trois familles du système ellipsoïdal sont isothermes.

Alors, ces trois familles étant rapportées à leurs paramètres thermométriques, on aura essentiellement, § XXII,

$$(3) \qquad \frac{\mathrm{d}\dfrac{h}{h_1 h_2}}{d\rho} = 0, \qquad \frac{\mathrm{d}\dfrac{h_1}{h_2 h}}{d\rho_1} = 0, \qquad \frac{d\dfrac{h_2}{h h_1}}{d\rho_2} = 0,$$

c'est-à-dire que si l'on pose

$$(4) \qquad \frac{h}{h_1 h_2} = l\mathrm{Q}^2, \qquad \frac{h_1}{h_2 h} = l\mathrm{Q}_1^2, \qquad \frac{h_2}{h h_1} = l\mathrm{Q}_2^2 ;$$

$l$ étant une longueur constante et les $\mathrm{Q}_i$ sans dimension géométrique, § XXI, $\mathrm{Q}$ sera indépendant de $\rho$, $\mathrm{Q}_1$ de $\rho_1$, $\mathrm{Q}_2$ de $\rho_2$ (généralement $\mathrm{Q}_i$ de $\rho_i$). Si l'on remplace les $h_i$ par les $\dfrac{1}{\mathrm{H}_i}$, les relations (4) deviennent

$$\frac{\mathrm{H}_1 \mathrm{H}_2}{\mathrm{H}} = l\mathrm{Q}^2, \qquad \frac{\mathrm{H}_2 \mathrm{H}}{\mathrm{H}_1} = l\mathrm{Q}_1^2, \qquad \frac{\mathrm{H}\mathrm{H}_1}{\mathrm{H}_2} = l\mathrm{Q}_2^2,$$

et donnent par une élimination facile,

$$(5) \qquad \mathrm{H} = l\mathrm{Q}_1 \mathrm{Q}_2, \quad \mathrm{H}_1 = l\mathrm{Q}_2 \mathrm{Q}, \quad \mathrm{H}_2 = l\mathrm{Q}\mathrm{Q}_1.$$

Enfin, l'équation (2), par la substitution des valeurs (4),

prendra la forme simplifiée

$$(6) \qquad Q^2 \frac{d^2 V}{d\rho^2} + Q_1^2 \frac{d^2 V}{d\rho_1^2} + Q_2^2 \frac{d^2 V}{d\rho_2^2} = 0.$$

## § LIV.

### CAS DU SYSTÈME SPHÉRIQUE.

Le système sphérique est un cas particulier qui devra pouvoir se déduire du système ellipsoïdal. Or il résulte du § XXXIII qu'en prenant les coordonnées thermométriques

$$\rho = \psi, \quad \rho_1 = \int \frac{d\varphi}{\cos\varphi}, \quad \rho_2 = \frac{l}{r},$$

l'équation $\Delta_2 V = 0$, correspondante au système sphérique, deviendra $\left(\text{en multipliant par } \dfrac{r^4 \cos^2\varphi}{l^2} \text{ le second membre},\right.$ maintenant nul, de l'équation (33), § XXXIII$\Big)$,

$$(7) \qquad \frac{r^2}{l^2} \frac{d^2 V}{d\rho^2} + \frac{r^2}{l^2} \frac{d^2 V}{d\rho_1^2} + \cos^2\varphi \cdot \frac{d^2 V}{d\rho_2^2} = 0.$$

Cette équation doit donc être comprise dans l'équation générale (6). Déjà, puisque $r$ est fonction de $\rho_2$ seul, et $\cos\varphi$ de $\rho_1$, le coefficient du premier terme de (7) ne contient pas $\rho$, celui du second pas $\rho_1$, celui du troisième pas $\rho_2$. Mais ces valeurs particulières de $Q_i^2$ sont incomplètes, en ce sens qu'elles ne contiennent pas chacune les deux coordonnées que permet le cas général.

C'est précisément à cette circonstance qu'est due l'annulation de trois des six courbures du système sphérique. En effet, si l'on substitue, dans le groupe (13), § XLVI, aux dérivées des $H_i$ celles des valeurs (5), en observant que tout $Q_i$ est indépendant de $\rho_i$, les six courbures s'expriment ainsi :

$$(8)\quad\begin{cases}\dfrac{1}{r'}=-\dfrac{1}{HQ_2}\dfrac{dQ_2}{d\rho}, & \dfrac{1}{r''}=-\dfrac{1}{HQ_1}\dfrac{dQ_1}{d\rho};\\[2ex]\dfrac{1}{r''_1}=-\dfrac{1}{H_1Q}\dfrac{dQ}{d\rho_1}, & \dfrac{1}{r_1}=-\dfrac{1}{H_1Q_2}\dfrac{dQ_2}{d\rho_1};\\[2ex]\dfrac{1}{r_2}=-\dfrac{1}{H_2Q_1}\dfrac{dQ_1}{d\rho_2}, & \dfrac{1}{r'_2}=-\dfrac{1}{H_2Q}\dfrac{dQ}{d\rho_2}.\end{cases}$$

Et c'est parce que $Q_2$ ni $Q_1$ ne contiennent $\rho$ ou $\psi$, que $Q$ ne contient pas $\rho_1$ ou $\varphi$ dans l'équation particulière (7), que les courbures $\dfrac{1}{r'}$, $\dfrac{1}{r''}$, $\dfrac{1}{r''}$, sont nulles dans le système sphérique.

## § LV.

### LOI D'UN SYSTÈME TRIPLEMENT ISOTHERME.

Or le système ellipsoïdal que l'on cherche ne saurait comprendre une famille de plans, lesquels ne pourraient tracer, sur l'ellipsoïde à trois axes inégaux $\lambda$, ses lignes de courbures qui ne sont pas planes. De plus, si les arcs $s_2$, intersections des surfaces $\rho$ et $\rho_1$, étaient rectilignes, ces deux familles conjuguées ne seraient autres que les surfaces développables formées par les normales à l'ellipsoïde $\lambda$; et l'on s'assure, sans grande difficulté, que les surfaces de ces deux familles ne sont pas isothermes. Donc aucune des six courbures ne devra être nulle, et il faut, pour cela, que les coefficients $Q_i^2$ soient complets; c'est-à-dire que $Q$ contienne $\rho_1$ et $\rho_2$, que $Q_1$ contienne $\rho_2$ et $\rho$, que $Q_2$ contienne $\rho$ et $\rho_1$.

Cela posé, lorsqu'on substitue dans le groupe (10), § XLV, les valeurs particulières (5) des $H_i$, on est conduit à une propriété caractéristique de tous les systèmes orthogonaux triplement isothermes, d'où résulte une conséquence importante pour la recherche actuelle. Le premier



7

membre de la quadruple égalité (10), § XLV, peut être mis sous la forme

$$\frac{d\left(\dfrac{d \log H_1}{d\rho}\;\dfrac{d \log H}{d\rho_1}\right)}{d\rho_2};$$

or, avec les valeurs particulières (5), $H_1$ ne varie avec $\rho$ et $H$ avec $\rho_1$, que par leur facteur commun $Q_2$. L'expression précédente, qui devient alors

$$\frac{d\left(\dfrac{d \log Q_2}{d\rho}\cdot\dfrac{d \log Q_2}{d\rho_1}\right)}{d\rho_2},$$

est donc nulle, puisque $Q_2$ ne doit pas contenir $\rho_2$. Ainsi les quatre membres du groupe dont il s'agit sont tous égaux à zéro; et il en est de même de ceux du groupe (16), § XLVII, qui n'est que la traduction géométrique du premier.

D'où résultent, pour tout système orthogonal triplement isotherme, les deux lois suivantes : *Si l'on multiplie la somme des deux courbures de chaque surface, par le produit de leurs conjuguées en arc., on aura la variation de ce dernier produit suivant l'arc normal à la surface.* De plus : *Si l'on forme le produit des trois premières courbures (§ XLVII), et celui des trois secondes courbures, la somme de ces deux produits est toujours nulle.*

Cette seconde loi résulte de ce que le dernier membre du groupe (16), § XLVII, est aussi égal à zéro; c'est-à-dire que l'on doit avoir, dans le cas actuel,

$$(9)\qquad \frac{1}{r'\,r''_1\,r_2}+\frac{1}{r''\,r_1\,r'_2}=0.$$

Or, avec les valeurs (5), les six courbures ont les expressions (8); la vérification nécessaire de la relation précédente exige donc que

$$(10) \qquad \frac{dQ_2}{d\rho}\frac{dQ}{d\rho_1}\frac{dQ_1}{d\rho_2} + \frac{dQ_1}{d\rho}\frac{dQ_2}{d\rho_1}\frac{dQ}{d\rho_2} = 0,$$

et tel est le théorème préliminaire (10), qu'il importait d'établir. Passons aux intégrations.

## § LVI.

### INTÉGRATION DU PREMIER GROUPE DES ÉQUATIONS EN $H_i$.

Les valeurs (5) doivent vérifier le premier groupe (8), § XLIII, des équations aux différences partielles qui régissent les fonctions $H_i$. La première de ce groupe, qui est

$$(11) \qquad \frac{d^2 H}{d\rho_1 d\rho_2} = \frac{1}{H_1}\frac{dH}{d\rho_1}\frac{dH_1}{d\rho_2} + \frac{1}{H_2}\frac{dH}{d\rho_2}\frac{dH_2}{d\rho_1},$$

devient, par la substitution des valeurs (5) et la suppression du facteur $l$,

$$(12) \qquad Q\frac{dQ_2}{d\rho_1}\frac{dQ_1}{d\rho_2} = Q_1\frac{dQ_2}{d\rho_1}\frac{dQ}{d\rho_2} + Q_2\frac{dQ_1}{d\rho_2}\frac{dQ}{d\rho_1},$$

ou bien, en multipliant par $4QQ_1Q_2$,

$$(13) \qquad Q^2\frac{d.Q_2^2}{d\rho_1}\frac{d.Q_1^2}{d\rho_2} = Q_1^2\frac{d.Q_2^2}{d\rho_1}\frac{d.Q^2}{d\rho_2} + Q_2^2\frac{d.Q_1^2}{d\rho_2}\frac{d.Q^2}{d\rho_1}.$$

On reconnaît facilement que cette équation (13) est vérifiée par les valeurs

$$(14) \qquad \begin{cases} Q^2 = A_2^2 - A_1^2, \\ Q_1^2 = A_2^2 - A^2, \\ Q_2^2 = A_1^2 - A^2, \end{cases}$$

A ne contenant que $\rho$, $A_1$ que $\rho_1$, $A_2$ que $\rho_2$ (généralement $A_i$ que $\rho_i$). En effet, la substitution de ces valeurs, dans l'équation (13), introduira le facteur commun $4\,A_1\,A'_1\,A_2\,A'_2$ ($A'_i$ étant la première dérivée de $A_i$), et en le supprimant on aura

$$(15) \qquad\qquad Q^2 = Q_1^2 - Q_2^2,$$

relation identique par les valeurs (14). On reconnaîtra, de la même manière, que la seconde et la troisième équation du groupe (8), § XLIII, sont identiquement vérifiées par les $H_i$ (5), quand les $Q_i^2$ ont les valeurs (14).

La forme de ces valeurs (14) est indiquée par la nécessité que l'équation particulière (7) puisse être comprise dans l'équation générale (6); ce qui arrivera, si $A$ et $A_1$ disparaissent devant $A_2$, si $A$ disparaît devant $A_1$. Le théorème préliminaire (10), qui est reproduit par les valeurs (14), explique la diversité des signes donnés aux $A_i^2$; laquelle est d'ailleurs exigée par la vérification qui vient d'être faite, ou par la nécessité que la relation (15) soit une identité. Les $Q_i^2$ (14) devant être positifs, il faut que les inégalités

$$(16) \qquad\qquad A_2^2 > A_1^2 > A^2$$

soient toujours satisfaites. Si l'on adopte $A_2^2$ pour le plus grand des trois carrés, c'est toujours en vue du cas particulier (7); $A_2^2$ devant donner $\dfrac{r^2}{l^2}$, quand l'ellipsoïde $\lambda$ se réduira à une sphère.

J'ai démontré, depuis, que les valeurs (14) des $Q_i^2$ sont les intégrales les plus générales du groupe des trois équations aux différences partielles [(13) et ses homologues] qu'elles vérifient. Mais, sans connaître cette généralité, en regardant même ces intégrales (14) comme des intégrales particulières, l'article qui précède rend extrêmement probable que ce sont elles qui doivent recéler le système ellipsoïdal triplement isotherme, s'il existe réellement. On peut donc passer outre.

Pour faciliter les calculs qui vont suivre, il est utile de réunir dans le groupe suivant

$$(17) \quad \left\{ \begin{aligned} Q^2 - Q_1^2 + Q_2^2 &= 0, \\ Q^2 A^2 - Q_1^2 A_1^2 + Q_2^2 A_2^2 &= 0, \\ Q^2 A^4 - Q_1^2 A_1^4 + Q_2^2 A_2^4 &= Q^2 Q_1^2 Q_2^2, \\ Q^2 A_1^2 A_2^2 - Q_1^2 A_2^2 A^2 + Q_2^2 A^2 A_1^2 &= Q^2 Q_1^2 Q_2^2, \end{aligned} \right.$$

quatre identités, dont la vérification est facile, à l'aide des valeurs (14); la première n'est autre que (15).

## § LVII.

### INTÉGRATION DU SECOND GROUPE.

Les valeurs (5) sont encore régies par les trois équations aux différences partielles du second groupe (9), § XLIV. La première de ces équations, qui est

$$(18) \qquad \frac{d\dfrac{1}{H_1}\dfrac{dH}{d\rho_1}}{d\rho_1} + \frac{d\dfrac{1}{H}\dfrac{dH_1}{d\rho}}{d\rho} + \frac{1}{H_2^2}\frac{dH}{d\rho_1}\frac{dH_1}{d\rho_2} = 0,$$

devient, en y remplaçant les $H_i$ par les valeurs (5),

$$(19) \qquad \frac{d\dfrac{Q_1}{Q_2 Q}\dfrac{dQ_2}{d\rho_1}}{d\rho_1} + \frac{d\dfrac{Q}{Q_1 Q_2}\dfrac{dQ_2}{d\rho}}{d\rho} + \frac{Q_2^2}{Q^2 Q_1^2}\frac{dQ}{d\rho_0}\frac{dQ_1}{d\rho_2} = 0.$$

Il s'agit de substituer, dans cette équation (19), les intégrales (14). En ne transformant d'abord que les dérivées des $Q_i$, on a

$$(20) \qquad Q_1 \frac{d\dfrac{A_1 A_1'}{Q Q_2^2}}{d\rho_1} - Q \frac{d\dfrac{AA'}{Q_1 Q_2^2}}{d\rho} + \frac{Q_2^2}{Q^3 Q_1^3} A_2^2 A_2'^2 = 0;$$

effectuant ensuite les dernières différentiations et multipliant par $QQ_1$, il vient

$$
(21) \quad \left\{
\begin{aligned}
& \frac{Q_1^2}{Q_2^2}(A_1'^2 + A_1 A_1'') + \frac{Q_1^2(Q_2^2 - 2Q^2)}{Q^2 Q_2^4} A_1^2 A_1'^2 \\
& - \frac{Q^2}{Q_2^2}(A'^2 + AA'') - \frac{Q^2(Q_2^2 + 2Q_1^2)}{Q_1^2 Q_2^4} A^2 A'^2 \\
& + \frac{Q_2^2}{Q^2 Q_1^2} A_2^2 A_2'^2 = 0.
\end{aligned}
\right.
$$

Dans cette équation (21), qui doit être vérifiée, ainsi que ses deux homologues, les $Q_i$ sont tous élevés à des puissances paires ; de telle sorte, qu'en chassant les dénominateurs, substituant aux $Q_i^2$ leurs valeurs (15), et développant, les trois équations résultantes ne contiendront que des puissances paires des $A_i$, les $A_i'^2$, et les produits $A_i A_i''$. Quant aux coordonnées thermométriques $\rho_i$, aux véritables variables indépendantes, elles n'y figurent qu'implicitement par les dérivées $A_i'$, $A_i''$. Or il est évident que la vérification de semblables équations ne peut être obtenue qu'en exprimant les $A_i'^2$ par des polynômes à puissances paires de $A_i^2$. On doit donc poser

$$
(22) \qquad A_i'^2 = m_i + n_i A_i^2 + p_i A_i^4 + \ldots, \quad 3,
$$

et différentiant, divisant par $2A_i'$ facteur commun, puis multipliant par $A_i$, on aura

$$
(23) \qquad A_i A_i'' = n_i A_i^2 + 2p_i A_i^4 + \ldots, \quad 3.
$$

La substitution de ces valeurs (22) et (23), dans les trois équations (21) développées, les réduira à ne contenir que des puissances entières des $A_i^2$ ; et l'indépendance relative, de ces trois fonctions de variables différentes, exigera l'annulation de tous les termes, à l'aide des trois séries de coefficients indéterminés $(m_i, n_i, p_i, \ldots)$.

## § LVIII.

### FORME PROBABLE DES INTÉGRALES.

Au lieu d'entreprendre une opération aussi prodigieusement longue, on peut, d'après certaines propriétés des fonctions $A_i$ et $A_i'$, assigner d'avance les valeurs probables des coefficients $(m_i, n_i, p_i, \ldots)$, composer, en quelque sorte de toutes pièces, un groupe (22) qui reproduise ces propriétés, et constater ensuite que le groupe ainsi obtenu vérifie les équations (21). Telle est la marche que nous allons suivre.

D'après la symétrie complète des équations qu'ils doivent vérifier, les polynômes (22) doivent être composés d'un même nombre fini de termes; de plus, les coefficients de leurs termes correspondants doivent avoir les mêmes valeurs absolues, avec une diversité de signes qui soit en rapport avec celle des $A_i^2$ dans les $Q_i^2$ (14). Or, comme on va le voir, le nombre commun des termes ne saurait être inférieur à trois, et il peut n'être que trois.

Les inégalités (16), exigées par la réalité des fonctions $Q_i$, doivent subsister quelles que soient les valeurs complétement indépendantes des $A_i^2$. Pour qu'il en soit ainsi, il faut qu'il existe entre $A_2^2$ et $A_1^2$ une certaine constante, infranchissable pour $A_2^2$ quand il descend, pour $A_1^2$ quand il monte; il faut qu'il existe pareillement entre $A_1^2$ et $A^2$ une autre constante, nécessairement plus petite que la première, qui soit infranchissable pour $A_1^2$ quand il descend, pour $A^2$ quand il monte. De ces deux constantes, qui servent de limites, et en quelque sorte de bornes, aux excursions de $A_i^2$, la première peut être prise égale à l'unité, et $k^2$ représentant la seconde sera nécessairement moindre que 1. En résumé, le groupe des inégalités (16) doit être complété de cette manière

$$(24) \qquad \infty > A_2^2 > 1 > A_1^2 > k^2 > A^2 > 0.$$

Cela posé, la fonction $A_1^2$ étant nécessairement supérieure à $k^2$ et inférieure à l'unité, le produit $(A_1^2 - k^2)(1 - A_1^2)$ devra rester essentiellement positif ; et il suffit de l'égaler à $A_1'^2$ pour que la fonction $A_1^2$ soit analytiquement assujettie à rester entre ses deux limites ; puisque, en deçà et au delà, $A_1'$ et par suite $\rho_1$, seraient imaginaires. La fonction $A^2$ devant être toujours inférieure à $k^2$, $A_2^2$ toujours supérieur à l'unité, on aura le groupe suivant :

$$(25) \begin{cases} A'^2 = (k^2 - A^2)(1 - A^2) = k^2 - (1 + k^2)A^2 + A^4, \\ A_1'^{\,2} = (A_1^2 - k^2)(1 - A_1^2) = -k^2 + (1 + k^2)A_1^2 - A_1^4, \\ A_2'^{\,2} = (A_2^2 - k^2)(A_2^2 - 1) = k^2 - (1 + k^2)A_2^2 + A_2^4, \end{cases}$$

qui satisfait à toutes les conditions de limites, de réalité et de symétrie, imposées aux $A_i^2$ et aux $A_i'^{\,2}$. En opérant sur ce premier groupe, comme on l'a fait sur la valeur générale (22) pour obtenir l'équation (23), on en déduit le suivant :

$$(26) \begin{cases} AA'' = -(1 + k^2)A^2 + 2A^4, \\ A_1 A_1'' = (1 + k^2)A_1^2 - 2A_1^4, \\ A_2 A_2'' = -(1 + k^2)A_2^2 + 2A_2^4. \end{cases}$$

## § LIX.

### VÉRIFICATION DU SECOND GROUPE.

Il faut maintenant constater que les groupes conjugués (25) et (26) vérifient l'équation (21). Remarquons d'abord que si l'on ajoute les valeurs (25) respectivement multipliées par $(Q^2, Q_1^2, Q_2^2)$, on aura simplement, d'après les trois premières identités (17),

$$(27) \qquad Q^2 A'^2 + Q_1^2 A_1'^{\,2} + Q_2^2 A_2'^{\,2} = Q^2 Q_1^2 Q_2^2.$$

Car les dernières valeurs (25) des $A_i'^2$, substituées dans le premier membre de (27), donneraient le même résultat qu'en ajoutant les premiers membres des trois premières inégalités (17) respectivement multipliés par $[k, -(1+k^2), +1]\}$.

Si l'on substitue, dans le dernier terme du premier membre de (21), au facteur $Q_2^2 A_2'^2$, sa valeur déduite de (27), ce dernier terme deviendra

$$\left( Q_2^2 A_2^2 - A_1'^2 \frac{A_2^2}{Q^2} - A'^2 \frac{A_2^2}{Q_1^2} \right).$$

Cette substitution faite, si l'on met $A_1'^2$ en facteur commun, ainsi que $A'^2$, le premier membre de (21) prendra la forme

$$(28) \quad \left\{ \begin{aligned} & A_1'^2 \left( \frac{Q_1^2 A_1^2}{Q^2 Q_2^2} - \frac{A_2^2}{Q^2} + \frac{Q_1^2}{Q_2^2} - \frac{2 Q_1^2 A_1^2}{Q_2^4} \right) \\ & - A'^2 \left( \frac{Q^2 A^2}{Q_1^2 Q_2^2} + \frac{A_2^2}{Q_1^2} + \frac{Q^2}{Q_2^2} + \frac{2 Q^2 A^2}{Q_2^4} \right) \\ & + \frac{Q_1^2 A_1 A_1'' - Q^2 A A''}{Q_2^2} + Q_2^2 A_2^2, \end{aligned} \right.$$

et il s'agit de constater que ce premier membre, ainsi transformé, est identiquement nul.

Les parenthèses des deux premières lignes se simplifient singulièrement. Considérons celle de la première : les deux premiers termes, réduits au même dénominateur et réunis, donnent simplement $\frac{A^2}{Q_2^2}$, d'après la seconde identité (17) ; ajoutant le troisième terme, on a simplement $\frac{A_2^2}{Q_2^2}$, d'après la valeur (14) de $Q_1^2$ ; joignant encore la moitié du dernier terme avec son signe, on a $-\frac{Q^2 A^2}{Q_2^4}$, d'après la seconde (17). La première ligne se réduit donc à

$$- \frac{(Q^2 A^2 + Q_1^2 A_1^2)}{Q_2^4} A_1'^2.$$

Une suite d'opérations tout à fait semblables réduit la seconde ligne à

$$-\frac{(Q_1^2 A_1^2 + Q^2 A^2)}{Q_2^4} A'^2.$$

Substituant la somme de ces deux valeurs, et remarquant que $Q_2^2$ étant égal à $(A_1^2 - A^2)$, le groupe (25) donne

$$\frac{A_1'^2 + A'^2}{Q_2^2} = (1 + k^2) - A^2 - A_1^2,$$

l'expression totale (28), multipliée par $Q_2^2$, devient

$$(Q^2 A^2 + Q_1^2 A_1^2)\,[A^2 + A_1^2 - (1 + k^2)]$$
$$+ (Q_1^2 A_1 A_1'' - Q^2 A A'') + Q_2^4 A_2^2,$$

ou, mettant $Q_1^2$ en facteur commun, ainsi que $Q^2$, substituant aux produits $A_1 A_1''$, $A A''$, leurs valeurs (26), et réduisant,

$$Q_1^2 (A^2 A_1^2 - A_1^4) + Q^2 (A^2 A_1^2 - A^4) + Q_2^4 A_2^2,$$

ou encore, puisque $(A_1^2 - A^2)$, facteur des deux parenthèses, est égal à $Q_2^2$,

$$Q_2^2 (- Q_1^2 A_1^2 + Q^2 A^2 + Q_2^2 A_2^2),$$

c'est-à-dire *zéro*, d'après la seconde identité (17).

## § LX.

### RÉSUMÉ DES DEUX INTÉGRATIONS.

L'équation (21) est donc vérifiée par les fonctions $A_i$ que définit le groupe (25). D'après la symétrie de ces fonctions qui correspond à celle des $Q_i^2$ (14), il en sera de même des deux autres équations homologues ; d'ailleurs, leur vérification directe s'obtient de la même manière, avec quelques différences de signes dans les opérations. Ainsi, en exprimant les $Q_i$ (14) par les $A_i$ (25), les valeurs (5), qui correspondent à un système orthogonal triplement isotherme, vérifient les six équations aux différences partielles régissant les fonctions $H_i$.

J'ai encore démontré, depuis, que les valeurs (14) des $Q_i$, exprimées par les $A_i$ (25), sont les intégrales les plus générales des trois équations qu'elles vérifient [ (19) et ses homologues]. Mais ne fussent-elles aussi que des intégrales particulières, les considérations si précises qui conduisent à la formation directe du groupe (25), s'ajoutent à toutes les précédentes, pour rendre encore plus probable, que nous n'avons pas quitté la voie qui doit aboutir au système ellipsoïdal triplement isotherme.

Cette assurance était nécessaire, car la recherche entreprise est loin d'être terminée. Une autre intégration est indispensable, pour reconnaître et définir le système orthogonal que recèle le groupe (25). Il faut essentiellement exprimer ce système en coordonnées rectilignes, ou déterminer les fonctions $u$ qui lui correspondent, à l'aide des quatre équations aux différences partielles (28) et (29) du § L. Tel sera l'objet de la prochaine leçon, dans laquelle nous prolongerons la série actuelle de numéros d'ordre, pour les équations et leurs groupes, afin de faciliter les renvois.

Quant à la leçon actuelle, deux observations la résument en quelque sorte. Il s'agissait de déterminer, sous certaines conditions, trois fonctions $H_i$ de trois variables $\rho_i$, régies par six équations aux différences partielles, du second ordre, simultanées et non linéaires. Or, ce problème d'analyse, qui eût certes paru inabordable, étant considéré isolément, se trouve résolu sans grande difficulté, quand on ne le détache pas de la question qui l'a posé, et qui indique elle-même la marche à suivre. Et cette méthode d'intégration, qu'on peut appeler naturelle, introduit essentiellement des fonctions $A_i$ inverses des variables indépendantes $\rho_i$.

Voilà un nouvel indice de cette loi, si souvent manifestée (par la Géométrie appliquée de Monge, dans la Mécanique céleste, en Physique mathématique), que le problème de l'intégration des équations aux différences partielles, a autant de genres de solutions qu'il existe de sciences distinctes réclamant son intervention. Loi qui explique les difficultés qu'on rencontre, quand on essaye d'atteindre toutes ces solutions par une seule et même méthode. On pourrait même en conclure l'impossibilité d'une telle généralisation.

# SEPTIÈME LEÇON.

## INTÉGRATION DES ÉQUATIONS EN $u$.

Suite de la recherche du système ellipsoïdal. — Exemple d'intégration des équations qui régissent les fonctions $u$. — Détermination des trois familles de surfaces conjuguées. — Développements des fonctions inverses des coordonnées.

### § LXI.

#### COURBURES DU SYSTÈME ELLIPSOIDAL.

Avant de procéder à la dernière intégration, indiquée à la fin de la leçon précédente, plusieurs préparations sont nécessaires. Les valeurs (25) donnent les $A'_i$ par des produits de radicaux ; il convient d'exprimer ces radicaux séparément, en les considérant comme des fonctions des $\rho_i$, en quelque sorte conjuguées des $A_i$. Posant donc

$$(29) \quad \begin{cases} \sqrt{k^2 - A^2} = B, & \sqrt{1 - A^2} = C, \\ \sqrt{A_1^2 - k^2} = B_1, & \sqrt{1 - A_1^2} = C_1, \\ \sqrt{A_2^2 - k^2} = B_2, & \sqrt{A_2^2 - 1} = C_2, \end{cases}$$

on déduit du groupe (25) le suivant :

$$(30) \quad \begin{cases} A' = \dfrac{dA}{d\rho} = BC, \\[2mm] A'_1 = \dfrac{dA_1}{d\rho_1} = B_1 C_1, \\[2mm] A'_2 = \dfrac{dA_2}{d\rho_2} = B_2 C_2, \end{cases}$$

et les coordonnées thermométriques, qui sont les véritables

variables indépendantes, s'expriment par des intégrales, à l'aide des $A_i$, de la manière suivante :

$$(31) \quad \begin{cases} \rho = \displaystyle\int_0^A \frac{dA}{BC}, \\[2ex] \rho_1 = \displaystyle\int_k^{A_1} \frac{dA_1}{B_1 C_1}, \\[2ex] \rho_2 = \displaystyle\int_1^{A_2} \frac{dA_2}{B_2 C_2}. \end{cases}$$

Ce qui montre clairement que les $(A_i, B_i, C_i)$ sont trois fonctions inverses de la coordonnée $\rho_i$.

Les six courbures du système orthogonal actuel sont facilement assignables. Il suffit de substituer, dans le groupe (8), les dérivées des $Q_i$ (14), en y remplaçant les $A'_i$ par leurs valeurs (30), ce qui donne

$$(32) \quad \begin{cases} \dfrac{1}{r'} = + \dfrac{ABC}{HQ_2^2}, & \dfrac{1}{r''} = + \dfrac{ABC}{HQ_1^2}, \\[2ex] \dfrac{1}{r''_1} = + \dfrac{A_1 B_1 C_1}{H_1 Q^2}, & \dfrac{1}{r_1} = - \dfrac{A_1 B_1 C_1}{H_1 Q_2^2}, \\[2ex] \dfrac{1}{r_2} = - \dfrac{A_2 B_2 C_2}{H_2 Q_1^2}, & \dfrac{1}{r'_2} = - \dfrac{A_2 B_2 C_2}{H_2 Q^2}. \end{cases}$$

Ces six courbures reproduisent très-nettement la relation

$$\frac{1}{r' r''_1 r_2} + \frac{1}{r'' r_1 r'_2} = 0,$$

source du théorème préliminaire (10). [Les $H_i$, ayant les valeurs (5), introduiront, aux dénominateurs des six courbures, la ligne $l$; ce qui était nécessaire, puisque les autres facteurs n'ont pas de dimension géométrique.] Le groupe (32) est fécond en conséquences ; pour le moment, nous ne citerons que les suivantes.

## § LXII.

### CHOIX DES COORDONNÉES RECTILIGNES.

D'après les limites des intégrales (31) : 1° quand la coordonnée $\rho$ est égale à zéro, la fonction inverse A est nulle; alors les deux courbures $\frac{1}{r'}$, $\frac{1}{r''}$ (32) s'évanouissent; la surface au paramètre $\rho = 0$ est donc plane; 2° quand la coordonnée $\rho_1$ est égale à zéro, $A_1$ est égal à $k$, par suite la fonction inverse $B_1$ est nulle; alors les deux courbures $\frac{1}{r''_1}$, $\frac{1}{r_1}$ (32) s'évanouissent; la surface au paramètre $\rho_1 = 0$ est donc plane; 3° quand la coordonnée $\rho_2$ est égale à zéro, $A_2$ est égal à l'unité, par suite la fonction inverse $C_2$ est nulle; alors les deux courbures $\frac{1}{r_2}$, $\frac{1}{r'_2}$ ( 32 ) s'évanouissent; la surface au paramètre $\rho_2 = 0$ est donc plane.

Les trois plans représentés par les équations

$$\rho = 0, \quad \rho_1 = 0, \quad \rho_2 = 0,$$

sont orthogonaux, comme étant trois surfaces individuelles, appartenant respectivement aux familles conjuguées. On peut (on doit même) les choisir pour les plans des coordonnées rectilignes $u$; ils seront alors représentés par les équations nouvelles et correspondantes

$$x = 0, \quad y = 0, \quad z = 0.$$

## § LXIII.

### INTÉGRATION DES TROIS PREMIÈRES ÉQUATIONS EN $u$.

Passons maintenant à l'intégration des trois équations aux différences partielles (28), § L, qui régissent toute coordonnée rectiligne $u$, considérée comme fonction des coordonnées curvilignes $\rho_i$. La première, en y remplaçant les $h_i$ par $\dfrac{1}{H_i}$, se met sous la forme

$$\frac{d^2 u}{d\rho_1\, d\rho_2} = \frac{d \log H_1}{d\rho_2}\, \frac{du}{d\rho_1} + \frac{d \log H_2}{d\rho_1}\, \frac{du}{d\rho_2}.$$

Puisque les $H_i$ (5) ne contiennent les $\rho_i$ qu'implicitement par les $A_i$, il peut en être de même de la fonction $u$. Alors, chaque dérivée en $\rho_i$ pourra être remplacée par celle en $A_i$ multipliée par $A_i'$. Faisant ce changement, et supprimant le facteur commun $A_1' A_2'$, l'équation précédente devient

$$(33) \qquad \frac{d^2 u}{dA_1\, dA_2} = \frac{d \log H_1}{dA_2}\, \frac{du}{dA_1} + \frac{d \log H_2}{dA_1}\, \frac{du}{dA_2}.$$

Les expressions (5) donnent immédiatement

$$\frac{d \log H_1}{dA_2} = \frac{d \log Q}{dA_2} = + \frac{A_2}{Q^2},$$

$$\frac{d \log H_2}{dA_1} = \frac{d \log Q}{dA_1} = - \frac{A_1}{Q^2}.$$

En y substituant ces valeurs, et la multipliant par $Q^2$ remplacé par sa valeur (14), l'équation (33) est définitivement

$$(34) \qquad (A_2^2 - A_1^2)\, \frac{d^2 u}{dA_1\, dA_2} - A_2\, \frac{du}{dA_1} + A_1\, \frac{du}{dA_2} = 0.$$

On intégrera cette équation linéaire aux différences partielles, et ses homologues, par le procédé général adopté en physique mathématique. Ce procédé consiste à composer la fonction intégrale d'une suite de termes simples, vérifiant tous et séparément les équations à intégrer ; et quand il s'agit d'une fonction-de-point, chaque terme simple est le produit de quatre facteurs, le premier étant une constante arbitraire, les trois autres ne variant chacun qu'avec l'une des coordonnées.

On posera donc

$$(35) \qquad\qquad u = \mathbf{S}\, \mathrm{G} \mathrm{F} \mathrm{F}_1 \mathrm{F}_2;$$

G étant la constante arbitraire ; chaque facteur $F_i$ ne variant qu'avec $\rho_i$, et $S$ indiquant, ici, la somme d'un nombre de termes semblables, qui peut être infini. Le terme simple de (35), substitué dans l'équation (34) qu'il doit vérifier, donnera

$$(A_2^2 - A_1^2)\frac{dF_1}{dA_1}\frac{dF_2}{dA_2} - A_2 F_2\frac{dF_1}{dA_1} + A_1 F_1\frac{dF_2}{dA_2} = 0$$

ou, par une transformation facile, les deux premiers membres de l'égalité multiple

$$(36)\qquad A_2^2 - \frac{A_2 F_2}{F_2'} = A_1^2 - \frac{A_1 F_1}{F_1'} = A^2 - \frac{AF}{F'} = e$$

($F_i'$ étant la dérivée de $F_i$ en $A_i$). Si, au lieu de l'équation (33), on prenait successivement ses deux homologues, on trouverait que le troisième membre de (36) doit être égal, soit au premier, soit au second. Ainsi, l'égalité multiple (36) indique, à elle seule, que le terme simple vérifie les trois équations à intégrer.

Les trois premiers membres (36) ne pouvant contenir chacun qu'une des trois variables $\rho_i$, différente de l'un à l'autre, leur valeur commune est nécessairement une constante $e$. Les équations différentielles (36) peuvent se mettre sous la forme

$$\frac{dF_i}{F_i} = \frac{A_i\, dA_i}{A_i^2 - e}, \cdots,\quad 3,$$

et, à un facteur constant près, leur intégration donne

$$F_i = \sqrt{\pm(A_i^2 - e)}, \ldots,\quad 3;$$

avec ces valeurs, l'intégrale générale (33) devient

$$(37)\qquad u = S\,\sqrt{g\,(A^2 - e)(A_1^2 - e)(A_2^2 - e)}$$

8

(en plaçant la constante arbitraire sous le radical, afin de pouvoir lui donner un signe tel, que ce radical soit toujours réel). Telle est la valeur générale de toute coordonnée rectiligne $u$, exprimée à l'aide des paramètres $\rho_i$ du système orthogonal actuel, et vérifiant le groupe (28), § L.

## § LXIV.

### VALEURS DES FONCTIONS $u$.

Or : 1° Si $u$ est la coordonnée $x$ définie au § LXII, tous les termes de $u$ (37) doivent s'annuler pour $\rho = 0$ ou pour $A = 0$; il faut donc que la constante $c$ soit nulle partout : ce qui donne à la coordonnée $x$ la forme

$$(38) \qquad mx = l\,AA_1\,A_2 ;$$

en remplaçant $S\sqrt{g}$ par la ligne $l$, divisée par un coefficient numérique $m$. 2° Si $u$ est la coordonnée $y$ définie au § LXII, tous les termes de $u$ (37) doivent s'annuler pour $\rho_1 = 0$ ou pour $A_1 = k$; il faut donc que la constante $c$ soit partout égale à $k^2$ : ce qui donne à la coordonnée $y$ la forme

$$(38') \qquad ny = l\,BB_1\,B_2 ;$$

en remplaçant $S\sqrt{-g}$ par la ligne $l$, divisée par un coefficient numérique $n$. 3° Si $u$ est la coordonnée $z$ définie au § LXII, tous les termes de $u$ (37) doivent s'annuler pour $A_2 = 1$; il faut donc que la constante $c$ soit partout égale à l'unité : ce qui donne à la coordonnée $z$ la forme

$$(38'') \qquad pz = l\,CC_1\,C_2 ;$$

en remplaçant $S\sqrt{g}$ par la ligne $l$ divisée par un coefficient numérique $p$.

## § LXV.

### VÉRIFICATION DE LA QUATRIÈME ÉQUATION EN $u$ PAR $x$.

Mais les nombres $(m,\ n,\ p)$ doivent avoir des valeurs
déterminées, car le système orthogonal actuel ne doit ren-
fermer d'autre constante arbitraire que la ligne $l$, et les axes
rectilignes choisis ont des positions complétement assignées
par ce système. Or, il existe une quatrième équation aux
différences partielles, que toute coordonnée rectiligne $u$,
considérée comme fonction des $\rho_i$, doit essentiellement vérifier. C'est l'équation (29), § L, qui, en y remplaçant les
$h_i$ par $\dfrac{1}{H_i}$, et les $H_i^2$ par leurs valeurs (5), devient

$$(39) \qquad Q^2 \left(\frac{du}{d\rho}\right)^2 + Q_1^2 \left(\frac{du}{d\rho_1}\right)^2 + Q_2^2 \left(\frac{du}{d\rho_2}\right)^2 = l^2\, Q^2\, Q_1^2\, Q_2^2.$$

C'est donc la vérification indispensable de cette équation,
assez compliquée, qui doit assigner les valeurs des nombres
constants $(m,\ n,\ p)$, lorsqu'on y substituera successivement
à $u$ les valeurs trouvées des $(x, y, z)$.

S'il s'agit de $x$, la valeur (38) transformera ainsi l'é-
quation (39),

$$(40) \quad Q^2 A'^2 A_1^2 A_2^2 + Q_1^2 A_1'^2 A_2^2 A^2 + Q_2^2 A_2'^2 A^2 A_1^2 = m^2 Q^2 Q_1^2 Q_2^2$$

[et l'on remarquera la disparition du facteur commun $l^2$,
laquelle n'aurait pas lieu, si la ligne $l$ des $H_i$ (5) était différente de celle des $u$ (38)].

Désignons respectivement par $M_1$, $M_2$, $N$ les premiers
membres des deux premières et de la quatrième identité (17).
On voit, sans peine, qu'en substituant, dans le premier
membre de (40), les dernières valeurs de $A_i'^2$ (25), il se
réduira à

$$(41) \qquad k^2 N + A^2 A_1^2 A_2^2 [M_2 - (1 + k^2) M_1];$$

et $M_1$, $M_2$ étant nuls, tandis que N est égal au produit des $Q_i^2$, l'équation (40) donnera simplement, en supprimant ce produit devenu facteur commun,

$$(42) \qquad m^2 = k^2,$$

ou la valeur de $A'^2$ quand $A = 0$. On peut adopter $m = +k$, ce qui ne fait qu'assigner le côté des $x$ positifs.

## § LXVI.

### FONCTION INVERSE DOMINANTE.

Mais, quand il s'agit de $y$ et de $z$, leurs valeurs (38′) et (38″) transforment successivement l'équation (39) de ces deux manières

$$(43) \begin{cases} Q^2 B'^2 B_1^2 B_2^2 + Q_1^2 B_1'^2 B_2^2 B^2 + Q_2^2 B_2'^2 B^2 B_1^2 = n^2 Q^2 Q_1^2 Q_2^2, \\ Q^2 C'^2 C_1^2 C_2^2 + Q_1^2 C_1'^2 C_2^2 C^2 + Q_2^2 C_2'^2 C^2 C_1^2 = p^2 Q^2 Q_1^2 Q_2^2; \end{cases}$$

et si l'on entreprend de déterminer les constantes $n$ et $p$, en substituant, dans ces équations, aux $(B_i^2, B_i'^2, C_i^2, C_i'^2)$ leurs valeurs en $A_i^2$, on n'arrive au but qu'après des calculs beaucoup plus longs et plus pénibles que celui qui précède. Tandis que si l'on adopte, pour fonctions inverses *dominantes*, au lieu des $A_i$, les $B_i$ quand il s'agit de $y$, les $C_i$ quand il s'agit de $z$, on obtient les valeurs de $n$ et de $p$ aussi facilement que celle de $m$.

Cette circonstance s'ajoute à beaucoup d'autres, pour montrer que, dans chaque groupe $(A_i, B_i, C_i)$, les trois fonctions inverses ont la même importance ; qu'elles doivent être employées simultanément, et surtout que l'on doit pouvoir, suivant les cas, prendre l'une quelconque d'entre elles pour la dominante. Il suffit d'ailleurs de grouper un petit nombre de formules, pour que les propositions établies au point de vue des $A_i$, le soient à celui des $B_i$ et à celui des $C_i$.

Si l'on introduit le complément de $k^2$ à l'unité, en posant

$$(44) \qquad\qquad 1 - k^2 = k'^2,$$

les valeurs (29) donnent les relations

$$(45) \quad \begin{cases} A^2 + B^2 = k^2, & A^2 + C^2 = 1, & C^2 - B^2 = k'^2; \\ A_1^2 - B_1^2 = k^2, & A_1^2 + C_1^2 = 1, & B_1^2 + C_1^2 = k'^2; \\ A_2^2 - B_2^2 = k^2, & A_2^2 - C_2^2 = 1, & B_2^2 - C_2^2 = k'^2; \end{cases}$$

qui, permettant d'exprimer les $A_i^2$, soit par les $B_i^2$, soit par les $C_i^2$, transforment ainsi les $Q_i^2$ (14)

$$(46) \quad \begin{cases} Q^2 = B_2^2 - B_1^2 = C_2^2 + C_1^2, \\ Q_1^2 = B_2^2 + B^2 = C_2^2 + C^2, \\ Q_2^2 = B_1^2 + B^2 = C^2 - C_1^2. \end{cases}$$

Ces nouvelles valeurs des $Q_i^2$ vérifient les identités

$$(47) \quad \begin{cases} Q^2 B^2 + Q_1^2 B_1^2 - Q_2^2 B_2^2 = 0, \\ - Q^2 C^2 + Q_1^2 C_1^2 + Q_2^2 C_2^2 = 0, \\ Q^2 B_1^2 B_2^2 + Q_1^2 B_2^2 B^2 - Q_2^2 B^2 B_1^2 = Q^2 Q_1^2 Q_2^2, \\ - Q^2 C_1^2 C_2^2 + Q_1^2 C_2^2 C^2 + Q_2^2 C^2 C_1^2 = Q^2 Q_1^2 Q_2^2. \end{cases}$$

Différentiant les relations (45), remplaçant les $A_i'$ par leurs valeurs (30), et réduisant, on a

$$(48) \quad \begin{cases} \dfrac{dB}{d\rho} = - CA, & \dfrac{dC}{d\rho} = - AB; \\[2mm] \dfrac{dB_1}{d\rho_1} = C_1 A_1, & \dfrac{dC_1}{d\rho_1} = - A_1 B_1; \\[2mm] \dfrac{dB_2}{d\rho_2} = C_2 A_2, & \dfrac{dC_2}{d\rho_2} = A_2 B_2. \end{cases}$$

Enfin, si l'on élève au carré ces dérivées $B_i'$ et $C_i'$, et si, à l'aide des relations (45), on substitue les $C_i^2$ et les $A_i^2$ en $B_i^2$ dans les $B_i'^2$, les $A_i^2$ et les $B_i^2$ en $C_i^2$ dans les $C_i'^2$, on obtient les deux groupes suivants :

$$(49)\begin{cases} B'^2 = (k'^2 + B^2)(k^2 - B^2) = k^2 k'^2 + (k^2 - k'^2)B^2 - B^4, \\ B_1'^2 = (k'^2 - B_1^2)(k^2 + B_1^2) = k^2 k'^2 - (k^2 - k'^2)B_1^2 - B_1^4, \\ B_2'^2 = (B_2^2 - k'^2)(k^2 + B_2^2) = -k^2 k'^2 + (k^2 - k'^2)B_2^2 + B_2^4, \end{cases}$$

$$(50)\begin{cases} C'^2 = (1 - C^2)(C^2 - k'^2) = - k'^2 + (1 + k'^2)C^2 - C^4, \\ C_1'^2 = (1 - C_1^2)(k'^2 - C_1^2) = k'^2 - (1 + k'^2)C_1^2 + C_1^4, \\ C_2'^2 = (1 + C_2^2)(k'^2 - C_2^2) = k'^2 + (1 + k'^2)C_2^2 + C_2^4, \end{cases}$$

qui correspondent au groupe (25) des $A_i'^2$.

## § LXVII.

### VÉRIFICATION PAR $y$ ET PAR $z$.

Maintenant, on voit facilement qu'en substituant, dans le premier membre de la première (43), les dernières valeurs des $B_i'^2$ (49), il se réduira à l'expression

$$k^2 k'^2 N + B^2 B_1^2 B_2^2 [(k^2 - k'^2)M_1 - M_2],$$

homologue de (41); $M_1$ étant encore le premier membre de la première (17), mais $M_2$ celui de la première (47), et N celui de la troisième. Or $M_1$ et $M_2$ sont nuls, tandis que N est égal au produit des $Q_i^2$; ce produit devenant donc facteur commun, la première (43) donnera simplement

$$(51) \qquad n^2 = k^2 k'^2,$$

ou la valeur de $B_i'^2$, quand $B_1 = 0$. On peut adopter $n = + kk'$, en assignant ainsi le côté des $y$ positifs.

Pareillement, si l'on substitue, dans le premier membre de la seconde (43), les dernières valeurs des $C_i'^2$ (50), il se réduit à

$$k'^2 N + C^2 C_1^2 C_2^2 [(1 + k'^2)M_1 + M_2],$$

$M_1$ restant toujours le même, mais $M_2$ étant ici le premier membre de la seconde (47), N celui de la quatrième. Alors, $M_1$, $M_2$ étant nuls, N égal à $Q^2 Q_1^2 Q_2^2$, la seconde (43) divisée par ce produit donne simplement

$$(52) \qquad\qquad p^2 = k'^2,$$

ou la valeur de $C_2'^2$ quand $C_2 = o$. On peut adopter $p = +k'$, ce qui assigne le côté des $z$ positifs.

## § LXVIII.

### FAMILLES DU SYSTÈME ELLIPSOÏDAL.

Ainsi, il n'y a plus ni indétermination, ni ambiguïté. Les valeurs des trois coordonnées rectilignes, exprimées à l'aide des paramètres thermométriques $\rho_i$ du système orthogonal actuel, sont données par les formules

$$(53) \qquad \begin{cases} k\,x = l\,AA_1 A_2, \\ kk'\,y = l\,BB_1 B_2, \\ k'\,z = l\,CC_1 C_2. \end{cases}$$

Mais quelles sont les trois familles de surfaces conjuguées, de ce système triplement isotherme?

Si nos prévisions se réalisent, l'ellipsoïde $\lambda$ doit faire partie de la famille au paramètre $\rho_2$. Pour obtenir l'équation générale de cette famille, il faut éliminer, entre les équations (53), les fonctions inverses des deux autres paramètres $\rho$ et $\rho_1$, en se servant des relations (45). Or les équations (53) donnent

$$(54) \quad \frac{x^2}{A_2^2} + \frac{y^2}{B_2^2} + \frac{z^2}{C_2^2} = \frac{l^2}{k^2 k'^2} \left( k'^2 A^2 A_1^2 + B^2 B_1^2 + k^2 C^2 C_1^2 \right);$$

et la parenthèse du second membre, en y substituant les valeurs des $B_i^2$ et des $C_i^2$ en $A_i^2$ déduites des (45), devient d'abord

$$\left[ k'^2 A^2 A_1^2 + (k^2 - A^2)(A_1^2 - k^2) + k^2 (1 - A^2)(1 - A_1^2) \right];$$

là, le coefficient total du produit $A^2 A_1^2$ est $(k'^2 - 1 + k^2)$, ou zéro, d'après $(44)$; le coefficient total de la somme $(A^2 + A_1^2)$ est $(-k^2 + k^2)$, ou zéro; il ne reste donc que les termes indépendants des $A_i^2$, qui, réunis, sont $(-k^4 + k^2)$, ou $k^2(1 - k^2)$, ou enfin $k^2 k'^2$, d'après $(44)$.

Substituant cette valeur définitive à la parenthèse du second membre de $(54)$, cette équation, qui ne contient plus que $\rho_2$, et qui représente conséquemment la famille de surfaces dont cette coordonnée est le paramètre, devient la première du groupe final

$$(55) \qquad \left\{ \begin{array}{l} \dfrac{x^2}{A_2^2} + \dfrac{y^2}{B_2^2} + \dfrac{z^2}{C_2^2} = l^2, \\[2ex] \dfrac{x^2}{A_1^2} + \dfrac{y^2}{B_1^2} - \dfrac{z^2}{C_1^2} = l^2, \\[2ex] \dfrac{x^2}{A^2} - \dfrac{y^2}{B^2} - \dfrac{z^2}{C^2} = l^2. \end{array} \right.$$

Les deux autres équations sont celles des deux autres familles, et s'obtiennent de la même manière, en éliminant successivement, entre les $(53)$, les fonctions inverses des paramètres $\rho_2$ et $\rho$, puis celles des paramètres $\rho_1$ et $\rho_2$.

Il est donc bien vrai que la famille au paramètre $\rho_2$ contient un ellipsoïde, puisque toutes ses surfaces sont des ellipsoïdes. De plus, les deux autres familles se composent d'hyperboloïdes à une nappe et à deux nappes; en sorte que toutes les surfaces conjuguées sont du second ordre. L'étendue et la simplicité de ces résultats étaient imprévues. La réponse faite par l'analyse est plus riche que la question posée; il en est toujours ainsi quand on la prend exclusivement pour guide.

Telle est, en réalité, la marche rationnelle qui m'a conduit aux coordonnées elliptiques. S'il s'agissait de résoudre un autre problème de même nature, de trouver le système de coordonnées relatif à d'autres corps que l'ellipsoïde, ou

défini par des conditions différentes, il faudrait sans doute
reprendre la même marche : déterminer des fonctions $H_i$
qui, satisfaisant aux nouvelles conditions, puissent vérifier
les six équations aux différences partielles, régissant ces
premières fonctions; puis déterminer des fonctions $u$, vérifiant les quatre équations aux différences partielles qui
régissent ces secondes fonctions, quand on y a substitué les
valeurs trouvées des $H_i$. C'est-à-dire, intégrer successivement neuf équations aux différences partielles du second
ordre, et une du premier; toutes simultanées et non linéaires. Problème qui paraît inabordable dans son énoncé
général, et qui peut cependant se résoudre sans de grandes
difficultés, lorsqu'on le traite particulièrement, et qu'on
énumère, à chaque pas franchi, les propriétés analytiques
et géométriques qu'il signale, afin qu'elles puissent venir
en aide pour franchir le suivant.

## § LXIX.

### DÉVELOPPEMENTS DES $(A_i, B_i, C_i)$.

Lorsqu'une recherche de physique mathématique exige
l'emploi du système ellipsoïdal avec ses coordonnées thermométriques, il n'est pas indispensable de connaître toutes
les propriétés des fonctions inverses $(A_i, B_i, C_i)$; même
s'il s'agit du problème général énoncé au § LIII, et dont la
solution est exposée dans les XVIIIe et XIXe *Leçons sur les
fonctions inverses*. Tout l'espace est occupé par les trois
familles de surfaces conjuguées, avec des valeurs des paramètres comprises entre des limites telles, que la plupart de
ces propriétés ne s'y manifestent pas. Il suffit de savoir
quelles sont les limites, en quelque sorte géométriques,
des $\rho_i$, et de pouvoir calculer approximativement les $(A_i,
B_i, C_i)$ qui correspondent aux valeurs des paramètres com-
prises entre ces limites.

$$
\text{I.}\quad
\begin{cases}
\varrho = \displaystyle\int_0^A \frac{df}{\sqrt{k^2 - f^2}\,\sqrt{1 - f^2}} : \quad \text{si}\quad A = k, \qquad \varrho = \varpi = \int_0^{\frac{\pi}{2}} \frac{d\varphi}{\sqrt{1 - k^2 \sin^2 \varphi}}. \\[3ex]
\varrho_1 = \displaystyle\int_0^{B_1} \frac{df}{\sqrt{k'^2 - f^2}\,\sqrt{k^2 + f^2}} : \quad \text{si}\quad B_1 = k', \quad \varrho_1 = \varpi_1 = \varpi'. \\[3ex]
\varrho_2 = \displaystyle\int_0^{C_2} \frac{df}{\sqrt{1 + f^2}\,\sqrt{k'^2 + f^2}} : \quad \text{si}\quad C_2 = \infty, \quad \varrho_2 = \varpi_2 = \varpi.
\end{cases}
$$

$$
\text{II.}\quad \varpi = \frac{\pi}{2}\left[ 1 + \left(\frac{1}{2}\right)^2 k^2 + \left(\frac{1.3}{2.4}\right)^2 k^4 + \left(\frac{1.3.5}{2.4.6}\right)^2 k^6 + \left(\frac{1.3.5.7}{2.4.6.8}\right)^2 k^8 + \ldots \right].
$$

$$
\text{III.}\quad
\begin{cases}
A = k\left( \varrho - \dfrac{1 + k^2}{2.3}\varrho^3 + \dfrac{(1 + k^2)^2 + 12\,k^2}{2.3.4.5}\varrho^5 - \dfrac{(1 + k^2)^3 + 11.12\,k^2(1 + k^2)}{2.3.4.5.6.7}\varrho^7 + \ldots \right). \\[3ex]
B = k\left( 1 - \dfrac{\varrho^2}{2} + \dfrac{4\,k^2 + 1}{2.3.4}\varrho^4 - \dfrac{16\,k^4 + 44\,k^2 + 1}{2.3.4.5.6}\varrho^6 + \ldots \right). \\[3ex]
C \doteq 1 - \dfrac{k^2}{2}\varrho^2 + \dfrac{k^2(k^2 + 4)}{2.3.4}\varrho^4 - \dfrac{k^2(k^4 + 44\,k^2 + 16)}{2.3.4.5.6}\varrho^6 \ldots
\end{cases}
$$

*Feuille  B* (suite).

IV.
$$B_1 = kk'\left(\rho_1 - \frac{k^2-k'^2}{2.3}\rho_1^3 + \frac{(k^2-k'^2)^2-12k^2k'^2}{2.3.4.5}\rho_1^5 - \frac{(k^2-k'^2)^3-11.12k^2k'^2(k^2-k'^2)}{2.3.4.5.6.7}\rho_1^7 + \dots\right).$$

$$C_1 = k'\left(1 - \frac{k^2}{2}\rho_1^2 + \frac{k^2(k^2-4k'^2)}{2.3.4}\rho_1^4 - \frac{k^2(k^4-44k^2k'^2+16k'^4)}{2.3.4.5.6}\rho_1^6 + \dots\right).$$

$$A_1 = k\left(1 + \frac{k'^2}{2}\rho_1^2 + \frac{k'^2(k'^2-4k^2)}{2.3.4}\rho_1^4 + \frac{k'^2(k'^4-44k^2k'^2+16k^4)}{2.3.4.5.6}\rho_1^6 + \dots\right).$$

V.
$$C_2 = k'\left(\rho_2 + \frac{1+k'^2}{2.3}\rho_2^3 + \frac{(1+k'^2)^2+12k'^2}{2.3.4.5}\rho_2^5 + \frac{(1+k'^2)^3+11.12k'^2(1+k'^2)}{2.3.4.5.6.7}\rho_2^7 + \dots\right).$$

$$A_2 = 1 + \frac{k'^2}{2}\rho_2^2 + \frac{k'^2(k'^2+4)}{2.3.4}\rho_2^4 + \frac{k'^2(k'^4+44k'^2+16)}{2.3.4.5.6}\rho_2^6 + \dots$$

$$B_2 = k'\left(1 + \frac{\rho_2^2}{2} + \frac{4k'^2+1}{2.3.4}\rho_2^4 + \frac{16k'^4+44k'^2+1}{2.3.4.5.6}\rho_2^6 + \dots\right).$$

La feuille B contient toutes les formules qui sont alors nécessaires. Dans le tableau I, les $\rho_i$ sont exprimés par des intégrales, en A pour $\rho$, en $B_1$ pour $\rho_1$, en $C_2$ pour $\rho_2$; de telle sorte que la limite inférieure de chaque intégrale soit zéro; les trois fonctions inverses sont remplacées sous le signe *somme* par la même variable f, et ne figurent qu'aux limites supérieures des intégrales. Quand ces limites sont, $k$ pour A, $k'$ pour $B_1$, l'infini pour $C_2$, les $\rho_i$ ont atteint leurs dernières valeurs représentées par $\varpi_i$.

Ces dernières valeurs $\varpi_i$ sont des nombres qui dépendent de la constante $k^2$; la formule II donne le développement du nombre $\varpi$ en $k^2$; on l'obtient facilement à l'aide de l'intégrale définie elliptique, dans laquelle $\varpi$ se transforme, et qui est placée à la fin de la première ligne du tableau I. On établit, par la transformation des intégrales définies $\varpi_i$, que $\varpi_2 = \varpi$, et que $\varpi_1 = \varpi'$; $\varpi'$ étant ce que devient $\varpi$ quand on y change $k^2$ en $k'^2$.

Les tableaux III, IV et V contiennent les premiers termes des développements que donne la série de Maclaurin, pour les neuf fonctions inverses $(A_i, B_i, C_i)$.

Dans le système ellipsoïdal exprimé par ses coordonnées thermométriques, on peut n'admettre que les valeurs des paramètres $\rho_i$ comprises entre $-\varpi_i$ et $+\varpi_i$. Alors les six fonctions inverses $(B, C ; C_1, A_1 ; A_2, B_2)$ restent constamment positives, tandis que les trois autres $(A, B_1, C_2)$ prennent le signe de leurs variables. D'après cela, il résulte du groupe (53) que $x$ change de signe avec $\rho$ par A, $y$ avec $\rho_1$ par $B_1$, $z$ avec $\rho_2$ par $C_2$. A l'origine O des coordonnées, les $\rho_i$ sont nuls ainsi que les $u$.

# HUITIÈME LEÇON.

## SYSTÈME ELLIPSOIDAL.

Définition géométrique du système ellipsoïdal. — Sa généralité et ses variétés. — Courbures des surfaces ; courbures propres des arcs d'intersection ; leurs relations. — Lois particulières ; familles de surfaces secondaires.

### § LXX.

#### SA DÉFINITION GÉOMÉTRIQUE.

Le système ellipsoïdal étant tel, qu'aucune des six courbures n'est généralement nulle, pourra servir, mieux que celui des coordonnées sphériques, à vérifier, et même à étendre, les lois qui régissent les surfaces orthogonales. La définition géométrique complète du nouveau système, ne peut donc que faciliter ces applications.

Les relations (45), § LXVI, expriment que les trois familles de surfaces du second ordre (55), § LXVIII, sont homofocales, c'est-à-dire que leurs sections principales ont les mêmes foyers. Portant, de part et d'autre de l'origine O, sur l'axe des $x$, d'abord $\overline{OF}$ et $\overline{OF'}$ égales à $l$, ensuite $\overline{Of}$ et $\overline{Of'}$ égales à $kl$ ; sur l'axe des $y$, $\overline{O\mathcal{F}}$ et $\overline{O\mathcal{F}'}$ égales à $h'l$ ; les points $F, F', f, f', \mathcal{F}, \mathcal{F}'$, sont les six foyers constants, tous situés dans le plan des $xy$.

L'ellipse dont les axes sont $\overline{F'F}$, $\overline{\mathcal{F}'\mathcal{F}}$, et qui a conséquemment pour foyers $f, f'$, est appelée *l'ellipse focale*, parce qu'elle concentre, dans sa propre définition, les six foyers constants du système. L'hyperbole, située dans le plan des $zx$, dont les sommets sont $f$ et $f'$, et les foyers $F$ et

F′, est appelée *l'hyperbole ombilicale*, parce qu'elle trace, sur chaque ellipsoïde de la troisième famille, les quatre points connus sous le nom d'*ombilics*.

La première et la dernière surface de chacune des trois familles $\rho_i$ sont planes. Le plan des $yz$ appartient entièrement à la première surface $\rho$. Le plan des $zx$ est partagé, entre la dernière surface $\rho$, et la première surface $\rho_1$ par l'hyperbole ombilicale. Le plan des $xy$ est partagé, entre la dernière surface $\rho_1$ et la première surface $\rho_2$ par l'ellipse focale. La sphère de rayon infini est, en totalité, la dernière surface $\rho_2$.

On obtient une définition géométrique claire, rapide et complète du système ellipsoïdal, en se plaçant sur la première surface d'une des trois familles, qui se meut et se déforme, de manière à se superposer successivement sur toutes les autres surfaces de la même famille, jusqu'à la dernière ; puis, en passant sur le même plan, et par l'intermédiaire, soit de l'hyperbole ombilicale, soit de l'ellipse focale, à la première surface d'une autre famille, qui se meut et se déforme à son tour.

La famille d'hyperboloïdes à deux nappes au paramètre $\rho$, commence par la surface $\rho = o$, ou par le plan des $yz$ dans toute son étendue. Ce plan se dédouble dans le sens des $x$, de manière à former deux nappes, qui s'éloignent et s'infléchissent en sens opposés ; celle de droite prend les valeurs positives du paramètre $\rho$, celle de gauche les valeurs négatives. En continuant à s'éloigner et à s'infléchir, plus dans le sens des $y$ que dans celui des $z$, les deux nappes mobiles, après avoir balayé tout l'espace, aboutissent aux parties intérieures de l'hyperbole ombilicale ; là, le paramètre $\rho$ atteint ses valeurs limites $\pm\,\varpi$ ; en sorte que la dernière surface de la première famille est une plaque hyperbolique à deux nappes.

La partie du plan des $zx$, extérieure à l'hyperbole ombilicale, formé la plaque hyperbolique à une nappe, première surface de la seconde famille, où le paramètre $\rho_1$ est zéro. Cette plaque se dédouble dans le sens des $y$, de manière à former un hyperboloïde à une nappe, qui s'ouvre et s'infléchit de plus en plus; la partie qui s'ouvre en avant du plan des $zx$ prend les valeurs positives du paramètre $\rho_1$, celle qui s'ouvre en arrière les valeurs négatives. Les sommets de l'ellipse de gorge marchent de $\dot{f}$ et $\dot{f}'$ vers $\dot{F}$ et $\dot{F}'$, de l'origine O vers $\mathcal{F}$ et $\mathcal{F}'$. Quand cette ellipse se confond avec l'ellipse focale, la nappe mobile, qui a balayé tout l'espace en s'infléchissant, se couche définitivement sur le plan des $xy$, et forme la plaque indéfinie à vide elliptique, dernière surface de la seconde famille, où le paramètre $\rho_1$ atteint ses valeurs limites $\pm \varpi'$.

La partie du plan des $xy$, intérieure à l'ellipse focale, forme la plaque elliptique, première surface de la troisième famille, où le paramètre $\rho_2$ est zéro. Cette plaque se dédouble dans le sens des $z$, de manière à former un ellipsoïde d'abord très-aplati, et qui, en s'agrandissant et se gonflant de plus, balaye encore tout l'espace, pour aboutir à la sphère de rayon infini, dernière surface de la troisième famille, où le paramètre $\rho_2$ atteint ses valeurs limites $\pm \varpi$; la partie supérieure au plan des $xy$ ayant pris les valeurs positives de $\rho_2$, la partie inférieure les valeurs négatives.

## § LXXI.

### SES LIMITES ET SES VARIÉTÉS.

Le système ellipsoïdal, qui vient d'être défini géométriquement, est loin d'être unique, comme le système cylindrique des coordonnées polaires, ou comme le système conique habituel des coordonnées sphériques, lesquels restent constamment et partout les mêmes. Pour la même grandeur de la ligne $l$, il existe, en réalité, autant de systèmes ellipsoïdaux différents et non superposables, que de valeurs fractionnaires comprises entre zéro et l'unité, successivement assignées à la constante $k$, ou au rapport des demi-distances focales $\overline{Of}$ et $\overline{OF}$. De plus, à la même valeur de $k$, ou du rapport de $\overline{Of}$ à $\overline{OF}$, correspondent une infinité de systèmes semblables, mais non superposables, qui diffèrent entre eux par la grandeur de la ligne $l$ ou de la demi-distance focale $\overline{OF}$.

Lorsque, $l$ restant le même, on prend la limite $k = 0$, ou qu'on annule la demi-distance focale $\overline{Of}$, on a le système particulier des ellipsoïdes planétaires, dont les trois familles sont : celle des plans méridiens au paramètre azimutal $\rho$ ; celle des hyperboloïdes de révolution à une nappe, au paramètre $\rho_1$ ; et celle des ellipsoïdes de révolution autour du petit axe de leur ellipse méridienne. L'hyperbole ombilicale se réduit à l'axe polaire des $z$ ; l'ellipse focale, au cercle lieu géométrique des foyers constants, des sections méridiennes des deux dernières familles.

Lorsque, $l$ restant encore le même, on prend la seconde limite $k = 1$, ou qu'on égale la demi-distance focale $\overline{Of}$ à $\overline{OF}$, on a le système particulier des ellipsoïdes ovaires, dont les trois familles sont : celle des hyperboloïdes de révolution à deux nappes, au paramètre $\rho$ ; celle des plans méridiens, au paramètre azimutal $\rho_1$ ; et celle des ellipsoïdes de révolution autour du grand axe de leur ellipse méridienne. L'hyperbole ombilicale se réduit aux deux parties de l'axe polaire des $x$, situées en deçà de $\dot{F}'$, et au delà de $\dot{F}$. L'ellipse focale se réduit à la droite comprise entre les deux points $\dot{F}$ et $\dot{F}'$, seuls foyers constants des sections méridiennes de la première et de la troisième famille.

Pour tous les systèmes ellipsoïdaux semblables, correspondant à la même valeur de $k$, et à des grandeurs différentes de la ligne $l$, les cônes asymptotes des hyperboloïdes homofocaux à deux nappes et à une nappe forment deux familles orthogonales de surfaces coniques du second ordre, lesquelles restent les mêmes pour tous les systèmes semblables. A la limite de $l = 0$, ces cônes s'associent avec la famille de sphères concentriques, pour composer un système orthogonal conique et triplement isotherme, tangent vers l'infini à tous les systèmes ellipsoïdaux correspondant à la même valeur de $k$.

Les deux systèmes coniques, tangents vers l'infini aux systèmes des ellipsoïdes planétaires et ovaires, ne sont autres que le système conique habituel des coordonnées sphériques. Lequel semble se présenter, à la fin de cette énumération de tous les systèmes nouveaux, nés de la même recherche, comme pour nous rappeler qu'au départ ses indications ont puissamment contribué à la faire réussir.

## § LXXII.

### COURBURES DE SES SURFACES.

Étudions maintenant les courbures du système ellipsoïdal, pris dans toute sa généralité. Si l'on pose, pour simplifier,

$$(1) \qquad \frac{ABC}{Q_1 Q_2} = G, \qquad \frac{A_1 B_1 C_1}{Q_2 Q} = G_1, \qquad \frac{A_2 B_2 C_2}{QQ_1} = G_2,$$

les six courbures des surfaces conjuguées, déjà exprimées au § LXI, peuvent s'écrire ainsi :

$$(2) \qquad \begin{cases} \dfrac{1}{r'} = + \dfrac{G}{l Q_2^2}, & \dfrac{1}{r''} = + \dfrac{G}{l Q_1^2}; \\[2mm] \dfrac{1}{r''_1} = + \dfrac{G_1}{l Q^2}, & \dfrac{1}{r_1} = - \dfrac{G_1}{l Q_2^2}; \\[2mm] \dfrac{1}{r_2} = - \dfrac{G_2}{l Q_1^2}, & \dfrac{1}{r'_2} = - \dfrac{G_2}{l Q^2}. \end{cases}$$

Les courbures des hyperboloïdes à deux nappes sont positives, celles des hyperboloïdes à une nappe de signes contraires, celles des ellipsoïdes négatives, conformément à la règle du § XXVIII.

Les courbures sphériques $\dfrac{1}{\sigma_i}$ des trois familles de surfaces, lesquelles sont aussi leurs courbures paramétriques, deviennent alors

$$(3) \quad \begin{cases} \dfrac{1}{r'} + \dfrac{1}{r''} = \dfrac{1}{\sigma} = \phantom{-}\dfrac{G}{l}\,\dfrac{Q_1^2 + Q_2^2}{Q_1^2\,Q_2^2}, \\[2ex] \dfrac{1}{r_1''} + \dfrac{1}{r_1} = \dfrac{1}{\sigma_1} = \phantom{-}\dfrac{G_1}{l}\,\dfrac{Q_2^2 - Q^2}{Q_2^2\,Q^2}, \\[2ex] \dfrac{1}{r_2} + \dfrac{1}{r_2'} = \dfrac{1}{\sigma_2} = -\dfrac{G_2}{l}\,\dfrac{Q^2 + Q_1^2}{Q^2\,Q_1^2}. \end{cases}$$

Les différences et les produits des deux courbures de chaque surface $\rho_i$ s'expriment plus simplement encore, car on a, en se rappelant la première identité (17), § LVI,

$$(4) \quad \begin{cases} \dfrac{1}{r'} - \dfrac{1}{r''} = \dfrac{G}{l}\,\dfrac{Q^2}{Q_1^2\,Q_2^2}, & \dfrac{1}{r'\,r''} = \dfrac{G^2}{l^2\,Q_1^2\,Q_2^2}, \\[2ex] \dfrac{1}{r_1''} - \dfrac{1}{r_1} = \dfrac{G_1}{l}\,\dfrac{Q_1^2}{Q_2^2\,Q^2}, & \dfrac{1}{r_2''\,r_1} = -\dfrac{G_1^2}{l^2\,Q_2^2\,Q^2}, \\[2ex] \dfrac{1}{r_2} - \dfrac{1}{r_2'} = \dfrac{G_2}{l}\,\dfrac{Q_2^2}{Q^2\,Q_1^2}, & \dfrac{1}{r_2\,r_2'} = \dfrac{G_2^2}{l^2\,Q^2\,Q_1^2}. \end{cases}$$

Désignons par $\gamma_i$ le rapport des deux courbures de la surface $\rho_i$, ou celui de leurs rayons, on aura

$$(5) \quad \begin{cases} \dfrac{r''}{r'} = \gamma = \phantom{-}\dfrac{Q_1^2}{Q_2^2}, \\[2ex] \dfrac{r_1}{r_1''} = \gamma_1 = -\dfrac{Q_2^2}{Q^2}, \\[2ex] \dfrac{r_2'}{r_2} = \gamma_2 = \phantom{-}\dfrac{Q^2}{Q_1^2}, \end{cases}$$

et la première identité (17), § LVI, donne aisément

$$(6) \quad \begin{cases} \gamma_1 + \dfrac{1}{\gamma_2} = 1, \\[2mm] \gamma_2 + \dfrac{1}{\gamma} = 1, \\[2mm] \gamma + \dfrac{1}{\gamma_1} = 1. \end{cases}$$

Si donc on suppose que le rapport $\gamma$ soit connu, les deux autres rapports auront les valeurs

$$(7) \quad \gamma_1 = \frac{1}{1-\gamma}, \quad \gamma_2 = \frac{\gamma-1}{\gamma},$$

qui reproduisent la relation fondamentale (9), § LV, sous la forme

$$(8) \quad \gamma\gamma_1\gamma_2 + 1 = 0.$$

Étant déduites des deux dernières (6), et vérifiant la première, les deux seules équations (7) remplacent les quatre (6) et (8). Ainsi, il suffit de connaître le rapport $\gamma$ des deux courbures de l'hyperboloïde à deux nappes, qui passe en M, pour en déduire immédiatement ceux $\gamma_1$, $\gamma_2$, des courbures de l'hyperboloïde à une nappe et de l'ellipsoïde, qui passent au même point.

## § LXXIII.

### SES FAMILLES SECONDAIRES.

Avant de passer aux courbures propres des arcs $s_i$, quelques préparations sont nécessaires. Soit posé, pour simplifier,

$$(9) \quad \begin{cases} A^2 + A_1^2 + A_2^2 = R, \\[2mm] A_1^2 A_2^2 + A_2^2 A^2 + A^2 A_1^2 = P, \\[2mm] A^2 A_1^2 A_2^2 = \Pi, \end{cases}$$

d'où l'on conclut les autres sommes symétriques

$$(10) \qquad \begin{cases} A^4 + A_1^4 + A_2^4 = R^2 - 2\,P, \\ A^6 + A_1^6 + A_2^6 = R^3 - 3\,PR + 3\,\Pi. \end{cases}$$

Si l'on prend, aux relations (45), § LXVI, les $B_i^2$ et les $C_i^2$ en $A_i^2$, on obtient les développements

$$(11) \qquad \begin{cases} B^2 B_1^2 B_2^2 = k^6 - R\,k^4 + P\,k^2 - \Pi, \\ C^2 C_1^2 C_2^2 = -1 + R - P + \Pi. \end{cases}$$

Ajoutant au premier le produit du second par $k^2$, se rappelant que $(1 - k^2)$ égale $k'^2$, et remplaçant R par la somme des $A_i^2$, on arrive aisément à

$$(12) \qquad \begin{cases} k'^2 A^2 A_1^2 A_2^2 + B^2 B_1^2 B_2^2 + k^2 C^2 C_1^2 C_2^2 \\ = k^2 k'^2 [A^2 + (A_1^2 - k^2) + (A_2^2 - 1)]. \end{cases}$$

Ajoutant encore, au premier développement (11), le produit du second par $k^6$, on trouve

$$(13) \qquad \begin{cases} k'^6 A^2 A_1^2 A_2^2 + B^2 B_1^2 B_2^2 + k^6 C^2 C_1^2 C_2^2 \\ = k^2 k'^2 [- k^2 R + (1 + k^2) P - 3\,\Pi]. \end{cases}$$

Si l'on divise ces deux équations (12) et (13) par $k^2 k'^2$, les valeurs (53), § LXVIII, permettent de les écrire ainsi :

$$(14) \qquad \begin{cases} \dfrac{x^2 + y^2 + z^2}{l^2} = A^2 + B_1^2 + C_2^2 = R - (1 + k^2) = \mathcal{R}, \\[2mm] \dfrac{k'^4 x^2 + y^2 + k^4 z^2}{l^2} = (1 + k^2) P - k^2 R - 3\,\Pi = \mu, \end{cases}$$

$\mathcal{R}$ et $\mu$ représentant ces valeurs symétriques. La première (14) donne très-simplement, à l'aide des nouvelles coordonnées, le carré de la distance à l'origine O ; cette expression se réduit à zéro, quand les trois paramètres $\rho_i$ sont nuls ; ce qui devait être. La seconde (14) peut être considérée comme représentant une famille secondaire d'ellipsoïdes semblables, au paramètre $\mu$; c'est-à-dire que toute quantité, qui ne dépendra que de $\mu$, sera la même pour tous les points de chacun des ellipsoïdes de cette famille.

## § LXXIV.

### SES RELATIONS SYMÉTRIQUES.

Par la substitution des $B_i^2$ et des $C_i^2$, donnés en $A_i^2$ par les relations (45), § LXVI, on a les développements

$$(15) \quad \begin{cases} A^2 B^2 C^2 = \phantom{-} A^6 - (1 + k^2) A^4 + k^2 A^2, \\ A_1^2 B_1^2 C_1^2 = - A_1^6 + (1 + k^2) A_1^4 - k^2 A_1^2, \\ A_2^2 B_2^2 C_2^2 = \phantom{-} A_2^6 - (1 + k^2) A_2^2 + k^2 A_2^2; \end{cases}$$

d'où l'on déduit, à l'aide des formules (10), et de la première (9),

$$(16) \quad \begin{cases} A^2 B^2 C^2 - A_1^2 B_1^2 C_1^2 + A_2^2 B_2^2 C_2^2 \\ = (R^3 - 3\,PR + 3\,\Pi) - (1 + k^2)(R^2 - 2P) + k^2 R = \omega, \end{cases}$$

$\omega$ représentant cette nouvelle somme symétrique. D'après les valeurs (1) des $G_i$, cette relation (16) peut se mettre sous la forme

$$(16 \; bis) \qquad G^2 Q_1^2 Q_2^2 - G_1^2 Q_2^2 Q^2 + G_2^2 Q^2 Q_1^2 = \omega.$$

Les $Q_i^2$ exprimés en $A_i^2$ donnent aisément

$$(17) \quad \begin{cases} Q_1^2 Q_2^2 = \phantom{-} A^4 + 2 A_1^2 A_2^2 - P, \\ Q_2^2 Q^2 = - A_1^4 - 2 A_2^2 A^2 + P, \\ Q^2 Q_1^2 = \phantom{-} A_2^4 + 2 A^2 A_1^2 - P, \end{cases}$$

d'où l'on déduit, en multipliant respectivement ces relations par les $A_i^2$,

$$(18) \quad \begin{cases} A^6 = A^2 Q_1^2 Q_2^2 + PA^2 - 2\,\Pi, \\ - A_1^6 = A_1^2 Q_2^2 Q^2 - PA_1^2 + 2\,\Pi, \\ A_2^6 = A_2^2 Q^2 Q_1^2 + PA_2^2 - 2\,\Pi. \end{cases}$$

Si l'on additionne ces trois valeurs (18), respectivement multipliées par les $Q_i^2$, les identités (17), § LVI, donnent pour la somme

$$(19) \qquad Q^2 A^6 - Q_1^2 A_1^6 + Q_2^2 A_2^6 = Q^2 Q_1^2 Q_2^2 R.$$

Additionnant de la même manière, ou avec les mêmes facteurs, les développements (15), on a, par les mêmes identités et par la relation (19),

$$(20) \qquad \left\{ \begin{aligned} &A^2 B^2 C^2 Q^2 + A_1^2 B_1^2 C_1^2 Q_1^2 + A_2^2 B_2^2 C_2^2 Q_2^2 \\ &\qquad = Q^2 Q_1^2 Q_2^2 [R - (1 + k^2)]; \end{aligned} \right.$$

ou bien, en divisant par le produit des $Q_i^2$, et introduisant les $G_i$ (1)

$$(21) \qquad G^2 + G_1^2 + G_2^2 = \mathscr{R} = \frac{x^2 + y^2 + z^2}{l^2},$$

d'après la première (14). Cette relation (21) exprime que la somme des $G_i^2$ a la même valeur, pour tous les points également distants de l'origine O.

Si l'on ajoute à la première (17) la quatrième puissance de Q, qui est

$$Q^4 = A_1^4 + A_2^4 - 2 A_1^2 A_2^2,$$

la somme des seconds membres s'exprime symétriquement par l'une des sommes (10), et l'on a la première du groupe suivant

$$(22) \qquad \left\{ \begin{aligned} Q^4 + Q_1^2 Q_2^2 &= \\ Q_1^4 - Q_2^2 Q^2 &= \\ Q_2^4 + Q^2 Q_1^2 &= \end{aligned} \right\} = R^2 - 3P = \lambda;$$

les deux autres s'obtiennent d'une manière analogue, et $\lambda$ représente la valeur commune.

On constate facilement que les quatre expressions symétriques, successivement introduites, $\mathscr{R}$ et $\mu$ (14), $\omega$ (16),

$\lambda$ (22), vérifient la relation

$$\omega + \mu = \lambda \mathcal{R}.$$

Cela posé, ajoutant les trois équations (22), respectivement multipliées par les $G_i^2$, substituant, dans la somme, les valeurs (16 *bis*) et (21), puis remplaçant $(\lambda \mathcal{R} - \omega)$ par $\mu$, d'après la relation qui précède, on aura définitivement

$$(23) \qquad G^2 Q^4 + G_1^2 Q_1^4 + G_2^2 Q_2^4 = \mu = \frac{k'^4 x^2 + y^2 + k^4 z^2}{l^2},$$

conformément à la seconde (14). Cette relation (23) exprime que la somme des $Q_i^4 G_i^2$ a la même valeur, pour tous les points de chacun des ellipsoïdes semblables, au paramètre $\mu$.

## § LXXV.

### COURBURES PROPRES DE SES ARCS $s_i$.

Maintenant, d'après les formules (22), § XL, la courbure propre de l'arc $s$, normal à l'hyperboloïde à deux nappes, et ligne de courbure de l'ellipsoïde, est donnée par l'équation

$$\frac{1}{p^2} = \frac{1}{r_1^2} + \frac{1}{r_2^2} = \frac{1}{l^2} \frac{Q_1^4 G_1^2 + Q_2^4 G_2^2}{Q_1^4 Q_2^4},$$

qui, en substituant au numérateur sa valeur déduite de la relation (23), devient la première du groupe

$$(24) \quad \begin{cases} \dfrac{1}{p^2} = \dfrac{1}{l^2} \dfrac{\mu - G^2 Q^4}{Q_1^4 Q_2^4}, \\[2mm] \dfrac{1}{p_1^2} = \dfrac{1}{l^2} \dfrac{\mu - G_1^2 Q_1^4}{Q_2^4 Q^4}, \\[2mm] \dfrac{1}{p_2^2} = \dfrac{1}{l^2} \dfrac{\mu - G_2^2 Q_2^4}{Q^4 Q_1^4}, \end{cases}$$

la même transformation donnant successivement les deux autres.

Lorsque l'on additionne respectivement les lignes du groupe (24), avec les carrés de celles du groupe (4), première case, et que l'on remplace les dénominateurs des seconds membres par

$$\text{les} \quad \frac{1}{l^2}\,\mathrm{H}_i^4, \quad \text{ou les} \quad \frac{1}{l^2}\left(\frac{ds_i}{d\rho_i}\right)^4,$$

on obtient l'égalité multiple

$$(25)\begin{cases} \left(\dfrac{ds}{d\rho}\right)^4\left[\left(\dfrac{1}{r'}-\dfrac{1}{r''}\right)^2+\dfrac{1}{p^2}\right]= \\[2ex] \left(\dfrac{ds_1}{d\rho_1}\right)^4\left[\left(\dfrac{1}{r_1''}-\dfrac{1}{r_1}\right)^2+\dfrac{1}{p_1^2}\right]= \\[2ex] \left(\dfrac{ds_2}{d\rho_2}\right)^4\left[\left(\dfrac{1}{r_2}-\dfrac{1}{r_2'}\right)^2+\dfrac{1}{p_2^2}\right]= \end{cases} \Bigg\} = l^2\mu = k'^4 x^2 + y^2 + k^4 z^2.$$

D'où résulte, pour le système ellipsoïdal, cette double loi : *Si l'on ajoute au carré de la différence des courbures de chaque surface, le carré de la courbure de l'arc normal, et qu'on divise la somme par la quatrième puissance de la variation du paramètre suivant cet arc, on aura trois quotients, lesquels seront égaux. De plus, leur valeur commune sera la même pour tous les points de chacun des ellipsoïdes semblables, au paramètre μ.*

## § LXXVI.

### RELATIONS ENTRE TOUTES SES COURBURES.

Le groupe (24) peut servir à vérifier les formules et les lois établies aux §§ **XL** et **XLI**. Pour simplifier cette vérification, désignons chaque $\mathrm{G}_i^2\,\mathrm{Q}_i^4$ par $g_i$, et $\mu$ étant la somme des trois $g_i$, représentons par $\nu$ celle de leurs produits deux à deux, c'est-à-dire posons

$$(26)\begin{cases} g + g_1 + g_2 = \mu, \\ g_1 g_2 + g_2 g + g g_1 = \nu. \end{cases}$$

Les équations (24), résolues par rapport aux $p_i$, donnent

$$(27) \quad \begin{cases} p = \dfrac{l\,Q_1^2\,Q_2^2}{\sqrt{\mu - g}}, \\[2mm] p_1 = \dfrac{l\,Q_2^2\,Q^2}{\sqrt{\mu - g_1}}, \\[2mm] p_2 = \dfrac{l\,Q^2\,Q_1^2}{\sqrt{\mu - g_2}}. \end{cases}$$

Prenant au groupe (4), seconde case, les produits des courbures de chaque surface, les cosinus $m_i$ (23), § XL, des angles plans qui forment l'angle trièdre des normales principales aux trois arcs $s_i$, auront pour carrés

$$(28) \quad \begin{cases} m^2 = \dfrac{g^2\,(\mu - g)}{\delta^2}, \\[2mm] m_1^2 = \dfrac{g_1^2\,(\mu - g_1)}{\delta^2}, \\[2mm] m_2^2 = \dfrac{g_2^2\,(\mu - g_2)}{\delta^2}, \end{cases}$$

si l'on représente par $\delta^2$ le produit des trois facteurs positifs $(\mu - g_i)$, ou si l'on pose

$$(29) \qquad (\mu - g)(\mu - g_1)(\mu - g_2) = \delta^2.$$

Dans le développement du premier membre de cette relation posée (29), les termes en $\mu^3$ et en $\mu^2$ se détruisent, d'après la valeur (26) de $\mu$, et, d'après celle de $\nu$, on a simplement

$$(30) \qquad \delta^2 = \mu\nu - g\,g_1\,g_2.$$

Avec les valeurs (28), le produit des $m_i^2$ est

$$(31) \qquad m^2\,m_1^2\,m_2^2 = \dfrac{g^2\,g_1^2\,g_2^2}{\delta^4},$$

et remarquant que l'on a identiquement

$$g^2(g_1+g_2)+g_1^2(g_2+g)+g_2^2(g+g_1)$$
$$=g_1 g_2(\mu-g)+g_2 g(\mu-g_1)+gg_1(\mu-g_2)$$
$$=\mu\nu-3gg_1 g_2,$$

la somme des carrés des mêmes cosinus est

$$m^2+m_1^2+m_2^2=\frac{\mu\nu-3gg_1 g_2}{\delta^2},$$

d'où l'on conclut, d'après (30) et (31),

$$(32)\qquad (1-m^2-m_1^2-m_2^2)^2=4m^2 m_1^2 m_2^2.$$

Ainsi la relation (30) du § **XLI**, existe pour le système ellipsoïdal; d'où il suit que les deux produits $\mathcal{P}'$ et $\mathcal{P}''$, du même paragraphe, sont égaux entre eux, et que leur carré est (31); ce qui résultait d'ailleurs de la relation fondamentale (9), § **LV**. On a donc actuellement

$$(33)\qquad \mathcal{P}'=\mathcal{P}''=\frac{gg_1 g_2}{\delta^2}.$$

Les sinus $n_i$ qui correspondent au cosinus $m_i$, s'expriment facilement à l'aide des $g_i$. On a identiquement

$$(\mu-g_1)(\mu-g_2)=\begin{cases}=\mu^2-\mu(g_1+g_2)+g_1 g_2,\\ =\mu^2-\mu(\mu-g)+g_1 g_2,\\ =\mu g+g_1 g_2=\nu+g^2,\end{cases}$$

d'où l'on conclut, d'après la première (28),

$$n^2=1-\frac{g^2}{\nu+g^2}=\frac{\nu}{(\mu-g_1)(\mu-g_2)},$$

et multipliant, haut et bas, par $(\mu-g)$, introduisant $\delta^2$, on a la première des valeurs du groupe qui suit, les deux autres s'obtenant de la même manière,

$$(34)\quad\begin{cases} n^2 = \dfrac{\nu\,(\mu - g)}{\delta^2}, \\[2mm] n_1^2 = \dfrac{\nu\,(\mu - g_1)}{\delta^2}, \\[2mm] n_2^2 = \dfrac{\nu\,(\mu - g_2)}{\delta^2}. \end{cases}$$

Avec les valeurs (33), (28) et (34), le groupe (29) du § XLI se calcule rapidement, car, par exemple, sa première équation devient

$$\frac{p_1^2}{r'^2} = \frac{g g_1 g_2 + g^2 (g_1 + g_2)}{\nu\,(g_2 + g)} = \frac{g}{g_2 + g},$$

et sa transformation complète donne le nouveau groupe

$$(35)\quad\begin{cases} \dfrac{p_1^2}{r'^2} + \dfrac{g}{g_2 + g}, \quad \dfrac{p_2^2}{r''^2} = \dfrac{g}{g + g_1}, \\[2mm] \dfrac{p_2^2}{r_1''^2} = \dfrac{g_1}{g + g_1}, \quad \dfrac{p^2}{r_1^2} = \dfrac{g_1}{g_1 + g_2}, \\[2mm] \dfrac{p^2}{r_2^2} = \dfrac{g_2}{g_1 + g_2}, \quad \dfrac{p_1^2}{r_2'^2} = \dfrac{g_2}{g_2 + g}, \end{cases}$$

que vérifient d'ailleurs les valeurs (24) et (2).

## § LXXVII.

### DÉFINITION DE SES ÉLÉMENTS $g_i$.

La simplicité des lois et des relations qui précèdent, donne, pour le système ellipsoïdal, une importance réelle aux trois quantités essentiellement positives $G_i^2 Q_i^4$ ou $g_i$. Car, lorsqu'elles sont numériquement connues, pour un point M, elles donnent immédiatement le paramètre $\mu$ de l'ellipsoïde (14) qui passe en ce point, les cosinus et sinus des angles qu'y font entre elles les normales principales des arcs $s_i$, enfin par les équations (35), les rapports de toutes les courbures des surfaces conjuguées et de leurs arcs normaux. Si l'on rapproche les valeurs (1), des produits exprimant les $(A', B'_1, C'_2)$, on peut définir ainsi ces quantités $g_i$,

$$(36) \quad g = \left(\frac{Q^2}{Q_1 Q_2} AA'\right)^2, \quad g_1 = \left(\frac{Q_1^2}{Q_2 Q} B_1 B'_1\right)^2, \quad g_2 = \left(\frac{Q_2^2}{QQ_1} C_2 C'_2\right)^2,$$

elles se réduisent à zéro, à l'origine O, comme l'indiquait d'ailleurs la relation (23).

## § LXXVIII.

### SES COURBURES RÉSULTANTES.

D'après la formule (21) du § XXXIX, la courbure résultante $\frac{1}{q}$, relative à la surface $\rho$, est actuellement donnée par l'équation

$$\frac{1}{q^2} = \frac{1}{\sigma^2} + \frac{1}{\rho^2},$$

et substituant les valeurs (3) et (24), on a, pour le système ellipsoïdal,

$$\frac{1}{q^2} = \frac{1}{l^2} \frac{\mu + 4\,G^2 Q_1^2 Q_2^2}{Q_1^4 Q_2^4},$$

puisque $Q^2$ est égal à $(Q_1^2 - Q_2^2)$, d'après l'identité si souvent employée; ou, remplaçant G par sa valeur (1),

$$\frac{1}{q^2} = \frac{1}{l^2} \frac{\mu + 4\,A^2 B^2 C^2}{Q_1^4 Q_2^4},$$

et, d'après la valeur (4) du produit des deux courbures de la surface $\rho$, et la valeur (1) de G, on a définitivem・・・ 1 première du dernier groupe

$$(37) \quad \begin{cases} \dfrac{1}{q^2} = \dfrac{\mu}{l^2 Q_1^4 Q_2^4} + \dfrac{4}{r'\,r''}, \\[2mm] \dfrac{1}{q_1^2} = \dfrac{\mu}{l^2 Q_1^4 Q^4} + \dfrac{4}{r''_1\,r_1}, \\[2mm] \dfrac{1}{q_2^2} = \dfrac{\mu}{l^2 Q^4 Q_1^4} + \dfrac{4}{r_2\,r'_2}; \end{cases}$$

les deux autres résultant de substitutions homologues.

Ces valeurs (37) conduisent facilement à un nouvel énoncé de la double loi du § LXXV. Dans des recherches importantes, faites à l'aide du système ellipsoïdal, plusieurs géomètres ont choisi, pour coordonnées, les premiers axes ($l$A, $l$A$_1$, $l$A$_2$) des surfaces conjuguées, et non leurs paramètres thermométriques. Alors les courbures paramétriques n'étant plus égales aux courbures sphériques, les courbures résultantes ont des valeurs plus compliquées, et dont l'interprétation géométrique n'est pas sans difficulté.

Terminons par quelques détails, relatifs aux courbures appartenant aux points situés, soit sur l'hyperbole ombilicale, soit sur l'ellipse focale. Leurs expressions sont celles des deux tableaux :

$$\underbrace{A = k = A_1}$$

$$\frac{1}{r'} = +\infty, \quad \frac{1}{r''} - \frac{kk'}{l\,B_2^3} = \frac{1}{r''_1}, \qquad \left(\frac{r_1}{r'} = -1\right).$$

$$\frac{1}{r_1} = -\infty, \quad \frac{1}{r_2} = -\frac{A_2 C_2}{l\,B_2^3} = \frac{1}{r'_1},$$

$$\underbrace{A_1 = 1 = A_2}$$

$$\frac{1}{r'_2} = -\infty, \quad \frac{1}{r_2} = -\frac{k'}{l\,C^3} = \frac{1}{r_1}, \qquad \left(\frac{r''_1}{r'_2} = -1\right).$$

$$\frac{1}{r''_1} = +\infty, \quad \frac{1}{r''} = \frac{AB}{l\,C^3} = \frac{1}{r'},$$

Les titres rappellent les valeurs-limites, qu'il faut donner aux $A_i$, pour déduire ces expressions des formules générales.

D'après le premier tableau : 1° sur l'hyperbole ombilicale, les deux courbures de chaque ellipsoïde traversé sont égales et de même signe ; 2° les deux courbures conjuguées en l'arc hyperbolique, sont égales entre elles, et à la courbure propre du même arc ; 3° les deux courbures réciproques, appartenant aux rebords infiniment courbes des plaques hyperboliques conjuguées, sont infinies, de signes contraires, et leur rapport est *moins l'unité*.

D'après le second tableau : 1° sur l'ellipse focale, les deux courbures de chaque hyperboloïde à deux nappes traversé sont égales et de même signe ; 2° les deux courbures conjuguées en l'arc elliptique, sont égales entre elles, et à la courbure du même arc ; 3° les deux courbures réciproques, appartenant aux rebords infiniment courbes des plaques, à vide ou plein elliptique, sont infinies, de signes contraires, et leur rapport est *moins l'unité*.

Ainsi l'ellipse focale trace aussi des ombilics sur les hyperboloïdes de la première famille. On remarquera que la valeur commune des deux rayons de courbure, aux ombilics d'un ellipsoïde, est égale au cube de son demi-axe moyen, divisé par le produit des deux autres demi-axes.

# NEUVIÈME LEÇON.

## MOUVEMENT D'UN POINT MATÉRIEL.

Équations du mouvement d'un point en coordonnées curvilignes.— Décomposition du mouvement qui établit directement ces équations. — Rappel de la méthode de Coriolis. — Application aux coordonnées sphériques.

### § LXXIX.

#### SES ÉQUATIONS EN COORDONNÉES CURVILIGNES.

Les équations du mouvement d'un point matériel peuvent être exprimées en coordonnées curvilignes $\rho_i$. Car, lorsque ce mobile traverse le système orthogonal fixe, le lieu M, qu'il occupe à une époque $t$, étant défini par les valeurs des paramètres $\rho_i$ des trois surfaces conjuguées qui s'y coupent, ces valeurs sont trois fonctions du temps $t$, qu'il suffit de connaître pour en déduire la trajectoire. Il s'agit d'établir les équations différentielles qui doivent régir les fonctions

$$(1) \qquad \rho_i = \mathcal{F}_i(t), \ldots, \quad 3.$$

Soient, au point M, V la vitesse du mobile sur la trajectoire, et $(v, v_1, v_2)$ les projections de cette vitesse sur les normales aux surfaces conjuguées; $u$ une coordonnée rectiligne quelconque, et $(U, U_1, U_2)$ les cosinus des angles que sa direction fait avec les mêmes normales. On aura

$$(2) \qquad \begin{cases} \dfrac{ds_i}{dt} = v_i = \dfrac{1}{h_i} \dfrac{d\rho_i}{dt}, \ldots, \quad 3, \\[2ex] \dfrac{du}{ds_i} = U_i = h_i \dfrac{du}{d\rho_i}, \ldots, \quad 3. \end{cases}$$

La coordonnée $u$ est la fonction des trois paramètres $\rho_i$, dont les six dérivées partielles du second ordre sont données par les équations (30), § LI, et (28), § L. Ces équations peuvent se mettre sous la forme

$$(3)\quad\begin{cases} h^2\dfrac{d^2u}{d\rho^2}=-\dfrac{U}{r}+\dfrac{U_1}{r_1}+\dfrac{U_2}{r_2}, \\[2mm] h_1^2\dfrac{d^2u}{d\rho_1^2}=+\dfrac{U}{r'}-\dfrac{U_1}{r_1'}+\dfrac{U_2}{r_2'}, \\[2mm] h_2^2\dfrac{d^2u}{d\rho_2^2}=+\dfrac{U}{r''}+\dfrac{U_1}{r_1''}-\dfrac{U_2}{r_2''}, \\[2mm] h_1h_2\dfrac{d^2u}{d\rho_1\,d\rho_2}=-\left(\dfrac{U_1}{r_2'}+\dfrac{U_2}{r_1''}\right); \\[2mm] h_2h\ \dfrac{d^2u}{d\rho_2\,d\rho}=-\left(\dfrac{U_2}{r''}+\dfrac{U}{r_2}\right), \\[2mm] hh_1\dfrac{d^2u}{d\rho\,d\rho_1}=-\left(\dfrac{U}{r_1}+\dfrac{U_1}{r'}\right), \end{cases}$$

en exprimant les dérivées du premier ordre, de $u$ par les $U_i$ (2), des $h_i$ par les courbures des surfaces (24), § **XXX**, et les courbures paramétriques (25), § **XXXI**.

La fonction $u$ ne contenant le temps que par les $\rho_i$, sa première dérivée en $t$ est

$$\frac{du}{dt}=\sum\frac{du}{d\rho_i}\,\frac{d\rho_i}{dt}.$$

La seconde dérivée, par rapport à la même variable, peut s'écrire ainsi :

$$\frac{d^2u}{dt^2}=\sum\left(\frac{U_i}{h_i}\frac{d^2\rho_i}{dt^2}+h_i^2\frac{d^2u}{d\rho_i^2}\,v_i^2\right)$$

$$+2\left(h_1h_2\frac{d^2u}{d\rho_1\,d\rho_2}\,v_1v_2+h_2h\,\frac{d^2u}{d\rho_2\,d\rho}\,v_2v+hh_1\frac{d^2u}{d\rho\,d\rho_1}\,vv_1\right),$$

en remplaçant, les $\dfrac{d\rho_i}{dt}$ par $h_i\,v_i$, les $\dfrac{du}{d\rho_i}$ par $\dfrac{U_i}{h_i}$. Et, lorsqu'on y substitue les valeurs (3), et qu'on met les $U_i$ en facteurs communs, elle donne définitivement

$$(4) \quad \frac{d^2 u}{dt^2} = \begin{cases} U\left[\dfrac{1}{h}\dfrac{d^2\rho}{dt^2} - \dfrac{v^2}{r} + \dfrac{v_1^2}{r'} + \dfrac{v_2^2}{r''} - 2v\left(\dfrac{v_1}{r_1} + \dfrac{v_2}{r_2}\right)\right], \\[2ex] + U_1\left[\dfrac{1}{h_1}\dfrac{d^2\rho_1}{dt^2} + \dfrac{v^2}{r_1} - \dfrac{v_1^2}{r_1'} + \dfrac{v_2^2}{r_1''} - 2v_1\left(\dfrac{v_2}{r_1'} + \dfrac{v}{r'}\right)\right], \\[2ex] + U_2\left[\dfrac{1}{h_2}\dfrac{d^2\rho_2}{dt^2} + \dfrac{v^2}{r_2} + \dfrac{v_1^2}{r_2'} - \dfrac{v_2^2}{r_2''} - 2v_2\left(\dfrac{v}{r''} + \dfrac{v_1}{r_1''}\right)\right], \end{cases}$$

pour l'accélération du mouvement projeté sur la droite $u$.

Désignons par F la force, rapportée à l'unité de masse, qui sollicite le point matériel en M, par $R_i$ ses trois composantes suivant les normales aux surfaces conjuguées. Alors, prenant pour unité la masse du mobile, l'accélération (4) sera égale à la composante de F parallèle à la ligne $u$, ou à la somme des projections des $R_i$ sur cette ligne. C'est-à-dire que l'on aura nécessairement

$$(5) \qquad \frac{d^2 u}{dt^2} = UR + U_1 R_1 + U_2 R_2.$$

Les expressions (4) et (5) doivent être identiques. Or, la direction de la ligne $u$ est arbitraire, et peut être prise successivement parallèle aux trois normales; d'où l'on conclut aisément que les trois parenthèses du second membre de (4) doivent être respectivement égales aux $R_i$. Ce qui donne enfin

$$(6) \quad \begin{cases} \dfrac{1}{h}\dfrac{d^2\rho}{dt^2} - \dfrac{v^2}{r} + \dfrac{v_1^2}{r'} + \dfrac{v_2^2}{r''} - \dfrac{2vv_1}{r_1} - \dfrac{2vv_2}{r_2} = R, \\[2ex] \dfrac{1}{h_1}\dfrac{d^2\rho_1}{dt^2} + \dfrac{v^2}{r_1} - \dfrac{v_1^2}{r_1'} + \dfrac{v_2^2}{r_1''} - \dfrac{2v_1 v_2}{r_2'} - \dfrac{2v_1 v}{r'} = R_1, \\[2ex] \dfrac{1}{h_2}\dfrac{d^2\rho_2}{dt^2} + \dfrac{v^2}{r_2} + \dfrac{v_1^2}{r_2'} - \dfrac{v_2^2}{r_2''} - \dfrac{2v^2 v}{r''} - \dfrac{2v_2 v_1}{r_1''} = R_2, \end{cases}$$

pour les équations du mouvement d'un point, rapporté aux coordonnées curvilignes $\rho_i$.

10

## § LXXX.

### MÉTHODE DE DÉCOMPOSITION DU MOUVEMENT.

Les premiers membres des équations (6) sont, nécessairement, les expressions des composantes de l'accélération totale, suivant les normales aux surfaces conjuguées. Et, si l'on imagine une décomposition du mouvement général en plusieurs autres mouvements successifs, ou plutôt simultanés, les projections des accélérations de tous ces mouvements donneront, par leurs sommes, les mêmes expressions. Lorsqu'on cherche un genre de décomposition, qui permette d'obtenir directement, et en quelque sorte géométriquement, ces composantes de l'accélération totale, on rencontre presque immédiatement celui que nous allons définir.

Le mobile étant en M à l'époque $t$, soit M′ sa position à l'époque $t + dt$. La *fig.* 1 représente le prisme rectangu-

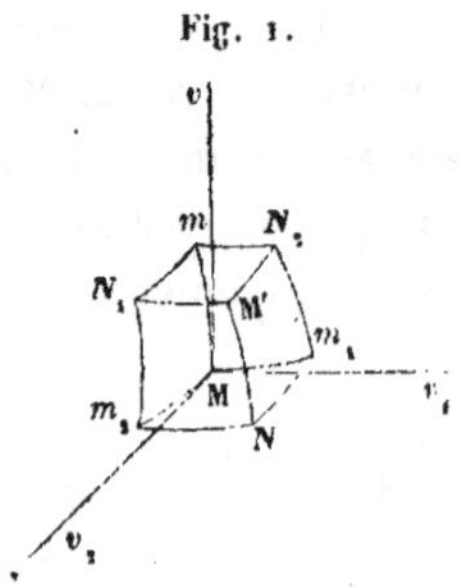

Fig. 1.



laire curviligne, véritable élément de volume du système orthogonal, dont l'arc infiniment petit $\overline{MM'}$ de la trajectoire est la diagonale. La *fig.* 2 indique, sur les tangentes aux arcs $s_i$ passant en M, les centres $C_i^{(j)}$ des six courbures $r_i^{(j)}$

des surfaces conjuguées; centres que l'on suppose tous

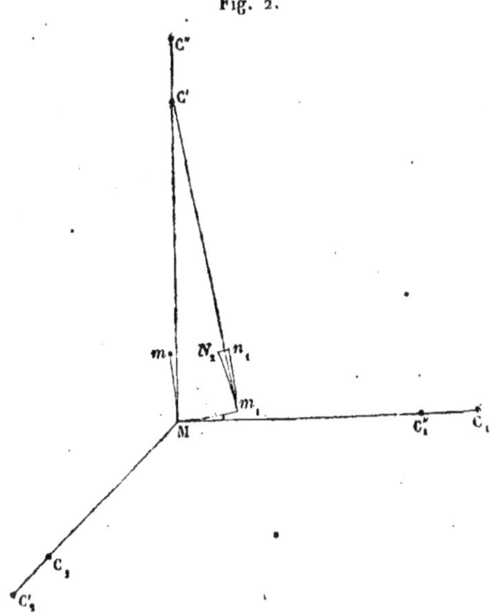

Fig. 2.

placés sur les parties positives des normales correspondantes.

On décompose d'abord le mouvement général, en trois autres mouvements curvilignes, s'exécutant sur les arcs $ds_i$ ou sur les arêtes qui forment le sommet M du prisme curviligne de la *fig.* 1. Sur chaque $ds_i$, le mobile part de M avec la vitesse initiale $v_i$, et arrive en $m_i$ à la fin du temps $dt$.

En outre, tandis que chaque $ds_i$ est ainsi parcouru, on imagine que cet arc même, ou sa tangente en M, tourne uniformément et simultanément autour de deux axes, menés par les centres $C_i^{(j)}$ qui se trouvent sur cette tangente (*fig.* 2), perpendiculairement au plan de chaque courbure. De telle sorte que celle des extrémités de l'arc entraîné $ds_i$, qui était en M, arrive finalement en M'.

10.

Par exemple, l'arc $\overline{Mm}$, ou sa tangente $\overline{MC'C''}$, qui prendrait la position $m_1 N_2$, en ne tournant qu'autour de l'axe mené par $C'$, perpendiculairement au plan $Mm_1C'$, et qui prendrait la position $m_2 N_1$ en ne tournant qu'autour de l'axe mené par $C''$, perpendiculairement au plan $Mm_2C''$, aura, après le temps $dt$, la position $NM'$, par suite des deux rotations simultanées.

En résumé, à chaque arc $ds_i$ correspondent trois mouvements composants : un mouvement curviligne, uniformément accéléré, sur cet arc même, et deux mouvements de rotation uniforme autour d'axes différents. Évaluons, maintenant, les projections sur les trois normales en M, des accélérations de tous ces mouvements composants.

## § LXXXI.

### ÉVALUATION DIRECTE DES ACCÉLÉRATIONS R$_i$.

L'accélération du mouvement curviligne, qui s'exécute sur l'axe $ds$ (supposé fixe, et où conséquemment la coordonnée $\rho$ varie seule, tandis que $\rho_1$ et $\rho_2$ restent constants), se compose de l'accélération tangentielle $\dfrac{d(v)}{dt}$, et de l'accélération normale $\dfrac{v^2}{p}$. La première est dirigée suivant la normale à la surface $\rho$; sa valeur s'obtient en différentiant la vitesse $v$, ou $\dfrac{1}{h}\dfrac{d\rho}{dt}$, par rapport à $t$, dans $\rho$ seulement, non dans $\rho_1$ ni dans $\rho_2$, qui restent invariables; d'où résulte, pour la somme R, le terme

$$(7) \qquad \frac{d(v)}{dt} = \frac{1}{h}\frac{d^2\rho}{dt^2} - \frac{1}{h^2}\frac{dh}{d\rho}\left(\frac{d\rho}{dt}\right)^2 = \frac{1}{h}\frac{d^2\rho}{dt^2} - \frac{v^2}{r} :$$

la parenthèse, donnée à $v$, indique la restriction imposée à la différentiation. La seconde $\dfrac{v^2}{p}$, dirigée suivant la normale principale de l'arc $s$, donne deux composantes suivant les normales aux surfaces $\rho_1$ et $\rho_2$, dont sa direction est séparée par les angles aux cosinus $\frac{p}{r_1}$ et $\frac{p}{r_2}$ (XXXVIII); d'où résulte

le terme $\frac{v^2}{r_1}$ pour $R_1$, le terme $\frac{v^2}{r_2}$ pour $R_2$.

Le transport de l'arc $ds$, effectué par la rotation autour de l'axe mené par $C'$, peut se décomposer en une simple translation, uniforme ou sans accélération, qui amènera l'arc $ds$, parallèlement à lui-même, en $\overline{m_1\,n_1}$ ($fig.$ 2), et en une rotation autour de $m_1$. Cette rotation fera décrire à l'extrémité $n_1$, dans le temps $dt$, un chemin $n_1\,N_2$, parallèle à $m_1\,M$, en sens contraire de la translation, et dont la valeur absolue, donnée par la similitude des deux triangles $n_1\,m_1\,N_2$, $m_1\,C'\,M$, est

$$\overline{n_1\,N_2} = ds_1\,\frac{ds}{r'} = \frac{v_1\,v}{r'}\,dt^2,$$

multipliant ce chemin par $-\dfrac{2}{dt^2}$, on aura une accélération $-\dfrac{2\,v_1\,v}{r'}$, qui devra faire partie de la somme $R_1$. On trouve de la même manière, que le transport de l'arc $ds$, effectué par la rotation autour de l'axe mené par $C''$, donne lieu à une accélération $-\dfrac{2\,v_2\,v}{r''}$, qui doit faire partie de la somme $R_2$.

En résumé, les mouvements composants exécutés $sur$ $et$ $par$ l'arc $ds$, donnent aux sommes $R_i$ les termes du tableau suivant, au-dessus desquels se trouve la lettre $\rho$,

$$(8)\quad\left\{\begin{aligned}
R &= \frac{\overset{\rho}{d(v)}}{dt} + \frac{\overset{\rho_1}{v_1^2}}{r'} + \frac{\overset{\rho_2}{v_2^2}}{r''} - \frac{\overset{\rho_1}{2\,vv_1}}{r_1} - \frac{\overset{\rho_2}{2\,vv_2}}{r_2},\\[2ex]
R_1 &= \frac{\overset{\rho_1}{d(v_1)}}{dt} + \frac{\overset{\rho_2}{v_2^2}}{r''_1} + \frac{\overset{\rho}{v^2}}{r_1} - \frac{\overset{\rho_2}{2\,v_1 v_2}}{r'_2} - \frac{\overset{\rho}{2\,v_1 v}}{r'},\\[2ex]
R_2 &= \frac{\overset{\rho_2}{d(v_2)}}{d} + \frac{\overset{\rho}{v^2}}{r_2} + \frac{\overset{\rho_1}{v_1^2}}{r'_2} - \frac{\overset{\rho}{2\,v_2 v}}{r''} - \frac{\overset{\rho_1}{2\,v_2 v_1}}{r''_1}.
\end{aligned}\right.$$

Les termes au-dessus desquels se trouve la lettre $\rho_1$, ou $\rho_2$, seront donnés de la même manière, par les mouvements composants exécutés *sur et par $ds_1$*, ou *sur et par $ds_2$*.

Les sommes (8) sont identiquement les mêmes que celles (6), déduites de l'analyse, en ayant égard aux valeurs essentielles (7) des $\dfrac{d\,(v_i)}{dt}$. Ainsi, le mode de décomposition du mouvement général, qui conduit à ces sommes (8), est complétement vérifié. Si les arcs $ds_i$ n'étaient pas infiniment petits, on conçoit que ces trois arcs, parcourus et transportés comme l'indique la décomposition actuelle, amèneraient leurs dernières extrémités $m_i$ dans trois positions voisines, mais différentes, de M'. On doit conclure de la vérification qui précède, que ces écarts sont des infiniment petits du second ordre, et complétement négligeables quand les $ds_i$ sont des infiniment petits du premier ordre. De telle sorte que les vitesses absolues $v_i'$, acquises aux extrémités des trois arcs transportés et parcourus, donneront, en grandeur et en direction, les composantes de la vitesse totale V' du mobile en M', suivant les normales aux trois nouvelles surfaces conjuguées, qui passent au nouveau point M' de la trajectoire.

## § LXXXII.

### APPLICATION AU SYSTÈME SPHÉRIQUE.

Appliquons les formules (8) au système habituel des coordonnées sphériques, lesquelles sont : la longitude $\psi$, la latitude $\varphi$ et le rayon que nous désignerons par $\gamma$. On a donc

$$\rho = \psi, \quad \rho_1 = \varphi, \quad \rho_2 = \gamma ;$$

les trois composantes $v_i$, de la vitesse totale V, sont

$$v = \gamma \cos \varphi \, \frac{d\psi}{dt}, \quad v_1 = \gamma \frac{d\varphi}{dt}, \quad v_2 = \frac{d\gamma}{dt} ;$$

les rayons de courbure des surfaces conjuguées (§ XXXII),
ont pour expressions

$$\frac{1}{r'} = 0, \qquad \frac{1}{r''} = 0,$$

$$\frac{1}{r''_1} = 0, \qquad \frac{1}{r_1} = \frac{\tang \varphi}{\gamma},$$

$$\frac{1}{r_2} = -\frac{1}{\gamma}, \qquad \frac{1}{r'_2} = -\frac{1}{\gamma}.$$

Substituant ces valeurs dans les sommes (8), en observant
la règle prescrite par la formule (7), d'où résulte que, dans
la dérivée de $\nu$ par rapport à $t$, le facteur $\gamma \cos \varphi$ reste constant, et que, dans celle de $\nu_1$, le facteur $\gamma$ est invariable,
on écrit immédiatement

$$(9) \quad \begin{cases} R = \gamma \dfrac{d^2 \psi}{dt^2} \cos \varphi - 2\gamma \dfrac{d\varphi}{dt}\dfrac{d\psi}{dt} \sin \varphi + 2\dfrac{d\gamma}{dt}\dfrac{d\psi}{dt} \cos \varphi, \\[2ex] R_1 = \gamma \dfrac{d^2 \varphi}{dt^2} + \gamma \left(\dfrac{d\psi}{dt}\right)^2 \cos \varphi \sin \psi + 2\dfrac{d\gamma}{dt}\dfrac{d\varphi}{dt}, \\[2ex] R_2 = \dfrac{d^2 \gamma}{dt^2} - \gamma \left(\dfrac{d\psi}{dt}\right)^2 \cos^2 \varphi - \gamma \left(\dfrac{d\varphi}{dt}\right)^2. \end{cases}$$

Telles sont, en effet, les valeurs que l'on obtient, en partant des formules de transformation

$$x = \gamma \cos\varphi \cos \psi,$$
$$y = \gamma \cos\varphi \sin \psi,$$
$$z = \gamma \sin \varphi,$$

évaluant les trois dérivées secondes $\dfrac{d^2 u}{dt^2}$, ou les composantes de l'accélération totale, suivant les trois axes rectilignes; puis additionnant, successivement, trois fois les
valeurs de ces dérivées, respectivement multipliées par les
cosinus, exprimés en $\varphi$ et $\psi$, des angles que fait avec les
axes, soit la tangente au petit cercle parallèle à l'équateur,

pour obtenir R, soit la tangente au méridien pour $R_1$, soit le rayon pour $R_2$. Calcul assez long, et même pénible, par suite du défaut complet de symétrie.

## § LXXXIII.

### HÉTÉROGÉNÉITÉ DES $R_i$ DANS CE SYSTÈME.

Lorsqu'on compare entre elles les sommes (9), on ne trouve de semblable que le nombre des termes, et la présence de la dérivée seconde d'une des coordonnées dans les premiers; quant aux deux derniers termes, ils ne présentent plus que des différences : deux doubles rectangles de dérivées dans la première, deux carrés de dérivées dans la troisième, un carré et un double rectangle dans la seconde; en outre, ces deux termes ont le signe $+$ dans la deuxième, le signe $-$ dans la troisième, des signes contraires dans la première; et ces deux genres de différences ne se correspondent pas. Tout semble concourir pour empêcher la mémoire de retenir les formules (9), malgré leur peu d'étendue.

Elles proviennent cependant du groupe général (8), dont la symétrie est si remarquable. C'est donc ce groupe même qu'il faut retenir, comme restant le guide le plus sûr pour toutes les applications. Il peut rétablir la symétrie, même dans le système sphérique; car, l'annulation de trois des six courbures, et les signes des trois autres, expliquent toutes les anomalies qui viennent d'être signalées; sachant que les sommes (8) contiennent chacune, outre la dérivée restreinte d'une des trois vitesses composantes, deux termes aux carrés de ces vitesses, et deux aux doubles rectangles, on reconnaît, à leurs traces, ces expressions générales et symétriques, dans les sommes (9), en apparence si dissemblables.

Cet exemple se joint à beaucoup d'autres, pour faire reconnaître un principe que voici : Lorsqu'une théorie mathématique, ou une simple recherche analytique, se signale par l'absence de toute symétrie dans ses calculs et dans ses formules, il doit exister une théorie plus générale, une recherche plus étendue, où la symétrie sera au contraire très-complète; et il importe de chercher cette dernière, pour guider, éclaircir, simplifier même l'interprétation des résultats obtenus par la première.

## § LXXXIV.

### MÉTHODE DE CORIOLIS.

Pour qu'on puisse apprécier, à sa juste valeur, et par comparaison, le mode de décomposition du mouvement d'un point matériel, qui conduit à l'établissement direct des sommes (8), rappelons celui que Coriolis a inauguré dans sa théorie des mouvements relatifs, et dont le principe, ainsi que les applications, se résument par les propositions suivantes.

*Lemme.* Soient M le lieu occupé par un point matériel, sur sa trajectoire, à l'époque $t$; M$'$ celui qu'il occupe à l'époque $t + dt$; V la vitesse en M; $j$ l'accélération totale, ou le quotient par $dt$ de la vitesse qu'il faudrait composer

Fig. 3.

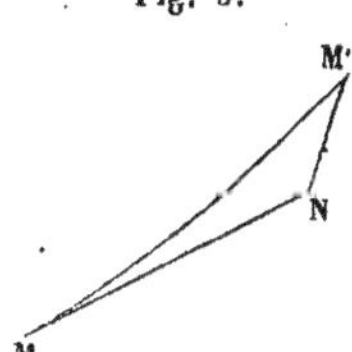


avec V pour obtenir la vitesse V$'$ en M$'$. Si l'on porte sur la tangente en M une longueur $\overline{MN}$ égale à V $dt$, la ligne $\overline{NM'}$ (que Duhamel appelle si lumineusement *la déviation*), donne la direction de l'accélération totale; et sa grandeur est égale à la moitié du produit de $j$ par le carré du temps $dt$.

ou à $j\dfrac{dt^2}{2}$; c'est-à-dire au chemin parcouru par un point, pendant le temps $dt$, avec une vitesse initiale nulle, et une accélération constante $j$. MN M$'$ est le *triangle indicateur* de l'élément $\overline{\text{MM}'}$ de la trajectoire, $\overline{\text{MN}}$ ou V$dt$ son *côté tangent*, $\overline{\text{NM}'}$ ou $j\dfrac{dt^2}{2}$ son *côté déviant*; le premier est un infiniment petit du premier ordre, avec $dt$; le second un infiniment petit du second ordre, avec $dt^2$.

*Problème*. A une époque $t$, un point M obéit à deux mouvements simultanés : l'un, dit *mouvement relatif*,

Fig. 4.

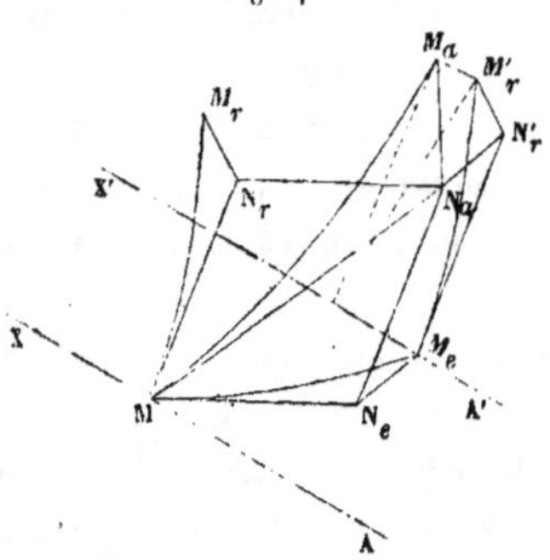



dont M$M_r$ est l'élément; l'autre, dit *mouvement d'entraî-nement*, lequel se compose d'une translation suivant une trajectoire dont M$M_r$ est le premier élément, et d'une rotation autour d'un axe dont la direction est AMX. On connaît le triangle indicateur MN$_r$ $M_r$ du mouvement relatif, celui MN$_e$ $M_e$ de la trajectoire d'entraînement, la vitesse angulaire $\omega$ de la rotation autour de AMX, il s'agit de déterminer le triangle indicateur MN$_a$ $M_a$ du premier élément de la trajectoire absolue.

La vitesse absolue V$_a$ étant la résultante de la vitesse relative V$_r$, et de la vitesse d'entraînement V$_e$, le côté tangent $\overline{\text{MN}_a}$, ou V$_a$ $dt$, sera la diagonale du parallélogramme construit sur les deux côtés tangents, $\overline{MN_r}$ ou $V_r dt$, $\overline{MN_e}$ ou $V_e dt$. Transportant en $M_e N'_r M'_r$, et parallèlement à lui-même, le triangle indicateur du mouvement relatif; $\overline{N_a N'_r}$, parallèle à $\overline{N_e M_e}$, aura la même grandeur $j_e \dfrac{dt^2}{2}$; $\overline{N'_r M'_r}$, parallèle à $\overline{N_r M_r}$, aura la même grandeur $j_r \dfrac{dt^2}{2}$.

Le point $M'_r$ appartiendrait à la trajectoire absolue, si le mouvement d'entraînement n'était qu'une translation; car, si l'on suppose que les deux mouvements soient successifs, au lieu d'être simultanés, le mobile M sera d'abord entraîné en $M_e$, puis s'élèvera en $M'_r$. Quand la rotation existe, elle peut être considérée comme succédant à ces deux premiers mouvements, en amenant le mobile de $M'_r$ en $M_a$.

Le chemin $\overline{M'_r M_a}$ est égal à $\omega dt$ multiplié par la distance de $M'_r$ à l'axe de rotation transporté $A'M_e X'$, ou par la projection du triangle indicateur $M_e N'_r M'_r$ sur une perpendiculaire à cet axe. Le côté déviant $N'_r M'_r$ ou $j_r \dfrac{dt^2}{2}$ étant infiniment petit par rapport au côté tangent $M_e N'_r$ ou $V_r dt$, cette projection se réduira à celle du dernier côté. Si donc on représente, pour simplifier, par $W_r$, la projection de la vitesse relative sur une perpendiculaire à l'axe de rotation, le chemin $\overline{M'_r M_a}$ aura pour grandeur $\omega dt . W_r dt$.

Le côté déviant $\overline{N_a M_a}$ ou $j_a \dfrac{dt^2}{2}$, sera donc le quatrième côté du quadrilatère $N_a N'_r M'_r M_a$. Ce que l'on exprime, en disant que le chemin $\overline{N_a M_a}$ est le *résultant* des trois chemins $N_a N'_r$, $N'_r M'_r$, $M'_r M_a$, ou, en écrivant, d'après les valeurs de ces chemins,

$$j_a \frac{dt^2}{2} = \text{rés.} \left( j_e \frac{dt^2}{2}, \quad j_r \frac{dt^2}{2}, \quad \omega W_r dt^2 \right).$$

D'où l'on conclut, en multipliant les quatre côtés du quadrilatère par le même facteur $\frac{2}{dt^2}$, ce qui n'en change pas la forme essentielle

$$(10) \qquad j_a = \text{rés.}\,(j_e,\; j_r,\; 2\,\omega W_r);$$

résultat que l'on énonce en disant que l'accélération absolue est la résultante, de l'accélération d'entraînement, de l'accélération relative, et d'une troisième accélération, qui est égale au double du produit de la vitesse angulaire $\omega$, par la projection $W_r$ de la vitesse relative $V_r$ sur une perpendiculaire à l'axe de rotation.

## § LXXXV.

### MOUVEMENT CIRCULAIRE VARIÉ.

La formule (10) conduit à l'évaluation directe des sommes $R_i$, pour les systèmes cylindriques et coniques des coordonnées polaires planes et sphériques. Partant de la formule fondamentale

$$j = \text{rés.}\,\left(\frac{dV}{dt},\; \frac{V^2}{\gamma}\right)$$

dont nous avons déjà supposé la connaissance, on l'applique, d'abord, à un mouvement circulaire varié; alors, $\varphi$ étant l'angle que le rayon $\gamma$, de grandeur constante, qui joint le centre au mobile, fait avec un diamètre fixe, on a $V = \gamma\frac{d\varphi}{dt}$, et l'accélération totale est

$$(11) \qquad j_c = \text{rés.}\,\left[\gamma\frac{d^2\varphi}{dt^2},\; \gamma\left(\frac{d\varphi}{dt}\right)^2\right].$$

## § LXXXVI.

### LES $R_i$ LORS DES COORDONNÉES POLAIRES.

Lorsqu'il s'agit d'une trajectoire plane rapportée aux coordonnées polaires $\varphi$, et $\gamma$ actuellement variable, on décompose le mouvement en deux autres : en un mouvement relatif linéaire suivant le rayon $\gamma$, et en un mouvement circulaire varié, que l'on prend pour mouvement d'entraînement. Alors, dans la formule (10), il faudra prendre

$$(12) \quad \begin{cases} j_r = \dfrac{d^2\gamma}{dt^2}, \\[2mm] j_e = \text{rés.} \left[ \gamma\dfrac{d^2\varphi}{dt^2}, \quad \gamma\left(\dfrac{d\varphi}{dt}\right)^2 \right], \\[2mm] 2\omega W_r = 2\,\dfrac{d\varphi}{dt}\dfrac{d\gamma}{dt}; \end{cases}$$

car, ici, la vitesse angulaire $\omega$ est $\dfrac{d\varphi}{dt}$, la vitesse relative est $\dfrac{d\gamma}{dt}$, et, l'axe de rotation étant perpendiculaire au plan de la trajectoire, la projection $W_r$ de $V_r$ lui est égale.

Soient, maintenant, $\Gamma$ et $\Phi$, les projections de l'accélération totale, sur le rayon $\gamma$ et sur sa perpendiculaire. Dans le groupe (12), $j_r$ appartiendra à $\Gamma$, ainsi que la com-

Fig. 5.

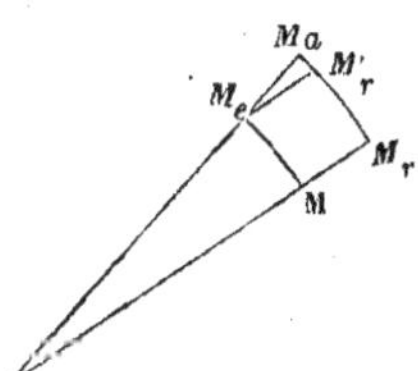

posante normale de $j_e$ prise négativement. La composante tangentielle de $j_e$ appartiendra à $\Phi$, ainsi que l'accélération $2\omega W_r$, prise positivement, comme l'indique la *fig.* 5. On aura donc

$$(13) \quad \begin{cases} \Gamma = \dfrac{d^2\gamma}{dt^2} - \gamma\left(\dfrac{d\varphi}{dt}\right)^2, \\[2mm] \Phi = \gamma\,\dfrac{d^2\varphi}{dt^2} + 2\,\dfrac{d\varphi}{dt}\dfrac{d\gamma}{dt}. \end{cases}$$

## § LXXXVII.

### LES R, LORS DES COORDONNÉES SPHÉRIQUES.

Lorsqu'il s'agit du mouvement d'un point rapporté aux coordonnées sphériques habituelles, on décompose ce mouvement, en un mouvement relatif qui s'exécute dans le plan méridien, et en un mouvement circulaire varié autour de l'axe polaire. Alors, $\gamma$ étant le rayon, $\varphi$ la latitude, et $\psi$ la longitude : l'accélération relative $j_r$ sera celle du mouvement d'un point sur un plan, rapporté à des coordonnées polaires (13); d'où

$$(14) \quad j_r = \text{rés.} \left[ \frac{d^2\gamma}{dt^2} - \gamma \left( \frac{d\varphi}{dt} \right)^2, \quad \gamma \frac{d^2\varphi}{dt^2} + 2 \frac{d\varphi}{dt} \frac{d\gamma}{dt} \right].$$

L'accélération d'entraînement $j_e$ sera celle d'un mouvement circulaire varié, d'angle $\psi$ et de rayon $\gamma \cos\varphi$ (11); d'où

$$(15) \quad j_e = \text{rés.} \left[ \gamma \frac{d^2\psi}{dt^2} \cos\varphi, \quad \gamma \left( \frac{d\psi}{dt} \right)^2 \cos\varphi \right].$$

Pour la troisième accélération $2\omega W_r$, $\omega$ est égal à $\frac{d\psi}{dt}$; $W_r$ est égal à la projection, sur la perpendiculaire à l'axe polaire, de la vitesse relative $V_r$, laquelle a deux composantes, l'une $\frac{d\gamma}{dt}$ suivant le rayon, l'autre $\gamma \frac{d\varphi}{dt}$ suivant la tangente au méridien ; $W_r$ sera donc égal à la somme des projections de ces deux composantes, sur le rayon du petit cercle parallèle à l'équateur; ce qui donne

$$(16) \quad 2\omega W_r = 2 \frac{d\psi}{dt} \frac{d\gamma}{dt} \cos\varphi - 2\gamma \frac{d\psi}{dt} \frac{d\varphi}{dt} \sin\varphi.$$

Soient, maintenant, $\Gamma$, $\Phi$, $\Psi$, les projections de l'accélération totale, sur le rayon, sur la tangente au méridien, et sur la perpendiculaire à son plan. La première composante de $j_r$ (14) appartiendra à $\Gamma$, la seconde à $\Phi$. La première composante de $j_e$ (15) appartiendra à $\Psi$; la seconde, qui est dirigée suivant le rayon du parallèle, et vers son centre, donnera deux composantes, l'une suivant le rayon et égale à

$$- \gamma \left( \frac{d\psi}{dt} \right)^2 \cos^2 \varphi$$

pour $\Gamma$, l'autre suivant la tangente au méridien et égale à

$$+ \gamma \left( \frac{d\psi}{dt} \right)^2 \cos \varphi \sin \varphi$$

pour $\Phi$. Enfin l'accélération (16) appartient à $\Psi$, avec ses signes. Réunissant les deux parties de chaque somme, on a

$$(17) \quad \begin{cases} \Gamma = \dfrac{d^2\gamma}{dt^2} - \gamma \left( \dfrac{d\varphi}{dt} \right)^2 - \gamma \left( \dfrac{d\psi}{dt} \right)^2 \cos^2 \varphi, \\[2mm] \Phi = \gamma \dfrac{d^2\varphi}{dt^2} + 2 \dfrac{d\varphi}{dt} \dfrac{d\gamma}{dt} + \gamma \left( \dfrac{d\psi}{dt} \right)^2 \cos \varphi \sin \varphi, \\[2mm] \Psi = \gamma \dfrac{d^2\psi}{dt^2} \cos \varphi + 2 \dfrac{d\psi}{dt} \dfrac{d\gamma}{dt} \cos \varphi - 2\gamma \dfrac{d\psi}{dt} \dfrac{d\varphi}{dt} \sin \varphi, \end{cases}$$

c'est-à-dire les sommes $(R_2, R_1, R)$ (9), déduites du groupe général (8).

## § LXXXVIII.

### COMPARAISON DES DEUX MÉTHODES.

Les deux méthodes, successivement exposées, et qui conduisent directement aux composantes (9) ou (17) de l'accélération totale, dans le système sphérique, ont la même clarté, et la même simplicité. Au fond, les deux modes de décomposition du mouvement rentrent l'un dans l'autre : il s'agit, de part et d'autre, de mouvements composants qui s'opèrent sur des trajectoires, entraînées, et tournant autour de certains axes. Seulement, la nécessité d'adjoindre ces rotations est plus nettement établie par la première méthode, qui, sous ce point de vue, éclaircit la seconde.

Mais, s'il s'agissait d'évaluer les sommes $R_i$ pour un système orthogonal, autre et plus complet que le système sphérique, les formules (8) les donneraient immédiatement; tandis que la seconde méthode exigerait une nouvelle recherche, à la suite de celles des §§ LXXXV, LXXXVI et LXXXVII, un nouvel échelon dans cette ascension graduelle, qui constitue son caractère principal.

# DIXIÈME LEÇON.

## POTENTIEL ORDINAIRE. — POTENTIEL CYLINDRIQUE.

Formes diverses des équations du mouvement d'un point en coordonnées curvilignes. — Application au potentiel et aux forces d'attraction. — Cas particulier du potentiel cylindrique. —Travail des composantes normales.

---

## § LXXXIX.

### ÉQUATIONS DU MOUVEMENT ; SECONDE FORME.

Les équations du mouvement d'un point rapporté aux coordonnées curvilignes $\rho_i$, conduisent à diverses conséquences qui méritent d'être signalées, et qui feront l'objet de la leçon actuelle, que nous commencerons en prolongeant la série des numéros d'ordre, donnés aux formules peu nombreuses de la dernière séance.

Les sommes $R_i$, ou les composantes de l'accélération totale, données primitivement par le groupe (6), peuvent s'écrire encore plus simplement qu'au groupe (8). Si l'on ajoute à la somme $R$, et qu'on en retranche l'expression $\dfrac{v^2}{r}$, elle pourra se mettre sous la forme

$$(18) \quad \begin{aligned} R &= \frac{v^2}{r} + \frac{v_1^2}{r'} + \frac{v_2^2}{r''} \\ &+ h\left[ \frac{1}{h^2}\frac{d^2\rho}{dt^2} - \frac{2}{h^3}\frac{d\rho}{dt}\left( \frac{dh}{d\rho}\frac{d\rho}{dt} + \frac{dh}{d\rho_1}\frac{d\rho_1}{dt} + \frac{dh}{d\rho_2}\frac{d\rho_2}{dt} \right) \right], \end{aligned}$$

en faisant passer, sous la parenthèse, les trois termes négatifs et réunis

$$- 2 v \left( \frac{v}{r} + \frac{v_1}{r_1} + \frac{v_2}{r_2} \right),$$

dans lesquels on substitue ensuite

$$\text{aux} \quad v_i \quad \text{les} \quad \frac{1}{h_i} \frac{d\rho_i}{dt},$$

$$\text{aux} \quad \frac{1}{r_i} \quad \text{les} \quad \frac{h_i}{h} \frac{dh}{d\rho_i}.$$

Or la parenthèse, ainsi composée, n'est autre que la dérivée totale de $\frac{1}{h^2}\frac{d\rho}{dt}$, ou de $\frac{v}{h}$, c'est-à-dire la dérivée prise, en faisant varier le temps, non-seulement dans $\rho$, mais aussi dans $\rho_1$ et dans $\rho_2$. Ce qui donne à R, et à ses deux homologues, la nouvelle forme

$$(19) \quad \begin{cases} R = h \dfrac{d \frac{v}{h}}{dt} + \dfrac{v^2}{r} + \dfrac{v_1^2}{r'} + \dfrac{v_2^2}{r''}, \\[2ex] R_1 = h_1 \dfrac{d \frac{v_1}{h_1}}{dt} + \dfrac{v^2}{r_1} + \dfrac{v_1^2}{r_1'} + \dfrac{v_2^2}{r_1''}, \\[2ex] R_2 = h_2 \dfrac{d \frac{v_2}{h_2}}{dt} + \dfrac{v^2}{r_2} + \dfrac{v_1^2}{r_2'} + \dfrac{v_2^2}{r_2''}, \end{cases}$$

sans la parenthèse restrictive pour la différentiation.

Ces formules (19) sont certainement beaucoup plus faciles à retenir que celles (6) et (8). Elles donnent en outre un moyen, tout aussi rapide, de former les sommes $R_i$, pour un système orthogonal dont on connaît les paramètres différentiels $h_i$, et par suite les courbures des surfaces, ainsi que les courbures paramétriques. Mais leur interprétation cinématique reste en suspens. Car on ne pourrait définir un mode de décomposition du mouvement général,

qui les établirait directement, à l'aide des triangles indi-
cateurs, et des accélérations composées.

Toutefois, on peut remarquer que, dans ces sommes (19)
de quatre termes seulement, les trois derniers termes de
chacune, ou les neuf quantités

$$\frac{v_j^2}{r_i^{(j)}},$$

sont les composantes de trois accélérations $\dfrac{v_i^2}{q_i}$, dirigées vers
les centres $Q_i$ des courbures résultantes (§ **XXXVI**). Car,
l'accélération $\dfrac{v^2}{q}$ faisant, avec les trois normales, les angles
aux cosinus $\left(\dfrac{q}{r},\ \dfrac{q}{r_1},\ \dfrac{q}{r_2}\right)$, donnera les composantes, $\dfrac{v^2}{r}$ à R,
$\dfrac{v^2}{r_1}$ à $R_1$, $\dfrac{v^2}{r_2}$ à $R_2$; et ainsi des deux autres,

Il ne resterait donc plus qu'à interpréter les premiers
termes, ou à trouver ce que signifie la quantité

$$h_i\,\frac{d\dfrac{v_i}{h_i}}{dt},$$

qui n'est, ni l'accélération tangentielle $\dfrac{d(v_i)}{dt}$, ni la dérivée
totale $\dfrac{dv_i}{dt}$. C'est cependant une certaine accélération du
mouvement projeté sur $ds_i$. En attendant que sa signification soit trouvée, donnons-lui encore l'épithète de *paramétrique*, pour indiquer qu'elle dépend du choix du para-
mètre $\rho_i$, comme la courbure $\dfrac{1}{r_i^{(i)}}$. Ajoutons que, pour l'obtenir, il faut prendre la dérivée totale, par rapport au
temps, du quotient de la vitesse composante $v_i$, par le para-

mètre différentiel $h_i$, dérivée que l'on multiplie ensuite par ce même paramètre différentiel.

Nous pourrons dire alors, que *chaque composante* $R_i$ *de l'accélération totale, est égale à la somme des projections, sur sa direction, des trois accélérations* $\dfrac{v_i^2}{q_i}$, *plus l'accélération paramétrique du mouvement projeté sur l'arc* $ds_i$. On chercherait vainement un énoncé ayant la même généralité et la même concision, pour une des sommes (8), avec sa dérivée restreinte, et ses deux accélérations composées. On peut en juger par l'extension qu'une seule accélération composée donne à l'énoncé de la formule fondamentale (10).

## § XC.

### TROISIÈME FORME DE CES ÉQUATIONS.

Ainsi, la forme (8) donnée aux équations (6), conduit à leur interprétation géométrique, et la forme (19) les présente avec une simplicité et une symétrie telles, que leur énoncé devient facile. Mais il faut avoir recours à une troisième forme, quand on se propose d'étudier analytiquement les lois du mouvement.

La somme $R$ (6) peut encore s'écrire ainsi

$$(20) \quad \left\{ \begin{aligned} R = \frac{v_1^2}{r'} + \frac{v_2^2}{r''} - \frac{vv_1}{r_1} - \frac{vv_2}{r_2} + \\ + \left[ \frac{1}{h}\frac{d^2\rho}{dt^2} - \frac{1}{h^2}\frac{d\rho}{dt}\left( \frac{dh}{d\rho}\frac{d\rho}{dt} + \frac{dh}{d\rho_1}\frac{d\rho_1}{dt} + \frac{dh}{d\rho_2}\frac{d\rho_2}{dt} \right) \right], \end{aligned} \right.$$

en réunissant, sous la parenthèse, le premier terme négatif aux moitiés des deux derniers, et transformant ces termes comme dans l'équation (18). Or, ici, la parenthèse est la dérivée totale, par rapport à $t$, de $\dfrac{1}{h}\dfrac{d\rho}{dt}$, ou de la vitesse composante $v$, sans dénominateur. Ce qui donne à $R$ et à ses homologues la troisième forme

$$(21)\quad\begin{cases}\dfrac{dv}{dt}+\dfrac{v_1^2}{r'}+\dfrac{v_2^2}{r''}-\dfrac{vv_1}{r_1}-\dfrac{vv_2}{r_2}=\mathrm{R},\\[2ex]\dfrac{dv_1}{dt}+\dfrac{v_2^2}{r''_1}+\dfrac{v^2}{r^2}-\dfrac{v_1v_2}{r'_2}-\dfrac{v_1v}{r'}=\mathrm{R}_1,\\[2ex]\dfrac{dv_2}{dt}+\dfrac{v^2}{r_2}+\dfrac{v_1^2}{r'_2}-\dfrac{v_2v}{r''}-\dfrac{v_2v_1}{r''_1}=\mathrm{R}_2.\end{cases}$$

## § XCI.

### ÉQUATION DES FORCES VIVES.

Dans les valeurs (2) des $v_i$, on peut remplacer les rapports $\dfrac{d\rho_i}{h_i}$ par les $ds_i$ ; d'où résultera

$$(22)\quad\begin{cases}vdt=ds,\\ v_1dt=ds_1,\\ v_2dt=ds_2.\end{cases}$$

Or, si l'on ajoute les trois équations (21), respectivement multipliées par celles (22), membre à membre, et dans le même ordre, on obtient définitivement pour résultat

$$(23)\quad vdv+v_1\,dv_1+v_2\,dv_2=\mathrm{R}\,ds+\mathrm{R}_1\,ds_1+\mathrm{R}_2\,ds_2 ;$$

car on reconnaît facilement la disparition de tous les termes aux courbures, additionnées avec le nouveau facteur, $v$ dans la première (21), $v_1$ dans la seconde, $v_2$ dans la troisième.

Le premier membre de l'équation (23) est la moitié de l'accroissement du carré de la vitesse totale V. Au second membre, les $\mathrm{R}_i$ sont les projections, sur les trois normales, de l'accélération totale, ou du rapport de la force F à la masse $\mu$ du mobile; les $ds_i$ sont les projections, sur les mêmes normales, de l'élément $d\sigma$ de la trajectoire. On peut donc mettre l'équation (23) sous la forme

$$(23\ bis) \qquad d\frac{\mu\,V^2}{2} = F\,d\sigma\cos(F,\ d\sigma)$$

de l'équation dite des *forces vives*, qui, exprimant une propriété inhérente au mouvement d'un point, ne doit conserver aucune trace du système particulier de coordonnées, dont on s'est servi pour l'établir. Exigence identique avec celle qui nous a fait représenter, par des symboles indépendants, les éléments caractéristiques d'une fonction-de-point, ou ses paramètres différentiels.

## § XCII.

### POTENTIEL ET FORCES D'ATTRACTION.

Pour donner un exemple de l'emploi des équations du mouvement d'un point rapporté à des coòrdonnées curvilignes, supposons que le paramètre $\rho$ soit un potentiel, et que l'on connaisse les deux familles de surfaces, aux paramètres $\rho_1$ et $\rho_2$, conjuguées à celle des surfaces de niveau, et qui complètent un système orthogonal. Supposons, en outre, que la force, rapportée à l'unité de masse, et qui agit sur le mobile, ne soit autre que la résultante des attractions ; ou, ce qui est la même chose, que cette force soit, en tout point de la trajectoire, perpendiculaire à la surface $\rho$ qui passe en ce point, et égale à la valeur correspondante du paramètre différentiel du premier ordre $h$ (§ XVIII). Alors, les composantes $R_i$ ont les valeurs

$$(24) \qquad R = h, \quad R_1 = o, \quad R_2 = o.$$

Le second membre de l'équation (23) se réduit au seul terme $hds$, ou $d\rho$ ; on a donc

$$(25) \qquad v\,dv + v_1\,dv_1 + v_2\,dv_2 = d\rho.$$

On peut regarder les vitesses composantes $v_i$ comme étant des fonctions des coordonnées, ne dépendant du temps $t$

qu'implicitement, par les $\rho_i$. Les dérivées premières de ces fonctions sont régies par le groupe suivant :

$$(26)\quad\begin{cases} v\dfrac{dv}{d\rho}+v_1\dfrac{dv_1}{d\rho}+v_2\dfrac{dv_2}{d\rho}=1,\\[2mm] v\dfrac{dv}{d\rho_1}+v_1\dfrac{dv_1}{d\rho_1}+v_2\dfrac{dv_2}{d\rho_1}=0,\\[2mm] v\dfrac{dv}{d\rho_2}+v_1\dfrac{dv_1}{d\rho_2}+v_2\dfrac{dv_2}{d\rho_2}=0, \end{cases}$$

déduit de l'équation (25).

La dérivée de $v$, par rapport au temps, se développe ainsi

$$(27)\qquad \frac{dv}{dt}=\frac{dv}{d\rho}\,hv+\frac{dv}{d\rho_1}\,h_1v_1+\frac{dv}{d\rho_2}\,h_2v_2,$$

quand on remplace les $\dfrac{d\rho_i}{dt}$ par les $h_iv_i$ (2). Substituant dans la première (21) : 1° à $\dfrac{dv}{dt}$ cette valeur (27) ; 2° aux courbures leurs valeurs (24), § **XXX** ; 3° à R le produit de $h$ (24) par le premier membre de la première (26), lequel est égal à l'unité ; effaçant le terme $\dfrac{dv}{d\rho}\,hv$, qui se trouve dans les deux membres ; enfin, mettant $v_1$ et $v_2$ en facteurs communs, il vient

$$v_1\left(h_1\frac{dv}{d\rho_1}+\frac{h}{h_1}\frac{dh_1}{d\rho}\,v_1-\frac{h_1}{h}\frac{dh}{d\rho_1}\,v-h\frac{dv_1}{d\rho}\right)$$
$$=v_2\left(h\frac{dv_2}{d\rho}+\frac{h_2}{h}\frac{dh}{d\rho_2}\,v-\frac{h}{h_2}\frac{dh_2}{d\rho}\,v_2-h_2\frac{dv}{d\rho_2}\right);$$

mettant encore en facteurs, $hh_1$ au premier membre, $hh_2$ au second, et changeant l'ordre des termes, on a

$$v_1hh_1\left(\frac{1}{h}\frac{dv}{d\rho_1}-\frac{1}{h^2}\frac{dh}{d\rho_1}\,v-\frac{1}{h_1}\frac{dv_1}{d\rho}+\frac{1}{h_1^2}\frac{dh_1}{d\rho}\,v_1\right)$$
$$=v_2hh_2\left(\frac{1}{h_2}\frac{dv_2}{d\rho}-\frac{1}{h_2^2}\frac{dh_2}{d\rho}\,v_2-\frac{1}{h}\frac{dv}{d\rho_2}+\frac{1}{h^2}\frac{dh}{d\rho_2}\,v\right).$$

Or, on voit facilement que cette équation se réduit aux deux premiers membres de l'égalité multiple

$$(28)\qquad \frac{\dfrac{d\frac{v}{h}}{d\rho_1}-\dfrac{d\frac{v_1}{h_1}}{d\rho}}{h_2 v_2}=\frac{\dfrac{d\frac{v_2}{h_2}}{d\rho}-\dfrac{d\frac{v}{h}}{d\rho_2}}{h_1 v_1}=\frac{\dfrac{d\frac{v_1}{h_1}}{d\rho_2}-\dfrac{d\frac{v_2}{h_2}}{d\rho_1}}{hv}.$$

Et quand on opère de la même manière sur la seconde (21) (ou sur la troisième), en remplaçant $R_1$ (ou $R_2$) par $h_1$ (ou $h_2$), multiplié par le premier membre de la seconde (26) (ou de la troisième), lequel est nul, l'équation ainsi transformée exprime que le troisième membre (26) est égal au premier (ou au second).

Ainsi, le mouvement du point attiré est totalement représenté par le groupe (28), joint à l'équation (25), dont les (26) ne sont que des conséquences. Ou bien, représentant par $k$ la valeur commune des trois fractions (28), et intégrant l'équation (25), on aura

$$(29)\quad \left\{\begin{aligned} \frac{d\frac{v_1}{h_1}}{d\rho_2}-\frac{d\frac{v_2}{h_2}}{d\rho_1}&=khv,\\[2ex] \frac{d\frac{v_2}{h_2}}{d\rho}-\frac{d\frac{v}{h}}{d\rho_2}&=kh_1 v_1,\\[2ex] \frac{d\frac{v}{h}}{d\rho_1}-\frac{d\frac{v_1}{h_1}}{d\rho}&=kh_2 v_2,\\[2ex] v^2+v_1^2+v_2^2&=\rho+\text{const.,} \end{aligned}\right.$$

équations finales, d'une symétrie et d'une simplicité remarquables. On voit, par cet exemple, que l'introduction des coordonnées curvilignes, dans les questions de mécanique, ne compliquerait pas nécessairement leurs formules, et qu'elle pourrait leur donner la symétrie qui souvent leur manque.

## § XCIII.

### TRAVAIL DE L'ATTRACTION.

Laissant en suspens l'interprétation et l'usage du groupe (28), bornons-nous à l'équation (25), que l'on peut démontrer directement, ainsi qu'il suit.

Soient $\overline{MM'}$ l'élément de la trajectoire décrite, M appartenant à la surface $\rho$, M' à la surface $\rho + d\rho$; $V = \dfrac{d\sigma}{dt}$, la vitesse du mobile; $\overline{MN} = ds = \dfrac{d\rho}{h}$, l'épaisseur en M de la couche comprise entre les deux surfaces; $\overline{MJ} = h$, l'accé-

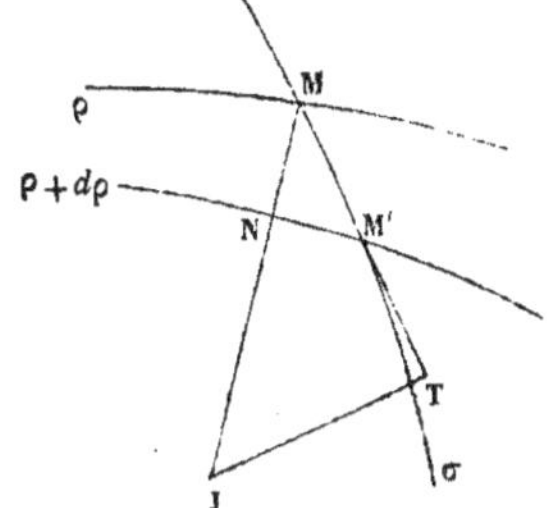

lération totale; $\overline{MT} = \dfrac{dV}{dt}$, sa composante tangentielle. Le quadrilatère NM'TJ est inscriptible dans un cercle; on a donc successivement

$$\overline{MT}.\overline{MM'} = \overline{MJ}.\overline{MN},$$
$$\frac{dV}{dt}\, d\sigma = h\,\frac{d\rho}{h},$$
$$V\,dV = d\rho,$$

ou enfin, l'équation (25).

Intégrant la dernière équation du groupe précédent, et introduisant la masse $\mu$ du point matériel, on a

$$(30) \qquad \frac{\mu V^2}{2} - \frac{\mu V_0^2}{2} = \mu\,(\rho - \rho_0)$$

($V_0$ étant la vitesse initiale du mobile, et $\rho_0$ le paramètre de la surface initiale de niveau). C'est-à-dire que l'accroissement de la puissance vive est égal à la masse attirée, multipliée par l'accroissement du potentiel. De là résulte qu'en prenant la masse $\mu$ égale à l'unité, le potentiel, ou le paramètre des surfaces de niveau, donne, par son accroissement, le *travail de l'attraction*. Propriété qui justifie l'expression de potentiel.

Comme ses composantes $v_i$, la vitesse $V$ peut être une fonction des coordonnées, et ne pas contenir le temps explicitement ; alors il en sera de même de la puissance vive $\dfrac{\mu V^2}{2}$.

Or, puisque $\Delta_2 \rho = 0$, l'équation (30) donne

$$\Delta_2 \frac{\mu V^2}{2} = 0.$$

C'est-à-dire que la *puissance vive*, exprimée comme il vient d'être dit, obéit à la même loi que *la température*, dans un solide à l'état permanent. Résultat qui s'accorde singulièrement avec les nouvelles idées sur la puissance dynamique de la chaleur.

En résumé, dans la théorie de l'attraction, si la force, rapportée à l'unité de masse, est le paramètre différentiel du premier ordre du potentiel, d'un autre côté, le potentiel, ou le paramètre des surfaces de niveau, exprime le travail de la force, quand elle agit sur un point matériel. Or, s'il existe des surfaces orthogonales, conjuguées à celles de niveau, leurs paramètres $\rho_1$ et $\rho_2$ n'expriment-ils pas d'autres propriétés caractéristiques du mouvement? A cette question, le cas particulier que nous allons traiter, paraît répondre affirmativement.

## § XCIV.

### CAS DU POTENTIEL CYLINDRIQUE.

Des droites matérielles, parallèles et indéfinies, exercent, sur un point mobile, des attractions variant en raison inverse de la simple distance à chaque droite. Le point se meut dans un plan perpendiculaire aux droites attractives, pris pour celui de $xy$. La composante parallèle aux $x$ de l'attraction exercée, à la distance

$$r = \sqrt{(x-a)^2 + (y-b)^2},$$

sur le point aux coordonnées $(x, y)$ et de masse $\mu$, par la droite $(x = a,\ y = b)$, avec l'intensité $m$, sera

$$\mu \frac{m}{r} \left( -\frac{x-a}{r} \right),$$

$$\text{ou} \quad \mu \frac{d . m \log \frac{c}{r}}{dx},$$

$c$ étant une ligne constante.

Le signe $\mathbf{S}$ désignant, ici, une somme de termes dont le nombre est égal à celui des droites attractives, soit posé

$$(1) \qquad \mathbf{S}\, m \log \frac{c}{r} = \rho\,;$$

la constante $c$, et les $(x,\ y)$ ayant les mêmes valeurs dans tous les termes; tandis que $m$, et les $(a,\ b)$ changent d'un terme à un autre. La résultante de toutes les attractions, laquelle est dirigée dans le plan des $xy$, aura pour composantes, parallèles aux $x$ et aux $y$,

$$\mathrm{X} = \mu \frac{d\rho}{dx},$$

$$\mathrm{Y} = \mu \frac{d\rho}{dy}.$$

La fonction $\rho$ (1) de $(x, y)$ peut être appelée le *potentiel cylindrique*.

## § XCV.

### SON SYSTÈME ORTHOGONAL.

L'équation (1) représente une famille de surfaces cylindriques, dont $\rho$ est le paramètre. Si l'on compose la nouvelle somme

$$(2) \qquad \mathbf{S}\, m \,\text{arc tang}\, \frac{y - b}{x - a} = \rho_1,$$

on aura une seconde famille de cylindres au paramètre $\rho_1$. Ces deux familles de surfaces se coupent orthogonalement. En effet, on voit facilement que

$$\mathbf{S}\left(- m \frac{x - a}{r^2}\right),$$

qui est égal à la dérivée $\left(\dfrac{d\rho}{dx}\right)$, l'est aussi à $\left(- \dfrac{d\rho_1}{dy}\right)$, que

$$\mathbf{S}\left(- m \frac{y - b}{r^2}\right),$$

qui est égal à la dérivée $\left(\dfrac{d\rho}{dy}\right)$, l'est aussi à $\left(\dfrac{d\rho_1}{dx}\right)$; c'est-à-dire que l'on a

$$(3) \qquad \begin{cases} \dfrac{d\rho_1}{dx} = + \dfrac{d\rho}{dy}, \\[2mm] \dfrac{d\rho_1}{dy} = - \dfrac{d\rho}{dx}. \end{cases}$$

Or ces deux relations (3) donnent d'abord

$$(4) \qquad \frac{d\rho}{dx}\frac{d\rho_1}{dx} + \frac{d\rho}{dy}\frac{d\rho_1}{dy} = 0;$$

et, $\dfrac{d\rho}{dz}$, $\dfrac{d\rho_1}{dz}$, étant nuls, cette équation (4) exprime que les plans tangents aux cylindres $\rho$ et $\rho_1$, menés par une même génératrice, font un angle dièdre droit.

Les mêmes relations (3) donnent ensuite

$$\sqrt{\left(\frac{d\rho_1}{dx}\right)^2 + \left(\frac{d\rho_1}{dy}\right)^2} = \sqrt{\left(\frac{d\rho}{dx}\right)^2 + \left(\frac{d\rho}{dy}\right)^2},$$

ou bien $h_1 = h$. C'est-à-dire que les paramètres différentiels du premier ordre, des surfaces $\rho_1$ et $\rho$, sont égaux en chaque point. Ainsi, $ds$ et $ds_1$ étant les éléments normaux aux surfaces $\rho$ et $\rho_1$, on aura

$$ds = \frac{d\rho}{h},$$

$$ds_1 = \frac{d\rho_1}{h}.$$

Enfin les relations (3) conduisent, par différentiation, aux équations

$$\frac{d^2\rho}{dx^2} + \frac{d^2\rho}{dy^2} = 0,$$

$$\frac{d^2\rho_1}{dx^2} + \frac{d^2\rho_1}{dy^2} = 0,$$

ou bien $(\Delta_2 \rho = 0,\ \Delta_2 \rho_1 = 0)$, puisque les dérivées en $z$ n'existent pas. C'est-à-dire que les paramètres différentiels du second ordre, des fonctions $\rho$ et $\rho_1$, sont nuls dans tout l'espace. Les deux familles de cylindres $\rho$ et $\rho_1$ sont donc isothermes.

## § XCVI.

### MOUVEMENT QU'IL PRODUIT.

Les valeurs des deux composantes de la résultante F des attractions, font voir aisément que cette force F est normale aux surfaces de niveau, dont le potentiel cylindrique $\rho$ est le paramètre, et qu'elle a pour valeur

$$F = \mu\, h.$$

D'où résulte que le paramètre différentiel du premier ordre, de la fonction $\rho$, donne précisément l'accélération totale, lorsque le mobile passe au point considéré. Cela posé, on trouve directement les équations du mouvement du point attiré de la manière suivante.

Soient : $\overline{MM'} = d\sigma$ l'élément de la trajectoire décrite,

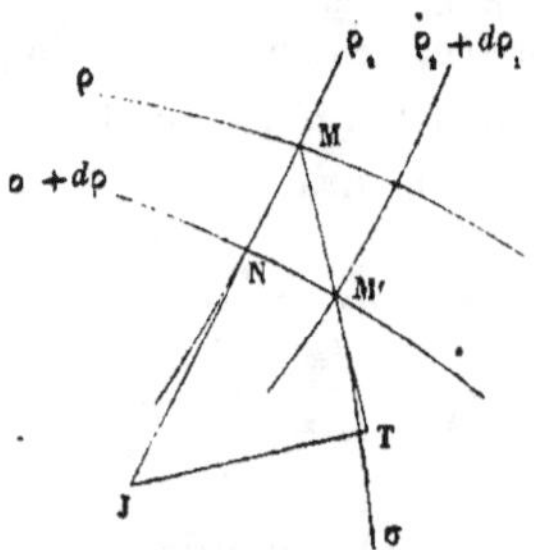

le point M appartenant aux cylindres $\rho$ et $\rho_1$, le point $M'$ aux cylindres $(\rho + d\rho)$ et $(\rho_1 + d\rho_1)$; $V = \dfrac{d\sigma}{dt}$, la vitesse du mobile; $\overline{MN} = ds = \dfrac{d\rho}{h}$, l'épaisseur de la couche comprise entre les cylindres $\rho$ et $(\rho + d\rho)$; $\overline{NM'} = ds_1 = \dfrac{d\rho_1}{h}$, celle de la couche comprise entre les cylindres $\rho_1$ et $(\rho_1 + d\rho_1)$; $\overline{MJ} = h$, l'accélération totale; $\overline{MT} = \dfrac{dV}{dt}$, sa composante tangentielle; $\overline{JT} = \dfrac{V^2}{R}$, sa composante normale; R étant le rayon de courbure de la trajectoire $\sigma$.

Les deux triangles rectangles $NMM'$, TMJ, sont semblables. On a donc

$$\frac{\overline{MN}}{\overline{MT}} = \frac{\overline{NM'}}{\overline{JT}} = \frac{\overline{MM'}}{\overline{MJ}},$$

ou bien, en substituant à toutes ces lignes leurs valeurs

assignées

$$\frac{\left(\dfrac{d\rho}{h}\right)}{\left(\dfrac{dV}{dt}\right)} = \frac{\left(\dfrac{d\rho_1}{h}\right)}{\left(\dfrac{V^2}{R}\right)} = \frac{d\sigma}{h},$$

d'où l'on conclut, par la disparition du dénominateur commun $h$,

$$(5) \qquad d\rho = \frac{dV}{dt}\, d\sigma = V\, dV = d.\frac{V^2}{2},$$

et aussi, $d\theta$ étant l'angle de contingence de la trajectoire,

$$(6) \qquad d\rho_1 = \frac{V^2}{R}\, d\sigma = V^2\, d\theta.$$

Telles sont les équations qui régissent le mouvement du point matériel, exécuté dans un plan perpendiculaire aux droites attractives, et que l'on déduirait analytiquement, en appliquant, au cas actuel, les formules générales du § XC.

## § XCVII.

### TRAVAIL DES COMPOSANTES NORMALES.

La relation (5) fait voir, comme au § XCIII, que le potentiel cylindrique $\rho$ donne, par son accroissement, *le travail* de l'attraction, ou, plus exactement, celui *de la composante tangentielle*. La relation (6), qui donne

$$(7) \qquad \rho_1 = \int \frac{V^2}{R}\, d\sigma = \int V^2 d\theta,$$

n'indique-t-elle pas que le paramètre $\rho_1$, des cylindres perpendiculaires à ceux de niveau, donne, par son accroissement, un autre genre de *travail*, celui *de la composante normale* ? La valeur de ce nouveau travail serait très-simplement définie par l'une ou par l'autre des deux intégrales (7).

## § XCVIII.

### NOUVELLES DÉFINITIONS.

Cette demande, si naturellement amenée, mérite quelques réflexions. L'idée du travail des forces, créée ou rajeu-
nie par Coriolis, et qui domine aujourd'hui presque exclusivement dans l'enseignement de la Mécanique, n'aurait
pas atteint cette haute position, si elle ne recélait pas une idée
mère, vraie et naturelle. Mais, pour que son règne soit du-
rable, il faut déduire de l'idée mère toutes ses conséquences,
et l'appliquer également sur toutes les parties de la science.
Or, comme on va le voir, elle conduit d'abord à une définition de la masse, de beaucoup préférable à celle que l'on
donne habituellement, et signale ensuite un nouveau genre
de travail que l'on ne définit pas.

L'idée de *travail* est inséparable de celle d'une résistance
vaincue. Lorsqu'une force fait décrire une trajectoire curviligne à un point matériel, son travail consiste à vaincre
la résistance que ce point oppose aux modifications de son
mouvement. C'est cette résistance qu'on appelle *force d'i-
nertie.*

La composante tangentielle de la force, ou $\mu \dfrac{d\mathrm{V}}{dt}$, surmonte la résistance que le point oppose à l'accroissement de
sa vitesse. La composante normale de la force, ou $\mu \dfrac{\mathrm{V}^2}{\mathrm{R}}$,
surmonte la résistance que le point oppose au changement
de direction de son mouvement.

D'après cela, la force d'inertie a une composante tangen-
tielle égale à $\mu \dfrac{d\mathrm{V}}{dt}$, dirigée en sens contraire de la vitesse,
et une composante normale égale à $\mu \dfrac{\mathrm{V}^2}{\mathrm{R}}$, dirigée du côté opposé au centre de courbure. On doit donc dire, avec Du-

hamel, que *la force centrifuge est la composante normale de la force d'inertie.*

Dans le cas du mouvement rectiligne varié, la force d'inertie İ se réduit à

$$\mathrm{I} = \mu j$$

($j$ représentant, comme au § LXXXIV, l'accélération totale). D'où résulte que $\mu$, ou *la masse, est la puissance ou le coefficient de la résistance du point matériel.* Définition qui a de l'analogie avec celle du coefficient d'élasticité.

Dans le cas du mouvement curviligne, la force totale surmonte deux résistances partielles, ou exécute deux travaux différents, l'un par sa composante tangentielle, l'autre par sa composante normale. Pourquoi ne définit-on que le premier et pas le second ? Il y a là une véritable lacune, quelque chose d'incomplet, que la théorie du potentiel cylindrique signale bien clairement.

Lorsqu'on y réfléchit, on reconnaît qu'en introduisant dans la Dynamique le travail des composantes normales, on obtiendrait une ou plusieurs équations qui, jointes à celle des forces vives ou du travail des composantes tangentielles, comprendraient toutes les lois du mouvement. Ce qui établirait une liaison générale entre toutes les parties du nouvel enseignement. Alors, le travail par rotation, si fréquemment employé dans la théorie des machines, ne serait plus qu'un cas particulier de la définition générale et complète du travail. Tandis qu'il reste tout à fait en dehors de la définition restreinte adoptée, puisque, comme première conséquence de cette dernière, le travail d'une force est nul, quand elle sollicite un mobile perpendiculairement à la direction de son mouvement. Corollaire qui est exact, quand la composante tangentielle garde, pour elle seule, le *mot* de travail; mais, qui devient absurde en présence de *l'idée* du travail réellement exécuté par chacune des deux composantes, normale et tangentielle.

Les paramètres actuels $\rho$ et $\rho_1$ sont réellement deux *potentiels* distincts et conjugués : car ils donnent, l'un le travail de la composante tangentielle, l'autre celui de la composante normale, et l'identité de leurs rôles entraîne celle de leurs dénominations. On reproduit en quelque sorte leurs expressions caractéristiques (1) et (2), en appelant $\rho$ le *potentiel cylindrique linéaire*, et $\rho_1$ le *potentiel cylindrique angulaire*.

# ONZIÈME LEÇON.

## SYSTÈMES CYLINDRIQUES ISOTHERMES.

**Systèmes cylindriques isothermes.** — Problème de l'équilibre des températures dans un solide cylindrique indéfini. — Équation d'un rectangle curviligne. — Généralité des systèmes cylindriques isothermes.

### § XCIX.

#### LEURS PARAMÈTRES THERMOMÉTRIQUES.

D'après le § XCV les deux familles de cylindres représentées par les équations

$$(1) \quad \begin{cases} \rho = \mathbf{S}\, G \log \dfrac{c}{r} = \alpha, \\[2mm] \rho_1 = \mathbf{S}\, G \arctan \dfrac{y-b}{x-a} = \beta, \end{cases}$$

sont orthogonales; leurs paramètres différentiels du premier ordre sont égaux $(h_1 = h)$; ceux du second ordre sont nuls $(\Delta_2\alpha = 0,\ \Delta_2\beta = 0)$. Et, si l'on ajoute la famille de plans parallèles, définie par les équations

$$\rho_2 = z, \quad h_2 = 1, \quad \Delta_2 z = 0,$$

on complète un système cylindrique, triplement isotherme, sur lequel on peut résoudre, intégralement, une des questions de la théorie analytique de la chaleur, sans qu'il soit nécessaire de particulariser les potentiels (1), de limiter le nombre de leurs termes, ni d'assigner leurs constantes.

12.

## § C.

### PROBLÈME DE LEURS TEMPÉRATURES STATIONNAIRES.

Un corps solide homogène est limité latéralement, par deux cylindres de la première famille (1), aux paramètres $\alpha'$, $\alpha''$, et par deux cylindres de la seconde famille, aux paramètres $\beta'$, $\beta''$; il s'étend indéfiniment dans le sens des $z$. Chaque génératrice de la surface latérale est entretenue, sur toute sa longueur, à une température fixe et donnée, qui diffère d'une génératrice à une autre. Le solide est en équilibre de chaleur, il s'agit de trouver la loi intégrale qui régit les températures stationnaires V, des points intérieurs.

Il est évident que V doit être indépendant de $z$, ou ne varier qu'avec $\alpha$ et $\beta$. Or, une fonction-de-point V étant exprimée à l'aide des trois coordonnées thermométriques $(\alpha, \beta, z)$, son paramètre différentiel du second ordre a la forme

$$\Delta_2 V = h^2 \left( \frac{dV}{d\alpha^2} + \frac{d^2V}{d\beta^2} \right) + \frac{d^2V}{dz^2}$$

(§ **XXII**); l'équation générale $\Delta_2 V = 0$, se réduit donc, dans le cas actuel, à

$$(2), \qquad \frac{d^2V}{d\alpha^2} + \frac{d^2V}{d\beta^2} = 0,$$

puisque la dérivée seconde en $z$ est nulle partout.

Il s'agit de déterminer une fonction V de $(\alpha, \beta)$ vérifiant l'équation (2), qui se réduise successivement à deux fonctions données de $\beta$, quand $\alpha = \alpha'$, quand $\alpha = \alpha''$, et à deux fonctions aussi données de $\alpha$, quand $\beta = \beta'$, quand $\beta = \beta''$; de telle sorte que les quatre équations à la surface

$$(3) \qquad \begin{cases} V_{\alpha'} = A'(\beta), \quad V_{\alpha''} = A''(\beta), \\ V_{\beta'} = B'(\alpha), \quad V_{\beta''} = B''(\alpha), \end{cases}$$

soient satisfaites. (Les accents des $A^{(j)}$, $B^{(j)}$, indiquent ici des fonctions différentes, et non des dérivées.) Dans les fonctions $A^{(j)}$, $\beta$ ne varie qu'entre $\beta'$ et $\beta''$; dans les fonctions $B^{(j)}$, $\alpha$ ne varie qu'entre $\alpha'$ et $\alpha''$.

Le problème d'analyse qui vient d'être énoncé, se résout ainsi qu'il suit. On prend d'abord pour la fonction V une série de la forme

$$V = \mathbf{S}\,MFF_1\,;$$

chaque terme vérifiant séparément l'équation (2), et étant le produit de trois facteurs, savoir : d'une constante indéterminée M, d'une fonction F de $\alpha$ seul, d'une fonction $F_1$ de $\beta$ seul. On imagine ensuite que la série totale V soit décomposée en quatre séries partielles, chacune d'elles se réduisant à zéro sur trois des faces latérales, et reproduisant la fonction $A^{(j)}$ ou $B^{(j)}$, correspondante à la quatrième de ces faces. Il suffit alors de savoir comment doit se composer une quelconque de ces séries partielles, pour que l'on puisse en conclure les trois autres, et par suite la série totale.

<h3 style="text-align:center">§ CI.</h3>

SOLUTION PARTIELLE.

Celle des séries partielles qui doit reproduire la fonction $A'(\beta)$, résoudrait à elle seule le problème proposé, si les équations à la surface étaient particulièrement

$$(4) \qquad \begin{cases} V_{\alpha'} = A'(\beta), & V_{\alpha''} = 0, \\ V_{\beta'} = 0, & V_{\beta''} = 0. \end{cases}$$

Or, si l'on convient de représenter par les symboles $E(\varepsilon)$, $\mathcal{E}(\varepsilon)$, les cosinus et sinus hyperboliques de la variable $\varepsilon$; c'est-à-dire, si l'on pose

$$(5) \qquad \frac{e^{\varepsilon} + e^{-\varepsilon}}{2} = E(\varepsilon), \qquad \frac{e^{\varepsilon} - e^{-\varepsilon}}{2} = \mathcal{E}(\varepsilon),$$

on reconnaît sans peine que la série partielle dont il s'agit,
doit être de la forme

$$(6) \qquad V = \sum_{i=1}^{i=\infty} M \frac{\mathcal{C}[n(\alpha''-\alpha)]}{\mathcal{C}[n(\alpha''-\alpha')]} \sin[n(\beta-\beta')],$$

où $n$ remplace, pour simplifier, la fraction

$$(7) \qquad \frac{i\pi}{\beta''-\beta'} = n,$$

$i$ étant un nombre entier quelconque, qui diffère d'un terme
à un autre.

En effet, d'après les propriétés connues des fonctions $\mathcal{C}$
et *sinus*, chaque terme simple de (6) vérifie l'équation (2),
et s'annule, pour $\beta = \beta'$ par $\sin 0 = 0$, pour $\beta = \beta''$ par
$\sin i\pi = 0$, pour $\alpha = \alpha''$ par $\mathcal{C}(0) = 0$. Ainsi, la série (6)
vérifie l'équation linéaire aux différences partielles (2), et
satisfait aux trois dernières équations à la surface (4).
Pour qu'elle satisfasse à la première, ou qu'elle reproduise
la fonction $A'(\beta)$ lorsque $\alpha = \alpha'$, il faut que l'on ait identiquement

$$(8) \qquad \sum_{i=1}^{i=\infty} M \sin n(\beta-\beta') = A'(\beta),$$

quand $\beta$ varie entre les deux limites infranchissables $\beta'$ et
$\beta''$. Il ne s'agit plus alors que de déterminer la valeur que
le facteur constant $M$ doit avoir dans chaque terme du
premier membre (8). A cet effet, on fait usage du théorème suivant.

Si $i$, $i'$, sont des nombres entiers différents, et $n$, $n'$,
les deux fractions (7) correspondantes, on a identiquement

$$(9) \qquad \int_{\beta'}^{\beta''} \sin n(\beta-\beta') \cdot \sin n'(\beta-\beta') \, d\beta = 0 :$$

car, l'intégrale indéfinie de l'élément différentiel du premier membre, laquelle est

$$(10) \qquad \left[ \frac{\sin(n'-n)(\beta-\beta')}{2(n'-n)} - \frac{\sin(n'+n)(\beta-\beta')}{2(n'+n)} \right],$$

se réduit à zéro, à la limite $\beta = \beta'$, par $\sin 0 = 0$, et à la limite $\beta = \beta''$ par $\sin(i' \mp i)\pi = 0$. En outre, si $n' = n$, la seconde fraction (10) s'annule encore aux deux limites, mais la première fraction, qui se réduit à $\frac{1}{2}(\beta - \beta')$, ne s'annule qu'à la première limite, et devient $\frac{1}{2}(\beta'' - \beta')$ à la seconde; ce qui donne, au lieu de (9), l'intégrale définie

$$(11) \qquad \int_{\beta'}^{\beta''} \sin^2 n (\beta - \beta')\, d\beta = \frac{\beta'' - \beta'}{2}.$$

Maintenant, le coefficient M du terme de la série (8) qui correspond à l'entier $i$, s'obtient, en multipliant l'identité (8) par le facteur $\sin n (\beta - \beta')\, d\beta$, et intégrant les deux membres, depuis $\beta = \beta'$, jusqu'à $\beta = \beta''$. Car, cette dernière opération fait disparaître tous les autres termes, d'après le théorème (9); et l'on a définitivement

$$(12) \qquad \mathrm{M} = \frac{2}{\beta'' - \beta'} \int_{\beta'}^{\beta''} \mathrm{A}'(\beta) \sin n (\beta - \beta')\, d\beta,$$

à l'aide de la valeur (11). On pourrait vérifier, par les méthodes exposées dans le cours d'*Algèbre supérieure*, ou par celles que l'on doit à M. Dirichlet, qu'avec la valeur générale (12) du coefficient M, la série périodique, qui compose le premier membre de l'équation (8), reproduit exactement les valeurs données au second, entre les limites $\beta'$ et $\beta''$ de la variable $\beta$. D'où résulte, qu'avec cette même valeur (12), la série (6) donne la solution du problème proposé, quand les équations à la surface sont celles du groupe (4).

## § CII.

### SOLUTION COMPLÈTE.

Il est facile de former la série totale V, qui résout le même problème dans le cas, plus complet, du groupe (3). Si, $m$ représentant la nouvelle fraction

$$(13) \qquad \frac{i\pi}{\alpha'' - \alpha'} = m,$$

on désigne les quatre valeurs générales, du coefficient M, par les lettres $\mathcal{A}^{(j)}$, $\mathcal{B}^{(i)}$; ou, si l'on pose

$$(14) \quad \begin{cases} \dfrac{2}{\beta'' - \beta'} \displaystyle\int_{\beta'}^{\beta''} A^{(j)}(\beta) \sin n\,(\beta - \beta')\,d\beta = \mathcal{A}^{(j)}, \\[4mm] \dfrac{2}{\alpha'' - \alpha'} \displaystyle\int_{\alpha'}^{\alpha''} B^{(j)}(\alpha) \sin m\,(\alpha - \alpha')\,d\alpha = \mathcal{B}^{(i)}, \end{cases}$$

l'accent $(j)$ étant successivement $(')$ et $('')$, la valeur générale de la fonction V cherchée, est

$$(15) \begin{cases} \displaystyle\sum_{i=1}^{i=\infty} \frac{\mathcal{A}'\mathcal{E}\left[n(\alpha'' - \alpha)\right] + \mathcal{A}''\mathcal{E}\left[n(\alpha - \alpha')\right]}{\mathcal{E}\left[n(\alpha'' - \alpha')\right]} \sin n(\beta - \beta') \\[5mm] + \displaystyle\sum_{i=1}^{i=\infty} \frac{\mathcal{B}'\mathcal{E}\left[m(\beta'' - \beta)\right] + \mathcal{B}''\mathcal{E}\left[m(\beta - \beta')\right]}{\mathcal{E}\left[m(\beta'' - \beta')\right]} \sin m(\alpha - \alpha'). \end{cases}$$

On constate aisément que cette série totale (15) satisfait à toutes les conditions imposées : chaque terme vérifiant séparément l'équation aux différences partielles (2), qui est linéaire, la somme de tous les termes vérifie la même équation, quels que soient d'ailleurs les facteurs constants qui multiplient ces termes. En outre, les quatre équations à la surface (3) sont reproduites : car s'il s'agit, par exemple, de la dernière de ces équations, lorsqu'on fait, dans (15) $\beta = \beta''$, tous les termes de la première ligne s'annulent par $\sin i\pi = 0$; à la seconde ligne, les termes aux intégrales $\mathcal{B}'$ disparaissent par $\mathcal{C}(0) = 0$, et dans ceux aux intégrales $\mathcal{B}''$, qui restent seuls, la fonction $\mathcal{C}$ de chaque numérateur devient égale au dénominateur correspondant ; on a donc définitivement, en réduisant,

$$ \mathrm{V}_{\beta''} = \sum \mathcal{B}'' \sin m\,(\alpha - \alpha'). $$

Et, avec la valeur générale (14) du coefficient $\mathcal{B}''$, le second membre reproduit exactement la fonction donnée $\mathrm{B}''(\alpha)$, entre les limites $\alpha'$ et $\alpha''$ de la variable $\alpha$. On reconnaît successivement, et de la même manière, que la série totale V (15) satisfait aux autres équations à la surface (3).

## § CIII.

### CAS DES TEMPÉRATURES CONSTANTES.

Considérons le cas particulier où chacune des quatre faces latérales est entretenue à une même température fixe dans toute son étendue, mais différente d'une face à une autre. Les $\mathrm{A}^{(j)}$, $\mathrm{B}^{(j)}$, sont alors des constantes, et sortent en dehors du signe d'intégration dans les formules (14); or on trouve directement

$$ \int_{\beta'}^{\beta''} \sin n\,(\beta - \beta') = \frac{1}{n}\,(1 - \cos i\pi) ; $$

intégrale définie qui est nulle quand l'entier $i$ est pair, ou égal à $2k$; et qui se réduit à

$$ \frac{2}{n} = \frac{2\,(\beta'' - \beta')}{(2k + 1)\pi}, $$

quand $i$ est impair, ou égal à $2k + 1$. Ainsi les $\mathcal{A}^{(j)}$ (14), et de même les $\mathcal{B}^{(j)}$, sont nuls pour les termes de la série totale (15) où l'entier $i$ est pair, et pour les termes où $i$ est impair, on a

$$
(16) \quad
\begin{cases}
\mathcal{A}^{(j)} = \dfrac{4}{\pi}\,\dfrac{A^{(j)}}{2k+1}\,, \\[2ex]
\mathcal{B}^{(j)} = \dfrac{4}{\pi}\,\dfrac{B^{(j)}}{2k+1}\,.
\end{cases}
$$

D'après cela, $n$ et $m$ représentant maintenant les deux fractions

$$
(17) \quad \frac{(2k+1)\pi}{\beta''-\beta'} = n, \qquad \frac{(2k+1)\pi}{\alpha''-\alpha'} = m,
$$

la fonction V, dans le cas actuel où chaque face latérale a une même température fixe sur toute son étendue, sera donnée par la nouvelle série

$$
(18) \quad V = \frac{4}{\pi}
\begin{cases}
\displaystyle\sum_{k=0}^{k=\infty} \frac{A'\,\mathcal{E}[n(\alpha''-\alpha)] + A''\,\mathcal{E}[n(\alpha-\alpha')]}{\mathcal{E}[n(\alpha''-\alpha')]}\,\frac{\sin n\,(\beta-\beta')}{2k+1} \\[3ex]
+ \displaystyle\sum_{k=0}^{k=\infty} \frac{B'\,\mathcal{E}[m(\beta''-\beta)] + B''\,\mathcal{E}[m(\beta-\beta')]}{\mathcal{E}[m(\beta''-\beta')]}\,\frac{\sin m(\alpha-\alpha')}{2k+1}\,,
\end{cases}
$$

dans laquelle les $A^{(j)}$, $B^{(j)}$, sont des températures constantes et données. Il suffira de se rappeler que la série classique

$$
(19) \quad \sum \frac{\sin(2k+1)u}{2k+1},
$$

est égale à $\dfrac{\pi}{4}$, quand on donne à $u$ des valeurs comprises entre zéro et $\pi$, pour vérifier immédiatement que la fonction V (18) reproduit les quatre températures fixes de la surface latérale.

## § CIV.

### ÉQUATION D'UN VOLUME CYLINDRIQUE.

La formule (18), ainsi vérifiée, conduit à un théorème

d'analyse remarquable. Si les quatre températures $A^{(i)}$, $B^{(i)}$, sont toutes égales entre elles, il est évident que la température stationnaire V, de tout point intérieur, doit être égale à l'unique température fixe de toute la surface; il faut donc que l'équation (18) soit une identité, quand on supprimera les cinq facteurs A′, A″, B′, B″, V, devenus tous égaux. Si l'on remarque que les sinus et cosinus hyperboliques $\mathcal{C}$ et E vérifient les formules

$$\mathcal{C}(a) + \mathcal{C}(b) = 2\,\mathcal{C}\left(\frac{a+b}{2}\right) E\left(\frac{a-b}{2}\right),$$

$$\mathcal{C}(\varepsilon) = 2\,\mathcal{C}\left(\frac{\varepsilon}{2}\right) E\left(\frac{\varepsilon}{2}\right),$$

aussi bien que les sinus et cosinus ordinaires, on mettra facilement l'identité dont il s'agit, sous la forme

$$(20) \quad \left. \begin{array}{l} \displaystyle\sum \frac{E\left[n\left(\alpha - \dfrac{\alpha''+\alpha'}{2}\right)\right]}{E\left(n\dfrac{\alpha''-\alpha'}{2}\right)} \dfrac{\sin n(\beta-\beta')}{2k+1} \\[4ex] + \displaystyle\sum \frac{E\left[m\left(\beta - \dfrac{\beta''+\beta'}{2}\right)\right]}{E\left(m\dfrac{\beta''-\beta'}{2}\right)} \dfrac{\sin m(\alpha-\alpha')}{2k+1} \end{array} \right\} = \frac{\pi}{4},$$

où $m$ et $n$ ont les valeurs générales (17).

A l'aide de formules empruntées à Legendre, on parvient à constater que la somme des deux premières séries est constamment égale à $\frac{\pi}{4}$, quand on donne à $\alpha$ une valeur quelconque, comprise entre $\alpha'$ et $\alpha''$, à $\beta$ une valeur quelconque comprise entre $\beta'$ et $\beta''$. Mais les deux membres de (20) ne sont plus égaux quand $\alpha$ ou $\beta$, ou $\alpha$ et $\beta$ sortent de leurs limites, car le premier membre devient alors infini, par suite de la divergence des deux séries ou de l'une d'elles.

Ainsi, l'équation (20) est vérifiée par les coordonnées

($\alpha$, $\beta$) de tout point situé à l'intérieur du corps proposé, et non par celles d'un point extérieur. C'est donc, en réalité, l'équation du volume compris entre les quatre cylindres aux paramètres ($\alpha'$, $\alpha''$, $\beta'$, $\beta''$). Cette équation embrasse même tous les points situés sur la surface qui limite ce volume ; mais à l'exception de ceux qui appartiennent à deux faces.

En effet, pour $\alpha = \alpha^{(j)}$, ou pour $\beta = \beta^{(j)}$ seulement, tous les termes de l'une des séries (20) s'annulent ; et, dans la série qui reste, la fonction E de chaque numérateur devient égale au dénominateur correspondant ; en sorte que le premier membre, se réduisant à une série (19), est identiquement égal au second. Tandis que, pour $\alpha = \alpha^{(j)}$ et $\beta = \beta^{(j)}$ à la fois, les deux séries s'annulent, et l'équation (20) n'est plus vérifiée.

En un mot, l'équation (20) représente le volume cylindrique du corps proposé, surface latérale comprise, mais moins les arêtes. Ou bien, en restant sur le plan d'une des sections droites du volume cylindrique, l'équation (20) représente la surface plane du rectangle curviligne compris entre les directrices ($\alpha'$, $\alpha''$, $\beta'$, $\beta''$), les côtés compris, mais moins les sommets.

## § CV.

### TEMPÉRATURE DES CYLINDRES ISOTHERMES.

Ajoutons aux deux solutions, l'une générale, l'autre particulière, donnée par les séries (15) et (18), la solution, beaucoup plus simple, du problème relatif aux enveloppes limitées par des parois isothermes. Lorsque ces parois sont deux cylindres d'une même famille (1) aux paramètres $\alpha'$ et $\alpha''$, ou $\beta'$ et $\beta''$, entretenus, l'un à la température prise pour unité, l'autre à zéro, les températures stationnaires V des points intérieurs de l'enveloppe sont données par la fraction

$$(21) \qquad V = \frac{\alpha'' - \alpha}{\alpha'' - \alpha'}, \quad \text{ou} \quad V = \frac{\beta'' - \beta}{\beta'' - \beta'},$$

qui vérifie l'équation générale $\Delta_2 V = 0$, et reproduit, en outre, les deux équations à la surface.

L'état calorifique étant le même, pour toutes les sections perpendiculaires aux arêtes du système cylindrique, on peut restreindre l'énoncé des lois au plan d'une des sections, et considérer les équations (1) comme représentant deux familles de courbes, orthogonales et isothermes, toutes situées dans ce plan. La formule (21) donne alors les températures des courbes d'une même famille, lorsque deux d'entre elles sont entretenues, l'une à zéro, l'autre à une température fixe prise pour unité. Les courbes de cette première famille, devenues effectivement isothermes, sont coupées orthogonalement par celles de la seconde famille, qui figurent, en quelque sorte, des *filets de chaleur;* puisque la chaleur s'écoule, sur chacune d'elles, de la source chaude à la source froide, sans se détourner latéralement : le flux calorifique étant nul entre molécules qui ont même température. Ainsi lorsque les courbes $\alpha$ (1) deviennent effectivement isothermes, les courbes $\beta$ sont des filets de chaleur, et inversement.

## § CVI.
### CYLINDRES À BASE CIRCULAIRE.

Les trois solutions (15), (18), (21), et l'équation (20) représentant un volume, sont applicables à tous les systèmes de potentiels cylindriques, compris dans les équations primitives (1). Le plus simple de tous est le système des coordonnées polaires planes, dont les paramètres thermométriques sont

$$\alpha = \log \frac{\sqrt{x^2 + y^2}}{c} = \log \frac{r}{c},$$

$$\beta = \text{arc tang} \frac{y}{x},$$

équations qui conduisent aux formules de transformation

$$x = ce^{\alpha} \cos \beta,$$

$$y = ce^{\alpha} \sin \beta,$$

et à la valeur commune des paramètres différentiels du premier ordre, laquelle est

$$h = \frac{1}{ce^{\alpha}} = \frac{1}{r}.$$

Lorsqu'il s'agit d'une enveloppe indéfinie, limitée par deux cylindres droits concentriques, aux paramètres $\alpha'$ et $\alpha''$, ou de rayons $r'$ et $r''$, la paroi intérieure ayant la température prise pour unité, et la paroi extérieure étant à zéro, $V$ s'exprime par la première fraction (21), ou par celle-ci

$$V = \frac{\log \dfrac{r''}{r}}{\log \dfrac{r''}{r'}}.$$

Lorsqu'il s'agit d'un solide indéfini, compris entre deux cylindres $(\alpha', \alpha'')$, et deux plans méridiens $(\beta', \beta'')$, c'est-à-dire ayant pour section droite un secteur circulaire tronqué; si l'on connaît les températures fixes, données aux génératrices des faces latérales, la formule (15), ou (18), donnera la loi intégrale des températures stationnaires des points intérieurs; et l'équation (20) représentera le volume de ce corps cylindrique, ou simplement le secteur tronqué qui en forme la base.

Si l'on préfère employer la coordonnée $r$, au lieu du paramètre thermométrique $\alpha$, on prendra

$$m = \frac{i\pi}{\log \dfrac{r''}{r'}}, \quad \text{ou} \quad m = \frac{(2k+1)\pi}{\log \dfrac{r''}{r'}},$$

et l'on remplacera les $\mathcal{C}$ et les $E$ des $n\alpha^{(j)}$, par des puissances des rayons $r^{(j)}$ : par exemple, dans la première série (20), au lieu du rapport de deux fonctions E, on aura l'expression

$$\frac{\left(\dfrac{r^2}{r''r'}\right)^{\frac{n}{2}} + \left(\dfrac{r''r'}{r^2}\right)^{\frac{n}{2}}}{\left(\dfrac{r''}{r'}\right)^{\frac{n}{2}} + \left(\dfrac{r'}{r''}\right)^{\frac{n}{2}}} \;;$$

et l'exposant $\dfrac{n}{2}$, qui a pour valeur numérique la fraction

$$\frac{(2k+1)\pi}{2(\beta''-\beta')}$$

sera entier, si l'angle $(\beta''-\beta')$ est une partie aliquote de l'angle droit, ou de $\dfrac{\pi}{2}$.

On remarquera que cet abandon de la coordonnée thermométrique $\alpha$, pour lui substituer le rayon $r$, enlève sa forme générale à la valeur (15), et fait disparaître toute symétrie entre les deux séries partielles de chacune des deux fonctions V (15) et (18). S'il s'agissait d'établir les formules ainsi transformées, directement ou en partant du rayon $r$, le défaut de généralité, et le manque de symétrie, compliqueraient singulièrement la recherche de ces solutions spéciales.

## § CVII.

### GÉNÉRALITÉ DES CYLINDRES ISOTHERMES.

Nous considérerons, dans les prochaines leçons, d'autres systèmes empruntés aux formules primitives (1), afin d'étudier de près tout ce qui concerne les signes et les limites des paramètres thermométriques. Mais, avant d'entreprendre cette étude, il importe de faire bien comprendre que les solutions, exposées dans cette leçon, embrassent tous les systèmes de cylindres conjugués, dont les paramètres $(\alpha, \beta)$, indépendants de $z$, vérifient les deux équations

$$(22) \qquad \begin{cases} \dfrac{d\beta}{dx} = \dfrac{d\alpha}{dy}, \\[2mm] \dfrac{d\beta}{dy} = -\dfrac{d\alpha}{dx}; \end{cases}$$

desquelles résultent toutes les conditions essentielles à ces applications. Savoir : 1° l'orthogonalité des deux familles de cylindres, par l'identité

$$\frac{d\alpha}{dx}\frac{d\beta}{dx} + \frac{d\alpha}{dy}\frac{d\beta}{dy} = 0;$$

2° leur isothermie, puisque la différentiation donne

$$(23) \qquad \frac{d^2\alpha}{dx^2} + \frac{d^2\alpha}{dy^2} = 0, \qquad \frac{d^2\beta}{dx^2} + \frac{d^2\beta}{dy^2} = 0;$$

3° enfin l'égalité des deux paramètres différentiels du premier ordre, car on a

$$\sqrt{\left(\frac{d\beta}{dx}\right)^2 + \left(\frac{d\beta}{dy}\right)^2} = \sqrt{\left(\frac{d\alpha}{dx}\right)^2 + \left(\frac{d\alpha}{dy}\right)^2}.$$

En réalité, le groupe (1) est une forme donnée aux intégrales des équations aux différences partielles (22), mais ce n'est pas la seule. Avec deux fonctions déterminées $(\alpha, \beta)$, vérifiant les équations (22), on compose deux autres fonctions $(P, Q)$, jouissant de la même propriété, en posant

$$(24) \qquad \begin{cases} P = \log \psi, \\ Q = \operatorname{arctang} \xi, \end{cases}$$

où $\psi$ est la valeur commune des deux radicaux

$$(25) \qquad \left. \begin{aligned} \sqrt{\left(\frac{d\alpha}{dx}\right)^2 + \left(\frac{d\beta}{dx}\right)^2} = \\ \sqrt{\left(\frac{d\alpha}{dy}\right)^2 + \left(\frac{d\beta}{dy}\right)^2} = \end{aligned} \right\} = \psi,$$

et $\xi$ la valeur commune des deux fractions

$$(26)\qquad \frac{\dfrac{d\beta}{dx}}{\dfrac{d\alpha}{dx}} = -\frac{\dfrac{d\alpha}{dy}}{\dfrac{d\beta}{dy}} = \xi.$$

En effet, outre les identités (25) et (26), les équations (22), jointes à leurs corollaires (23), établissent celles-ci

$$(27)\quad \begin{cases} \dfrac{\dfrac{d\alpha}{dx}\dfrac{d^2\beta}{dx^2} - \dfrac{d\beta}{dx}\dfrac{d^2\alpha}{dx^2}}{\psi^2} = +\dfrac{\dfrac{d\beta}{dy}\dfrac{d^2\beta}{dy^2} + \dfrac{d\alpha}{dy}\dfrac{d^2\alpha}{dy^2}}{\psi^2}, \\[3em] \dfrac{\dfrac{d\alpha}{dy}\dfrac{d^2\beta}{dy^2} - \dfrac{d\beta}{dy}\dfrac{d^2\alpha}{dy^2}}{\psi^2} = -\dfrac{\dfrac{d\beta}{dx}\dfrac{d^2\beta}{dx^2} + \dfrac{d\alpha}{dx}\dfrac{d^2\alpha}{dx^2}}{\psi^2}; \end{cases}$$

car, en substituant dans les numérateurs des premiers membres, à chaque dérivée première sa valeur déduite du groupe (22), à chaque dérivée seconde sa valeur déduite du groupe (23), on obtient les seconds membres. Or, d'après les équations posées (24), et les valeurs (25) et (26), ces identités (27) peuvent s'écrire ainsi

$$(28)\quad \begin{cases} \dfrac{dQ}{dx} = +\dfrac{dP}{dy}, \\[1.2em] \dfrac{dQ}{dy} = -\dfrac{dP}{dx}; \end{cases}$$

donc les fonctions P et Q (24) vérifient les équations aux différences partielles (22).

Ces équations linéaires seront conséquemment vérifiées par les séries

$$(29)\quad \begin{cases} P = S\ \mathcal{G} \log \psi, \\[1.2em] Q = S\ \mathcal{G} \text{ arc tang } \xi, \end{cases}$$

où les $(\psi, \xi)$ diffèrent, d'un terme à l'autre, par les $(\alpha, \beta)$ qui les composent. Si les $(\alpha, \beta)$ sont empruntés au groupe (1), on aura, dans le groupe (29), une seconde forme d'intégrales. On en déduirait une troisième de la même manière.

La forme intégrale la plus concise est donnée par l'équation

$$(30) \qquad \beta + \alpha \sqrt{-1} = F\left( x + y \sqrt{-1} \right),$$

où F indique une fonction quelconque du binôme

$$\left( x + y \sqrt{-1} \right),$$

car l'identité

$$\frac{dF}{dy} = \sqrt{-1}\, \frac{dF}{dx},$$

exprimée à l'aide des fonctions réelles $(\alpha, \beta)$, devient

$$(31) \qquad \frac{d\beta}{dy} + \frac{d\alpha}{dy} \sqrt{-1} = - \frac{d\alpha}{dx} + \frac{d\beta}{dx} \sqrt{-1},$$

et reproduit essentiellement les relations (22).

## § CVIII.

### CYLINDRES HOMOFOCAUX.

Par exemple, la forme (30) conduit très-simplement au système des cylindres homofocaux du second ordre, lorsqu'on pose

$$\beta + \alpha \sqrt{-1} = \arc \sin \frac{x + y \sqrt{-1}}{c};$$

équation d'où l'on déduit : 1° à l'aide d'une extension trigonométrique connue, la relation inverse

$$x + y \sqrt{-1} = c \left[ E(\alpha) \sin \beta + \sqrt{-1}\, \mathfrak{E}(\alpha) \cos \beta \right];$$

$2°$ par séparation, les valeurs

$$(32) \qquad \begin{cases} x = c\,\mathrm{E}(\alpha)\sin\beta, \\ y = c\,\mathcal{E}(\alpha)\cos\beta\,; \end{cases}$$

$3°$ par l'élimination successive de $\alpha$ et de $\beta$, les équations des cylindres conjugués

$$(33) \qquad \begin{cases} \dfrac{x^2}{\mathrm{E}^2(\alpha)} + \dfrac{y^2}{\mathcal{E}^2(\alpha)} = c^2, \\[2mm] \dfrac{x^2}{\sin^2\beta} - \dfrac{y^2}{\cos^2\beta} = c^2\,; \end{cases}$$

$4°$ enfin, par l'introduction des axes

$$(34) \qquad \begin{cases} c\,\mathrm{E}(\alpha) = \mu \\ c\sin\beta = \nu \end{cases} \quad \text{d'où} \quad \begin{cases} c\,\mathcal{E}(\alpha) = \sqrt{\mu^2 - c^2} \\ c\cos\beta = \sqrt{c^2 - \nu^2}, \end{cases}$$

les mêmes équations présentées sous la forme habituelle et caractéristique

$$(35) \qquad \begin{cases} \dfrac{x^2}{\mu^2} + \dfrac{y^2}{\mu^2 - c^2} = 1, \\[2mm] \dfrac{x^2}{\nu^2} - \dfrac{y^2}{c^2 - \nu^2} = 1. \end{cases}$$

On peut donc appliquer les solutions $(15)$, $(18)$, $(20)$, $(21)$, aux corps limités par des cylindres elliptiques et hyperboliques homofocaux, en se servant essentiellement des paramètres thermométriques $(\alpha,\ \beta)$, qu'expriment les intégrales

$$\alpha = \int_c^\mu \frac{d\mu}{\sqrt{\mu^2 - c^2}},$$

$$\beta = \int_0^\nu \frac{d\nu}{\sqrt{c^2 - \nu^2}}.$$

En général, s'il suffit de constater la vérification des équations $(22)$, pour en conclure que les cylindres conjugués sont

13.

orthogonaux, et que leurs paramètres différentiels du premier ordre sont égaux, réciproquement, de cette égalité et de cette orthogonalité reconnues, on peut conclure la vérification.

En effet, les deux équations

$$\left(\frac{d\beta}{dx}\right)^2 + \left(\frac{d\beta}{dy}\right)^2 = \left(\frac{d\alpha}{dx}\right)^2 + \left(\frac{d\alpha}{dy}\right)^2.$$

$$\frac{d\alpha}{dy}\frac{d\beta}{dy} + \frac{d\alpha}{dx}\frac{d\beta}{dx} = 0,$$

ayant lieu, par hypothèse, on peut les mettre sous la forme

$$\left(\frac{d\beta}{dy}\right)^2 - \left(\frac{d\alpha}{dy}\right)^2 = \left(\frac{d\alpha}{dx}\right)^2 - \left(\frac{d\beta}{dx}\right)^2,$$

$$\frac{d\beta}{dy}\frac{d\alpha}{dy} = -\frac{d\alpha}{dx}\frac{d\beta}{dx},$$

et, ajoutant à la première, la seconde multipliée par $2\sqrt{-1}$, on a

$$\left(\frac{d\beta}{dy} + \frac{d\alpha}{dy}\sqrt{-1}\right)^2 = \left(-\frac{d\alpha}{dx} + \frac{d\beta}{dx}\sqrt{-1}\right)^2;$$

d'où l'on déduit, en extrayant la racine, soit l'équation (31), puis le groupe (22), soit cette équation, puis ce groupe avec $\alpha$ en place de $\beta$ et réciproquement, ce qui ne change rien à la conclusion. La vérification ayant lieu, les équations (23) n'en sont que des conséquences.

Donc, quand on a reconnu que deux familles de cylindres, aux paramètres $\alpha$, $\beta$, se coupent à angles droits, et que leurs paramètres différentiels du premier ordre sont égaux, on peut en conclure : que ces deux familles sont isothermes, que $\alpha$, $\beta$, sont précisément leurs paramètres thermométriques, et qu'on peut leur appliquer les solutions générales, exposées dans cette leçon.

Par exemple : on a posé, dès l'abord, les deux équations (35), représentant des ellipses et des hyperboles aux mêmes foyers F et F'. Ces deux familles sont orthogonales, puisque, des deux courbes conjuguées qui se coupent au point M, l'une a pour normale, et l'autre pour tangente, la bissectrice de l'angle FMF'. Par des raisons de symétrie et d'homogénéité, on cherche des paramètres $(\alpha, \beta)$, tels que les deux axes de chaque courbe, qui ont même importance, aient des expressions homologues, sans subordination de l'une à l'autre. Ce qui conduit : 1° aux valeurs (34), écrites inversement; 2° aux équations transformées (33) ; 3° enfin aux formules (32), lesquelles donnent

$$\left.\begin{aligned} \frac{1}{h^2} &= \left(\frac{dy}{d\alpha}\right)^2 + \left(\frac{dx}{d\alpha}\right)^2 = \\ \frac{1}{h_1^2} &= \left(\frac{dx}{d\beta}\right)^2 + \left(\frac{dy}{d\beta}\right)^2 = \end{aligned}\right\} = c^2\left[\mathrm{E}^2(\alpha)\cos^2\beta + \mathcal{E}^2(\alpha)\sin^2\beta\right],$$

ou bien $h_1 = h$. Et l'on peut appliquer, au cas actuel, les trois conclusions de l'article précédent.

Les diverses formes, trouvées au § CVII, pour les intégrales générales des équations (22) donnent des séries d'intégrales particulières, qui ne sont pas nécessairement distinctes. On pourrait même démontrer que toutes ces formes rentrent dans celle qui passe par les imaginaires. Toutefois, nous adoptons exclusivement la forme primitive (1), qui, étant née de la considération des potentiels cylindriques, semble mieux appropriée que toute autre, à l'étude des phénomènes naturels. Il y a même de fortes raisons de croire que cette forme recèle toute la théorie mathématique des courants électriques. Quoi qu'il en soit, les potentiels cylindriques pourront donner lieu à des recherches importantes; si l'on en juge par les travaux d'un jeune géomètre, M. Haton, qui a su tirer, de ce sujet à peine inauguré, des généralisations très-remarquables, au point de vue de la géométrie.

Quant à nous, qui n'avons d'autre but, dans les leçons actuelles, que de bien faire connaître un nouvel instrument, celui des coordonnées curvilignes, nous devons nous borner aux questions de la théorie analytique de la chaleur, dont les solutions sont numériquement applicables à tous les systèmes cylindriques isothermes. Or, chacune de ces applications exige l'étude préalable des signes et des limites, qu'il convient de donner aux paramètres thermométriques du système considéré, suivant la question que l'on traite. Il importe donc d'indiquer comment peut être dirigée cette étude, en prenant pour exemples, ou pour cadres, les systèmes cylindriques isothermes les plus simples, après celui des coordonnées polaires. Tel sera l'objet des deux leçons qui vont suivre.

# DOUZIÈME LEÇON.

## SYSTÈME CYLINDRIQUE BI-CIRCULAIRE.

Système cylindrique bi-circulaire. — Ses paramètres thermométriques. —
Détermination graphique de ses surfaces isothermes et de ses filets de chaleur. — Températures stationnaires dans les cylindres et les prismes curvilignes formés par ce système.

### § CIX.

#### SES DEUX FAMILLES.

Le système de potentiels cylindriques et conjugués, dont
les paramètres thermométriques sont

$$(1) \quad \begin{cases} \alpha = \log \dfrac{\sqrt{(x+c)^2 + y^2}}{\sqrt{(x-c)^2 + y^2}}, \\[2mm] \beta = \arctan \dfrac{y}{x-c} - \arctan \dfrac{y}{x+c}, \end{cases}$$

est compris dans les valeurs générales (1), § XCIX. Chaque
potentiel est alors réduit à deux termes, dont les coefficients sont égaux à l'unité, et de signes contraires. Le premier potentiel indique deux droites, l'une attractive, l'autre répulsive; l'origine des $(x, y)$ est au milieu de la
distance $2c$ qui sépare ces deux droites.

Passant du logarithme, exprimé par la première (1), au
nombre correspondant, et adoptant la notation des E,
$\varepsilon$, (5) § CI; évaluant la tangente de l'angle $\beta$, différence
de deux angles dont les tangentes sont exprimées en $(x, y)$;
on arrive facilement aux équations

$$(2) \quad \begin{cases} x^2 + y^2 + c^2 = 2cx\,\dfrac{\mathrm{E}(\alpha)}{\varepsilon(\alpha)}, \\[2mm] x^2 + y^2 - c^2 = 2cy\,\dfrac{\cos \beta}{\sin \beta}, \end{cases}$$

qui définissent très-simplement les deux familles de cylindres isothermes dont il s'agit.

Fig. 1.

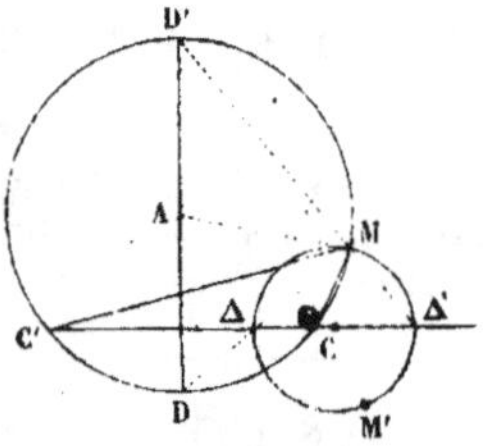

Soient, sur le plan des $xy$, C la trace de la droite attractive, C′ celle de la droite répulsive, M un point quelconque. La première (2) représente le cercle, lieu géométrique des points M, tels que le rapport $(e^\alpha)$ des rayons vecteurs, ou $\overline{MC'} : \overline{MC}$, est constant. La seconde (2) représente un segment capable construit sur $\overline{CC'}$, c'est-à-dire le cercle, lieu géométrique des points M tels que l'angle $(\beta)$ des rayons vecteurs, ou $\widehat{CMC'}$, est constant. Les cylindres (2) sont donc tous à bases circulaires, mais excentriques.

On obtient sans peine les valeurs des $(x, y)$ en fonction des coordonnées thermométriques $(\alpha, \beta)$. Retranchant la seconde (2) de la première, et supprimant le facteur commun $2c$, on a

$$(3) \qquad c = x\,\frac{E(\alpha)}{\mathcal{E}(\alpha)} - y\,\frac{\cos\beta}{\sin\beta};$$

ajoutant, au contraire, les équations (2), divisant par 2, et remplaçant le facteur $c$ du second membre par sa valeur (3), il vient

$$(4) \qquad x^2 + y^2 = x^2\,\frac{E^2(\alpha)}{\mathcal{E}^2(\alpha)} - y^2\,\frac{\cos^2\beta}{\sin^2\beta};$$

ou bien, réduisant, à l'aide des relations homologues qui lient les sinus et cosinus, soit ordinaires, soit hyperboliques, puis extrayant la racine carrée

$$(5) \qquad \frac{x}{\mathcal{C}(\alpha)} = \frac{y}{\sin\beta}.$$

Enfin, les deux équations (3) et (5), du premier degré en $(x, y)$, donnent par élimination

$$(6) \qquad \begin{aligned} x &= \frac{c\,\mathcal{C}(\alpha)}{\mathrm{E}(\alpha) - \cos\beta}, \\ y &= \frac{c\sin\beta}{\mathrm{E}(\alpha) - \cos\beta}, \end{aligned}$$

pour les formules de transformations cherchées. Il en résulte que $x$ s'annule et change de signe avec $\alpha$, $y$ avec $\beta$. La suppression du double signe, lors de l'extraction de la racine carrée, n'a fait qu'assigner le sens des $x$ ou des $y$ positifs.

Les paramètres $\alpha$ et $\beta$ ayant été respectivement substitués à ceux $\rho$ et $\rho_1$, les équations (2), mises sous la forme

$$(7) \qquad \begin{cases} \left[ x - c\,\dfrac{\mathrm{E}(\alpha)}{\mathcal{C}(\alpha)} \right]^2 + y^2 = \left( \dfrac{e}{\mathcal{C}(\alpha)} \right)^2, \\ x^2 + \left( y - c\,\dfrac{\cos\beta}{\sin\beta} \right)^2 = \left( \dfrac{c}{\sin\beta} \right)^2, \end{cases}$$

représentent les deux arcs ou lignes de courbure $s_1$ et $s$ du système orthogonal actuel, et donnent immédiatement, pour les deux seules courbures qui ne soient pas nulles,

$$\frac{1}{r'} = \frac{\mathcal{C}(\alpha)}{c},$$

$$\frac{1}{r_1} = \frac{\sin\beta}{c}.$$

Or, ici, les deux paramètres différentiels du premier ordre, $h_1$ et $h$, doivent être égaux (§ XCV) ; les formules générales (24), du § **XXX**, donneront donc les dérivées

$$\frac{dh}{d\alpha} = \frac{\mathcal{C}\,(\alpha)}{c},$$

$$\frac{dh}{d\beta} = \frac{\sin\beta}{c},$$

et l'on en déduira, par intégration,

$$(8) \qquad h_1 = h = \frac{\mathrm{E}\,(\alpha) - \cos\beta}{c} + \gamma,$$

$\gamma$ étant une constante absolue, qui reste à déterminer.

## § CX.
### SES PARAMÈTRES THERMOMÉTRIQUES.

Le paramètre $\alpha$ (1) a pour valeurs extrêmes, l'infini négatif sur la droite répulsive dont la trace est $C'$, et l'infini positif sur la droite attractive dont la trace est $C$; il est égal à zéro sur le plan des $yz$, dont tous les points sont également distants de ces deux droites. Ainsi la famille des cylindres $\alpha$ commence et finit par de simples droites; elle comprend un plan, qui la partage en deux suites, égales et symétriques, l'une, des cylindres dont le paramètre est négatif et qui entourent la droite répulsive, l'autre, des cylindres dont le paramètre est positif et qui entourent la droite attractive.

Le paramètre $\beta$ (1) étend ses valeurs entre zéro et $2\pi$.

Fig. 2.

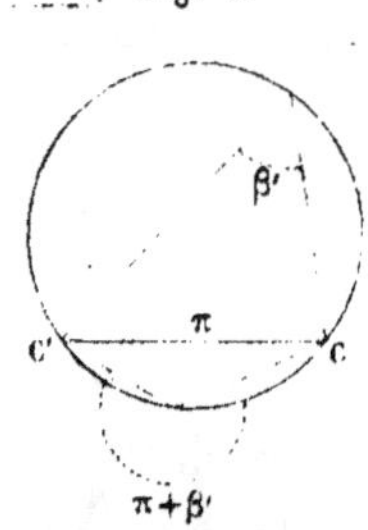

Le cercle, représenté par la seconde équation (7), comprend réellement les bases de deux cylindres, aux paramètres $\beta$ et $\pi + \beta$, puisqu'il se partage entre les segments capables de ces deux angles. C'est-à-dire que toute surface cylindrique, définie par une valeur déterminée du paramètre $\beta$, a pour limites infranchissables les deux droites actives dont les traces sont $C'$ et $C$.

L'arc ou la ligne de courbure $s_1$, qui correspond à une valeur déterminée de $\alpha$, comprend tout le cercle représenté par la première équation (7); et la coordonnée $\beta$ y varie entre les deux limites $0$ et $2\pi$. Mais l'arc $s$, qui correspond à une valeur déterminée de $\beta$, ne comprend que l'un des segments capables représenté par la seconde (7); il a pour extrémités infranchissables les traces $C'$ et $C$; et la coordonnée $\alpha$ y varie de $-\infty$ à $+\infty$. L'arc $s$, correspondant à $\beta = 0$ ou à $\beta = 2\pi$, se compose des deux parties de l'axe des $x$, situées en deçà de $C'$ et au delà de $C$. L'arc $s$, correspondant à $\beta = \pi$, se réduit à la droite $CC'$.

Le paramètre $\beta$, n'entrant dans les équations (2) et (6), que par son sinus et son cosinus, s'il est augmenté ou diminué d'un multiple quelconque de $2\pi$, il définira toujours le même cylindre. D'après cela, ce paramètre peut être considéré comme ayant ses valeurs comprises entre $-\pi$ et $+\pi$. Alors, la partie $\overline{CC'}$ de l'axe des $x$ correspond à $\beta = \pm \pi$, et tout le reste à $\beta = 0$. Les formules (6) conduisent d'ailleurs à la même conséquence : car, considérant le côté des $\alpha$ positifs, si $\beta$ est zéro, on a

$$y = 0, \quad x = c\,\frac{\mathcal{C}(\alpha)}{E(\alpha) - 1} = c\,\sqrt{\frac{E(\alpha) + 1}{E(\alpha) - 1}},$$

d'après la relation $(\mathcal{C}^2 = E^2 - 1)$, tandis que si $\beta$ est égal à $+\pi$, ou à $-\pi$, on a

$$y = 0, \quad x = c\,\frac{\mathcal{C}(\alpha)}{E(\alpha) + 1} = c\,\sqrt{\frac{E(\alpha) - 1}{E(\alpha) + 1}};$$

d'où résulte clairement que $x$ surpasse $c$ dans le premier cas, et qu'il lui est inférieur dans le second.

## § CXI.

### SON PARAMÈTRE DIFFÉRENTIEL.

Ainsi, le milieu O de la distance $\overline{CC'}$, ou l'origine des $(x, y)$, a pour équations

$$\alpha = o, \quad \beta = \pi.$$

En ce point, l'arc $s$ est rectiligne, et son élément $ds$ se réduit à la valeur infiniment petite de $x$ (6), qui est $c\,\dfrac{d\alpha}{2}$. On a donc, en O,

$$h = \frac{d\alpha}{ds} = \frac{2}{c}.$$

Autrement : il résulte des valeurs données aux constantes G, dans le potentiel cylindrique linéaire $\alpha$ (1), que l'attraction et la répulsion, exercées par les droites $\overline{C}$ et $\overline{C'}$, sur l'unité de masse placée à l'unité de distance, ont une intensité égale à l'unité; or, ces deux forces variant en raison inverse de la simple distance, leur résultante, qui est partout égale à $h$, et dirigée suivant la normale positive de la surface $\alpha$, sera évidemment $\dfrac{2}{c}$ au milieu de $\overline{CC'}$.

Ainsi, l'intégrale (8) doit se réduire à $\dfrac{2}{c}$, quand $\alpha$ est nul, et $\beta$ égal à $\pi$. La constante $\gamma$ est donc nécessairement nulle, et l'on a généralement

$$(9) \qquad h_1 = h = \frac{E(\alpha) - \cos\beta}{c}.$$

Cette valeur du paramètre différentiel du premier ordre, est d'ailleurs celle qu'on obtient directement, en déduisant des formules (6) les expressions

$$\left(\frac{dx}{d\alpha}\right)^2 + \left(\frac{dy}{d\alpha}\right)^2,$$

$$\left(\frac{dx}{d\beta}\right)^2 + \left(\frac{dy}{d\beta}\right)^2,$$

de $\frac{1}{h^2}$, et faisant usage de l'identité

$$[E(\alpha)\cos\beta - 1]^2 + \mathcal{E}^2(\alpha)\sin^2\beta = [E(\alpha) - \cos\beta]^2,$$

facile à établir.

Les coordonnées curvilignes $(\alpha, \beta)$ (1) étant suffisamment définies, appliquons à ce système, orthogonal et triplement isotherme, les solutions générales de la leçon précédente. Le caractère spécial, de cette application particulière, consiste dans les doubles valeurs données au paramètre thermométrique $\beta$; car, suivant la question que l'on traite, il faut regarder ce paramètre, comme restant positif entre zéro et $2\pi$, ou comme variant entre $-\pi$ et $+\pi$.

Par exemple, si l'on considère, sur un même cercle $\alpha$, deux points M et M′ situés, l'un au-dessus, l'autre au-dessous de l'*axe central* CC′ (*fig.* 1), et qu'il s'agisse de faire la sommation de certains éléments répartis sur l'un des deux arcs $\overgroup{\text{MM}'}$; on fera croître la coordonnée $\beta$ d'une manière continue, de M en M′ pour l'arc M$\Delta$M′ qui coupe l'axe central entre C et C′, de M′ en M pour l'arc M′$\Delta$′M qui coupe cet axe sur le prolongement de $\overline{\text{C}'\text{C}}$; ce qui exige que $\beta$ ait ses valeurs comprises, entre zéro et $2\pi$ dans le premier cas, entre $-\pi$ et $+\pi$ dans le second.

## § CXII.

### SES PROPRIÉTÉS GÉOMÉTRIQUES.

Au point de vue restrictif du § CV, les propriétés des cercles $(\alpha, \beta)$, représentés par les équations (2) ou (7),

ramènent, à la géométrie élémentaire, la détermination des
courbes isothermes et des filets de chaleur, dans les divers
cas embrassés par la formule (21) du paragraphe cité. On
a d'abord deux théorèmes généraux, qu'il suffira d'énoncer.

*Théorème I.* Si d'un point quelconque, A, de la droite
$\alpha = 0$, que nous appellerons *axe radical*, on mène des
tangentes à tous les cercles $\alpha$, toutes ces tangentes sont
égales en grandeur, comme étant les rayons du cercle $\beta$
dont le centre est en A (*fig.* 1).

*Théorème II.* Un cercle $\beta$ coupe l'axe radical aux points
D et D′; pour déterminer le cercle $\alpha$ qui passe en un de ses
points M, on mène les droites $\overline{MD}$, $\overline{D'M}$; les points $\Delta$, $\Delta'$,
où ces droites rencontrent l'axe central $\overline{CC'}$, assignent un
diamètre $\overline{\Delta\Delta'}$ du cercle cherché; et le logarithme du rapport $\overline{\Delta C'} : \overline{\Delta C}$ donne son paramètre $\alpha$ (*fig.* 1).

Viennent ensuite plusieurs problèmes, dont il suffira
d'esquisser les solutions.

## § CXIII.

### TUBE A PAROIS EXCENTRIQUES.

*Problème 1.* Un tube cylindrique indéfini, à parois circulaires excentriques, est entretenu intérieurement à la
température 1, extérieurement à zéro. Il s'agit de déterminer les températures stationnaires de l'enveloppe, ses cylindres isothermes et ses filets de chaleur. — La section droite
du tube donne deux cercles isothermes $\alpha$. La droite qui joint
les centres de ces cercles est l'axe central.

Pour déterminer un point de l'axe radical, on mène une
tangente NTN′ au cercle intérieur, laquelle coupe le cercle
extérieur en N, N′; sur TN et sur TN′ on construit deux
triangles équilatéraux, et la droite $\overline{SS'}$, qui joint leurs troisièmes sommets, rencontre NN′ au point A cherché. La

perpendiculaire abaissée de A sur l'axe central sera l'axe
radical. Le cercle $\beta$ décrit de A comme centre, avec AT

Fig. 3.

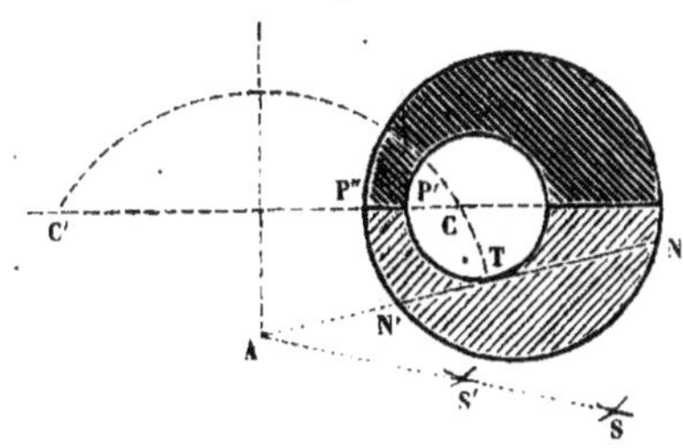

pour rayon, coupera l'axe central aux points C et C'. Ces
points étant ainsi déterminés, si P'P'' est la distance minima des deux cercles, les logarithmes des deux rapports
$\overline{P'C'} : \overline{P'C}$, $\overline{P''C'} : \overline{P''C}$, donneront les paramètres $\alpha'$ et $\alpha''$
des deux parois, intérieure et extérieure, du tube. On cons-
truira facilement le filet de chaleur $\beta$, et le cercle isotherme
$\alpha$, qui concourent en tout point, M, de l'enveloppe. Puis,
le paramètre $\alpha$ étant numériquement évalué (*Théorème II*),
la formule

$$V = \frac{\alpha - \alpha''}{\alpha' - \alpha''}$$

donnera la température stationnaire en M.

§ CXIV.

### CANAUX DANS UN MILIEU SOLIDE.

*Problème II.* Une masse solide est limitée par un plan
indéfini, entretenu à zéro, et traversée, parallèlement à ce
plan, par un canal cylindrique à base circulaire, entretenu à
la température 1. Il s'agit de déterminer les températures stationnaires de cette masse solide, ses surfaces isothermes, et
ses filets de chaleur. — La section faite, perpendiculaire-

ment aux arêtes du cylindre, coupe la paroi plane suivant l'axe radical, et le canal, suivant un cercle $\alpha$.

Fig. 4.

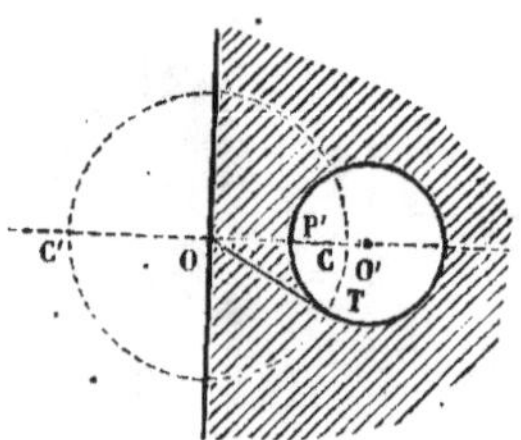

La perpendiculaire $\overline{O'O}$, abaissée du centre $O'$ de ce cercle sur l'axe radical, est l'axe central. Menant du point O la tangente $\overline{OT}$, le cercle décrit de O comme centre avec $\overline{OT}$ pour rayon, a pour paramètres $\beta = \pm \dfrac{\pi}{2}$, et coupe l'axe central aux points C et C'. Ces points étant ainsi déterminés, si $\overline{P'O}$ est la distance minima du cercle à la droite, le logarithme du rapport $\overline{P'C'} : \overline{P'C}$ donne le paramètre $\alpha'$ de ce cercle. On construira facilement le filet de chaleur $\beta$, et le cercle isotherme $\alpha$, qui concourent en tout point assigné, M, de la masse solide. Puis, le paramètre $\alpha$ étant numériquement évalué, la formule

$$V = \frac{\alpha}{\alpha'}$$

donnera la température stationnaire en M.

*Problème III.* Une masse solide indéfinie est traversée par deux canaux cylindriques, à bases circulaires, et dont les axes sont parallèles. L'un de ces canaux est entretenu à zéro, l'autre à la température 1. Il s'agit de déterminer les températures stationnaires de la masse solide, ses surfaces sothermes, et ses filets de chaleur. — La section faite perpendiculairement aux arêtes des deux cylindres, les coupe suivant deux cercles isothermes $\alpha$, l'un extérieur à l'autre.

Fig. 5.

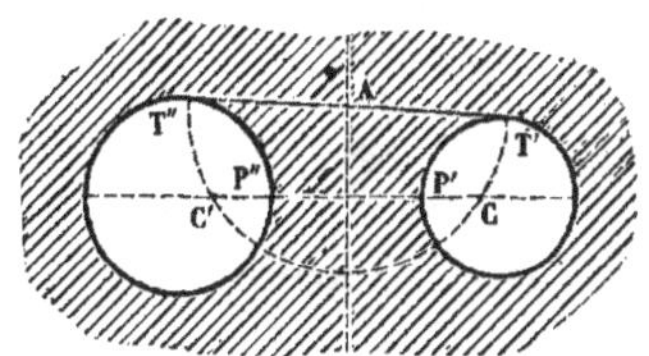

La droite qui joint les centres des deux cercles est l'axe central. Le milieu A d'une tangente, $\overline{T'AT''}$, commune aux deu.: cercles, est un point de l'axe radical. Le cercle $\beta$ décrit de A comme centre, avec $\overline{AT'} = \overline{AT''}$ pour rayon, coupe l'axe central aux points C et C' (C est intérieur au canal chaud). Ces points étant ainsi déterminés, si $\overline{P'P''}$ est la distance minima des deux cercles, les logarithmes des rapports $P'C' : \overline{P'C}$, $\overline{P''C'} : \overline{P''C}$, donnent les paramètres $\alpha'$ e $- \alpha''$ de ces cercles. On construit aisément le filet de chaleur $\beta$ et le cercle isotherme $\alpha$, qui concourent en tou point désigné, M, de l'espace solide. Puis, la valeur numérique, positive ou négative, du paramètre $\alpha$ étant évaluée, la formule

$$V = \frac{\alpha + \alpha''}{\alpha' + \alpha''}$$

donnera la température stationnaire en M. Par exemple, si les deux canaux ont le même rayon, et que le point M soit pris sur l'axe radical, sa température sera $\frac{1}{2}$.

## § CXV.

### CYLINDRE MI-CHAUD, MI-FROID.

*Problème IV*. La surface d'un cylindre solide indéfini à base circulaire, est partagée en deux parties, que limitent deux génératrices ; l'une de ces parties est entretenue à zéro, l'autre à la température $1$. Il s'agit de déterminer les températures stationnaires du cylindre, ses surfaces isothermes, et ses filets de chaleur.

La section droite du cylindre coupe les génératrices-limites aux points C et C' (*fig.* 2), et la surface totale suivant deux segments capables, l'un à zéro, dont le paramètre est un angle $\beta'$, l'autre à la température $1$, dont le paramètre *positif* est $\beta'' = \pi + \beta'$. On construit aisément le filet de chaleur $\alpha$, et le segment capable isotherme $\beta$, qui concourent en tout point désigné, M, du cylindre solide. Le paramètre *positif* $\beta$, compris entre $\beta'$ et $\pi + \beta'$, a une valeur angulaire facilement assignable. Puis, la formule

$$ V = \frac{\beta - \beta'}{\pi} $$

donne la température stationnaire en M. Par exemple, si $\beta' = \frac{\pi}{2}$, et que le point M soit pris sur l'axe central, sa température sera $\frac{1}{2}$; $\beta$ étant alors égal à $\pi$.

*Problème V.* Un canal cylindrique, à base circulaire, est percé dans une masse solide indéfinie ; sa paroi est partagée en deux parties que limitent deux génératrices ; l'une de ces parties est entretenue à zéro, l'autre à la température $1$. Il s'agit de déterminer les températures de la masse solide, ses cylindres isothermes, et ses filets de chaleur.

La section droite du canal, coupe les génératrices-limites aux points C et C', et la paroi suivant deux segments capables, l'un à la température $1$, dont le paramètre est un angle $\beta'$, l'autre à zéro, dont le paramètre *négatif* est $\beta'' = -\pi + \beta'$. On construit aisément le filet de chaleur $\alpha$, et le segment capable isotherme $\beta$, qui concourent en tout point désigné, M, de la masse solide. Le paramètre $\beta$, compris entre $-\pi + \beta'$ et $\beta'$, a une valeur angulaire, positive ou négative, facilement assignable, puis la formule

$$V = \frac{\beta + \pi - \beta'}{\pi}$$

donne la température stationnaire en M. Par exemple, si $\beta' = \frac{\pi}{2}$, et que M soit pris sur l'axe central prolongé, sa température sera $\frac{1}{2}$; $\beta$ étant alors égal à zéro.

*Problèmes VI et VII.* Une surface cylindrique indéfinie, ayant pour base discontinue le segment capable d'un angle $\beta'$ et la droite $\overline{CC'}$, limite une colonne pleine, ou

Fig. 6.

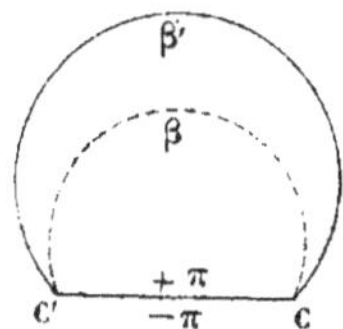


forme la paroi d'un canal traversant une masse solide. La partie courbe, de la surface de la colonne, ou de la paroi du canal, est entretenue à la température 1, la partie plane à zéro. Il s'agit de déterminer les températures stationnaires, de la colonne, ou de la masse solide qui entoure le canal.

Dans la colonne, le paramètre $\beta$ est compris entre $\beta'$ et $\pi$ ; la température est

$$V = \frac{\pi - \beta}{\pi - \beta'}.$$

Dans la masse solide entourant le canal, le paramètre $\beta$, des surfaces isothermes, croît de $-\pi$ à $\beta'$, et la formule

$$V = \frac{\pi + \beta}{\pi + \beta'}$$

exprime leurs températures stationnaires.

14.

## § CXVI.

### PRISMES CURVILIGNES.

Revenons maintenant au cas général, où les températures fixes, et données, diffèrent d'une génératrice à une autre, sur la surface du corps cylindrique. Pour plus de clarté, transcrivons ici la série (15) du § CII, qui résout la question dont il s'agit :

$$(10)\ V = \begin{cases} \displaystyle\sum_{i=0}^{i=\infty} \frac{\mathcal{A}'\mathcal{C}[n(\alpha''-\alpha)]+\mathcal{A}''\mathcal{C}[n(\alpha-\alpha')]}{\mathcal{C}[n(\alpha''-\alpha')]}\sin n\,(\beta-\beta'), \\[2em] +\displaystyle\sum_{i=0}^{i=\infty} \frac{\mathcal{B}'\mathcal{C}[m(\beta''-\beta')]+\mathcal{B}''\mathcal{C}[m(\beta-\beta')]}{\mathcal{C}[m(\beta''-\beta')]}\sin m\,(\alpha-\alpha'). \end{cases}$$

Lorsqu'on se propose d'appliquer cette formule à un prisme indéfini, dont la base discontinue est comprise entre deux cercles $\alpha$ et deux segments capables $\beta$ (1), il faut évaluer exactement les paramètres $\alpha'$ et $\alpha''$ de ces cercles, $\beta'$ et $\beta''$ de ces segments capables, afin de composer les fractions

$$(11)\qquad m=\frac{i\pi}{\alpha''-\alpha'},\quad n=\frac{i\pi}{\beta''-\beta'},$$

facteurs des arcs et des exposants, et les coefficients

$$(12)\ \begin{cases} \mathcal{A}^{(j)}=\dfrac{2}{\beta''-\beta'}\displaystyle\int_{\beta'}^{\beta''} A^{(j)}(\beta)\sin n\,(\beta-\beta')\,d\beta, \\[1.5em] \mathcal{B}^{(j)}=\dfrac{2}{\alpha''-\alpha'}\displaystyle\int_{\alpha'}^{\alpha''} B^{(j)}(\alpha)\sin m\,(\alpha-\alpha')\,d\alpha, \end{cases}$$

facteurs des termes de la série totale.

Il faut se rappeler que la série (10) ne reste convergente, ou ne donne les températures stationnaires, que pour les points dont les coordonnées $\alpha$, $\beta$, sont respectivement comprises, entre $\alpha'$ et $\alpha''$, entre $\beta'$ et $\beta''$. D'où résulte que la formule (10) n'est pas applicable, lorsque le corps cylindrique comprend des points dont les coordonnées sortent de ces limites, ou n'appartiennent pas, chacune, à une génératrice située sur la surface discontinue.

*Exemple I.* Le prisme indéfini est un tube à parois circulaires excentriques ; sa base est comprise entre deux cercles $\alpha$ complets, l'un extérieur, dont le paramètre est $\alpha'$, l'autre intérieur dont le paramètre est $\alpha'' > \alpha'$. Les fractions $m$ et les coefficients $\mathfrak{W}^{(j)}$ n'existent pas. On peut prendre $\beta' = 0$, $\beta'' = 2\pi$ ; $n$ se réduit à $\dfrac{i}{2}$, et l'on a

$$\mathfrak{A}(j) = \frac{1}{\pi} \int_0^{2\pi} A^{(j)}(\beta) \sin \frac{i\beta}{2} d\beta.$$

*Exemple II.* La base du prisme est la moitié supérieure de la précédente, coupée par l'axe central (*fig.* 3). — On a

$$\beta' = 0, \quad \beta'' = \pi ;$$

d'où $n = i$, et

$$\mathfrak{A}(j) = \frac{2}{\pi} \int_0^{\pi} A^{(j)}(\beta) \sin i\beta \, d\beta.$$

Les $m$ et les $\beta^{(j)}$, qui existent, ont les expressions (11) et (12).

## § CXVII.

### CYLINDRE BI-CANNELÉ.

*Exemple III.* La base du prisme indéfini est limitée : $1°$ par deux arcs concaves appartenant à deux cercles $\alpha$ de même rayon, ayant pour paramètres, l'un $\alpha' = -\alpha_0$ ; l'autre $\alpha'' = +\alpha_0$ ; $2°$ par deux arcs convexes appartenant à deux segments capables $\beta$, géométriquement égaux et opposés, ayant pour paramètres, l'un $\beta' = \beta_0$, l'autre

$\beta'' = 2\pi - \beta_0$. — On reconnaît facilement que tout point de l'aire plane, enveloppée par ces arcs, a sa coordonnée $\alpha$

Fig. 7.

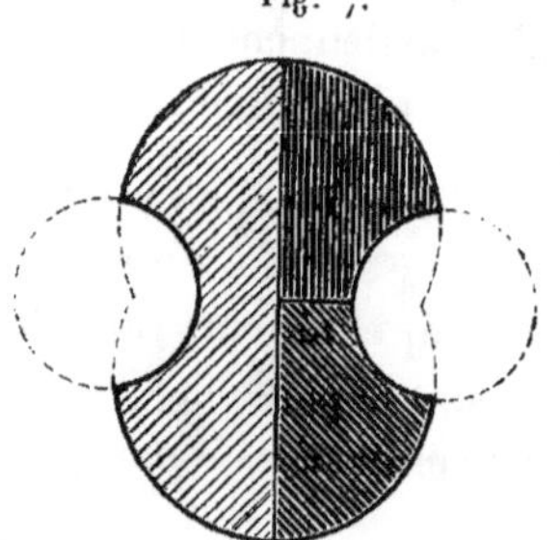

comprise entre $-\alpha_0$ et $+\alpha_0$, sa coordonnée $\beta$ comprise entre $\beta_0$ et $2\pi - \beta_0$. La série (10) donne donc les températures stationnaires de tous les points du prisme solide dont cette aire est la base, quand les facteurs constants ont les valeurs

$$m = \frac{i\pi}{2\,\alpha_0}, \quad n = \frac{i\pi}{2\,(\pi - \beta_0)},$$

$$\mathcal{A}_0^{(j)} = \frac{1}{\pi - \beta_0} \int_{\beta_0}^{2\pi - \beta_0} A^{(j)}(\beta) \sin n(\beta - \beta_0)\,d\beta,$$

$$\mathcal{B}^{(j)} = \frac{1}{\alpha_0} \int_{-\alpha_0}^{+\alpha_0} B^{(j)}(\alpha) \sin m(\alpha + \alpha_0)\,d\alpha.$$

*Exemple IV*. La base du prisme n'est que la moitié qu'on obtient, en coupant la précédente par l'axe radical, et supprimant la partie située à gauche (*fig.* 7). — On a

$$\alpha' = 0, \quad \alpha'' = \alpha_0, \quad m = \frac{i\pi}{\alpha_0},$$

$$\mathcal{B}^{(j)} = \frac{2}{\alpha_0} \int_0^{\alpha_0} B^{(j)}(\alpha) \sin m\alpha\,d\alpha;$$

$\beta'$, $\beta''$, $n$ et $\mathcal{A}_0^{(j)}$, s'expriment comme dans l'exemple III.

*Exemple V*. La base du prisme n'est plus que ce qui reste, en coupant encore la précédente par l'axe central, et supprimant la partie inférieure (*fig. 7*). — On a

$$\beta' = \beta_0, \quad \beta'' = \pi, \quad n = \frac{i\pi}{\pi - \beta_0},$$

$$\mathcal{A}^{(j)} = \frac{2}{\pi - \beta_0} \int_{\beta_0}^{\pi} A^{(j)}(\beta) \sin n(\beta - \beta_0) \, d\beta,$$

$\alpha'$, $\alpha''$, $m$ et $\mathcal{B}^{(j)}$, s'expriment comme dans l'exemple IV.

## § CXVIII.

### CANAL QUADRI-CIRCULAIRE.

*Exemple VI*. La surface libre du corps cylindrique a, pour section droite, le périmètre discontinu, formé : 1° par deux arcs convexes appartenant à deux cercles $\alpha$, de même rayon, ayant pour paramètres, l'un $\alpha' = -\alpha_0$, l'autre $\alpha'' = +\alpha_0$ ; 2° par deux arcs convexes appartenant à deux segments capables $\beta$, géométriquement égaux et

Fig. 8.

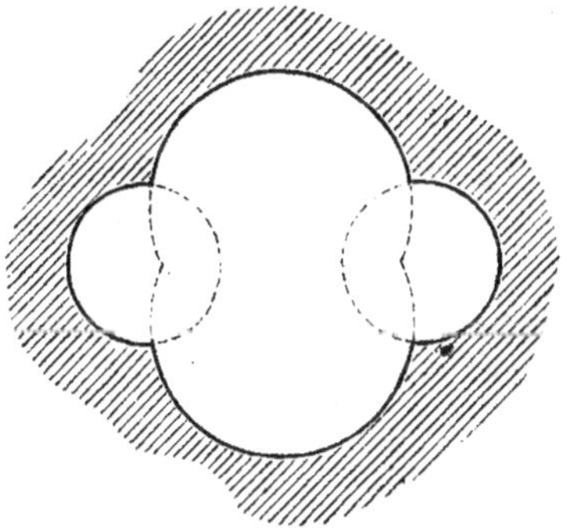

opposés, ayant pour paramètres, l'un $\beta' = -\beta_0$, l'autre $\beta'' = \beta_0$. — On a donc, par la sommation sur les arcs $\alpha^{(j)}$,

$$n = \frac{i\pi}{2\beta_0}, \quad \mathcal{A}^{(j)} = \frac{1}{\beta_0} \int_{-\beta_0}^{+\beta_0} A^{(j)}(\beta) \sin n(\beta + \beta_0) \, d\beta ;$$

$m$, et $\mathfrak{v}^{(i)}$, ont les mêmes expressions que dans l'exemple III. Mais, avec ces valeurs données aux constantes, la série (10) ne reste convergente, ou ne donne les températures stationnaires, que pour les points dont les deux coordonnées $\alpha$, $\beta$, sont respectivement comprises, entre $-\alpha_0$ et $+\alpha_0$, entre $-\beta_0$ et $+\beta_0$. Or les points extérieurs à la surface, qui vient d'être définie, jouissent tous de cette propriété, tandis que les points intérieurs en sont tous privés. Donc, dans le cas actuel, la série (10) donne les températures d'une masse solide indéfinie, traversée par un canal cylindrique dont la paroi, ayant pour section droite le périmètre tracé, est soumise à des températures fixes et données $[\mathrm{A}^{(i)}(\beta),\ \mathrm{B}^{(i)}(\alpha)]$, qui diffèrent d'une génératrice à une autre.

Si, dans les derniers exemples, les quatre parties de la surface discontinue du corps cylindrique sont entretenues, chacune à une température constante, mais différente d'une partie à une autre, les températures stationnaires sont alors données par la série (18) § CIII, en y substituant les valeurs des $m$ et $n$ assignées dans ces divers exemples, mais avec l'entier $i$ impair. Enfin si les quatre températures fixes sont égales entre elles, on reproduit l'équation (20) § CIV, du volume cylindrique, ou simplement de sa base. Mais avec cette différence remarquable, que l'équation obtenue représente exclusivement la partie intérieure au périmètre tracé, dans les exemples II, III, IV, V, et au contraire toute la partie extérieure, dans l'exemple VI.

# TREIZIÈME LEÇON.

## SYSTÈME CYLINDRIQUE DES LEMNISCATES.

Système cylindrique des lemniscates. — Étude des deux familles de courbes qui le constituent. — Températures stationnaires dans les cylindres et les prismes curvilignes formés par ce système.

### § CXIX.

#### FAMILLE DES LEMNISCATES.

Le système de potentiels cylindriques et conjugués, dont les paramètres thermométriques sont

$$(1) \quad \begin{cases} \alpha = \log \dfrac{c^2}{\sqrt{(x+c)^2+y^2}\sqrt{(x-c)^2+y^2}}, \\ \beta = \operatorname{arc\,tang} \dfrac{y}{x+c} + \operatorname{arc\,tang} \dfrac{y}{x-c}, \end{cases}$$

est compris dans les valeurs générales (1), § XCIX. Chaque potentiel est alors réduit à deux termes, dont les coefficients sont égaux entre eux, et à l'unité. Le premier potentiel indique deux droites attractives. L'origine de $(x, y)$ est au milieu O de la distance $2c$ qui sépare les traces C et C′ de ces deux droites.

Par le passage du logarithme au nombre, la première (1) se met sous la double forme

$$(2) \quad \begin{array}{l} (x^2+y^2+c^2)^2 - 4\,c^2\,x^2 = \\ (x^2+y^2-c^2)^2 + 4\,c^2\,y^2 = \end{array} \Bigg\} = c^2\, e^{-2\alpha}.$$

Par le passage de l'arc à la tangente, la seconde (1) devient successivement

$$(3) \quad \begin{cases} \tan\beta = \dfrac{2\,xy}{x^2 - y^2 - c^2}, \\[2ex] x^2 - y^2 = \dfrac{2\,xy}{\tan\beta} + c^2. \end{cases}$$

Ces équations (2) et (3) représentent, soit les cylindres dont il s'agit, soit les courbes orthogonales et isothermes qui leur servent de base.

L'équation (2) représente le lieu géométrique du point M tel que le produit $(c^2\,e_{-\alpha})$ des rayons vecteurs, ou $MC.\overline{MC'}$, est constant; ce qui donne une famille de lemniscates, dont il importe de bien préciser les formes diverses. D'après la seconde (2), on a

$$y = 0, \quad x = \pm c,$$

quand le paramètre $\alpha$ atteint sa limite supérieure $+\infty$; le cylindre se réduit alors aux deux seules droites attractives, et sa base aux traces C et C′ de ces droites. A la limite inférieure $-\infty$ de $\alpha$, l'équation (2) se réduit à

$$(x^2 + y^2)^2 = \infty$$

(car les $x$, $y$ étant infiniment grands, les termes en $x^2$, $y^2$, disparaissent devant ceux en $x^4$, $x^2 y^2$, $y^4$); le cylindre est alors à base circulaire, mais son rayon est infini. Lorsque $\alpha = 0$, l'équation (2) devient

$$(4) \quad (x^2 + y^2)^2 + 2c^2(y^2 - x^2) = 0,$$

et représente la lemniscate ordinaire, que nous appellerons *radicale*; en son point multiple, et de double inflexion, situé à l'origine O, les deux tangentes sont les bissectrices des angles des axes, puisque, si $x$ et $y$ sont infiniment petits, on déduit de (4) le double rapport

$$\left(\frac{y}{x}\right)_0 = \pm\,.$$

L'équation différentielle de toutes les courbes (2), qui est

$$(x^2 + y^2 - c^2)(x\,dx + y\,dy) + 2c^2 y\,dy = 0,$$

donne, en annulant successivement $dx$ et $dy$, savoir

$$dx = 0, \quad (x^2 + y^2 + c^2)y = 0,$$
$$dy = 0, \quad (x^2 + y^2 - c^2)x = 0.$$

D'où résulte que tous les points des courbes $\alpha$, où la tangente est parallèle aux $y$, sont sur l'axe des $x$; tandis que les points de ces courbes, où la tangente est parallèle aux $x$, sont situés, les uns sur l'axe des $y$, les autres sur le cercle dont $CC'$ est le diamètre.

Or, l'équation (2) donne : 1° quand $y = 0$, pour $x^2$ les deux valeurs

$$(5) \qquad \begin{cases} x'^2 = c^2(1 - e^{-\alpha}), \\ x''^2 = c^2(1 + e^{-\alpha}); \end{cases}$$

2° quand $x = 0$, pour $y^2$ la seule valeur

$$(6) \qquad y_1^2 = c^2(e^{-\alpha} - 1),$$

qui puisse être positive; 3° et quand $x^2 + y^2 = c^2$, le couple

$$(7) \qquad y_2^2 = c^2 \frac{e^{-2\alpha}}{4}, \quad x_2^2 = c^2\left(1 - \frac{e^{-2\alpha}}{4}\right).$$

Pour toutes les valeurs de $\alpha$, $x''$ est réel; $x'$ et $y_1$, qui sont nuls pour la lemniscate radicale, ne peuvent exister ensemble pour toute autre courbe : quand $\alpha$ est positif, c'est $x'$ qui reste seul; quand $\alpha$ est négatif, c'est $y_1$. On peut donc dire que toutes les lemniscates (2) ont quatre sommets : ils sont tous situés sur l'axe des $x$ quand $\alpha$ est positif; deux sont sur l'axe des $x$ et deux sur l'axe des $y$ quand $\alpha$ est négatif; et quand $\alpha$ est nul, l'origine O compte pour deux.

Les quatre points, $M_2$, aux coordonnées $(x_2, y_2)$, n'existent que pour les valeurs de $\alpha$ telles que $e^{-\alpha}$ ne dépasse pas 2. A cette limite, où $\alpha$ est négatif et égal à $- \log 2$, $x_2$ est nul, $y_2$ et $y_1$ sont égaux à $c$; les points $M_2$ se confondent, deux à deux, avec les sommets situés sur l'axe des $y$; la courbe a, en quelque sorte, de longues tangentes à ces deux sommets, et nous l'appellerons *la lemniscate aux longs contacts*.

## § CXX.

### SES TROIS GROUPES.

Il résulte de cette discussion, que les courbes représentées par l'équation (2), se partagent en trois groupes, de formes très-différentes, et que l'on peut définir comme il suit.

PREMIER GROUPE. *Lemniscates doubles*. Le paramètre $\alpha$ est positif. Entre la lemniscate radicale, et le couple des points $C$ et $C'$ donné par $\alpha = + \infty$, chaque courbe se compose de deux parties égales et séparées, ayant la forme ovoïde, et entourant respectivement les points $C$ et $C'$.

DEUXIÈME GROUPE. *Lemniscates fléchies*. Le paramètre $\alpha$ est négatif et surpasse $- \log 2$. Entre la lemniscate aux longs contacts, et la lemniscate radicale, chaque courbe a quatre points d'inflexion : puisque sa largeur, ou sa double ordonnée a deux maximums égaux, l'un entre $O$ et $C$, l'autre entre $O$ et $C'$; tandis qu'en $O$, ou sur l'axe des $y$, cette double ordonnée est un minimum.

TROISIÈME GROUPE. *Lemniscates simples*. Le paramètre $\alpha$ est négatif et inférieur à $- \log 2$. Entre le cercle de rayon infini donné par $\alpha = - \infty$, et la lemniscate aux longs contacts, chaque courbe ressemble à l'ellipse qui a les mêmes sommets; mais, comme on s'en assure aisément, elle l'entoure de toutes parts, étant plus gonflée au milieu de chaque quadrant, à la manière de la courbe hybride dite *en anse de panier*.

## § CXXI.

### LEUR TRACÉ GRAPHIQUE.

Le tableau, ci-après, contient les éléments nécessaires pour tracer plusieurs des courbes (2), et au moins une de chaque groupe. Les valeurs, inscrites sur une même verticale, appartiennent à la courbe désignée par la lettre qui la surmonte. S est une lemniscate simple, celle dont le paramètre est $\alpha = -\log 3$; ses deux demi-axes sont $2c$ et $c\sqrt{2}$. L est la lemniscate aux longs contacts, dont le paramètre est $\alpha = -\log 2$; ses deux demi-axes sont $c\sqrt{3}$ et $c$. F est une lemniscate fléchie, celle au paramètre $\alpha = -\log\dfrac{5}{4}$; ses deux demi-axes sont $\dfrac{3}{2}c$ et $\dfrac{1}{2}c$, son ordonnée maxima $\dfrac{5}{8}c$. R est la lemniscate radicale, dont le paramètre est $\alpha = 0$; son demi grand axe est $c\sqrt{2}$, son ordonnée maxima $\dfrac{1}{2}c$. D est une lemniscate double, celle au paramètre $\alpha = \log\dfrac{4}{3}$; ses deux demi-axes sur CC′ sont $c\sqrt{\dfrac{7}{4}}$ $\left(\text{approxi-}\right.$ mativement $\dfrac{4}{3}c\left.\right)$ et $\dfrac{1}{2}c$, son ordonnée maxima $\dfrac{3}{8}c$. — Pour mieux préciser les formes extrêmes des lemniscates doubles et fléchies, le tableau définit deux autres courbes, avoisinant la radicale. F′ est la lemniscate fléchie dont le paramètre est $\alpha = -\log\dfrac{50}{49}$: ses deux demi-axes sont $c\sqrt{\dfrac{99}{49}}$ $\left(\text{approximativement }\dfrac{10}{7}c\right)$ et $\dfrac{1}{7}c$, son ordonnée maxima $\dfrac{25}{49}c$. D′ est la lemniscate double dont le paramètre est

$$\alpha = \log \frac{25}{24}$$ : ses deux demi-axes, sur $CC'$, sont exactement $\frac{1}{5} c$ et $\frac{7}{5} c$, son ordonnée maxima $\frac{12}{25} c$.

|  | S | L | F | F' | R | D' | D |
|---|---|---|---|---|---|---|---|
| $e^{-\alpha} =$ | 3 | 2 | $\frac{5}{4}$ | $\frac{50}{49}$ | 1 | $\frac{24}{25}$ | $\frac{3}{4}$ |
| $x' =$ | ...... | ...... | ...... | ...... | 0 | $\frac{1}{5} c$ | $\frac{1}{2} c$ |
| $x'' =$ | $2 c$ | $c\sqrt{3}$ | $\frac{3}{2} c$ | $\frac{10}{7} c$ | $c\sqrt{2}$ | $\frac{7}{5} c$ | $\frac{4}{3} c$ |
| $y_1 =$ | $c\sqrt{2}$ | $c$ | $\frac{1}{2} c$ | $\frac{1}{7} c$ | 0 | ...... | ...... |
| $y_2 =$ | ...... | $c$ | $\frac{5}{8} c$ | $\frac{25}{49} c$ | $\frac{1}{2} c$ | $\frac{12}{25} c$ | $\frac{●}{8} c$ |

Pour tracer avec une exactitude suffisante les sept courbes du tableau précédent : on décrit le cercle dont $CC'$ est le diamètre, et le carré circonscrit dont les côtés sont parallèles aux axes ; les diagonales du carré donnent les tangentes au point multiple de R ; le cercle décrit de O comme centre, avec la demi-diagonale pour rayon, détermine, sur l'axe des $x$ les sommets de R, sur l'axe des $y$ ceux de S ; les parallèles à l'axe central, dont les ordonnées sont les $y_2$ assignés, coupent le cercle $CC'$, aux points des courbes F, F', R, D', D, qui ont ces parallèles pour tangentes ; les sommets se déterminent par les valeurs assignées aux $x''$, et $y_1$ ou $x'$. Le tracé de toutes ces lemniscates, fait à la main, devient sin-

Fig. 1.

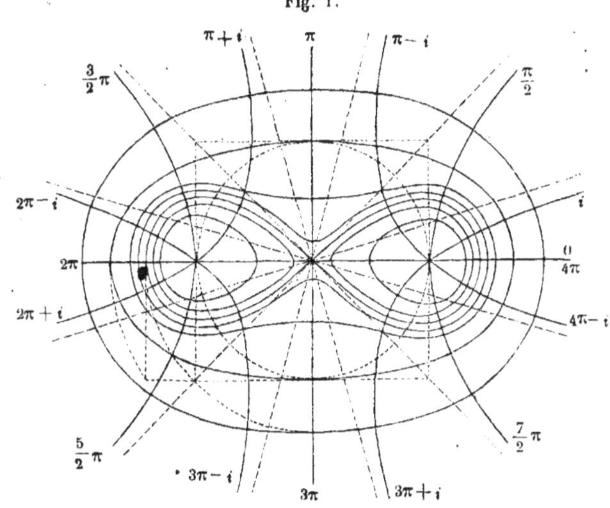

gulièrement facile, quand on connaît les courbes β, qu'elles
doivent couper orthogonalement.

## § CXXII.

### FAMILLE DES HYPERBOLES.

L'équation (3), seconde forme, représente le lieu géométrique du point M, tel que la somme $\beta$ (1), ou $MC\Delta + MC'\Delta$,

Fig. 2.

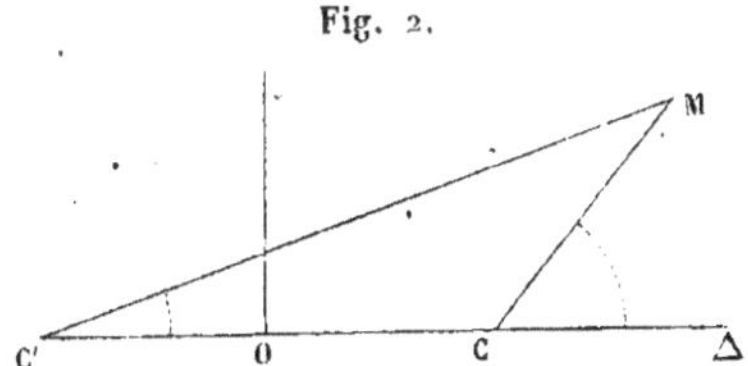


des angles que font, avec la ligne fixe $C'C\Delta$, les deux
rayons vecteurs, est constante; ce qui donne une famille

d'hyberboles équilatères, passant toutes par les points C et C', puisque l'équation (3) est satisfaite par

$$y = 0, \quad x = \pm c$$

quel que soit $\beta$. Mais, comme on va le voir, chacune de ces hyperboles se divise en quatre parties, qui correspondent à des valeurs très-différentes du paramètre $\beta$. Ne considérons d'abord que les points du plan des bases, situés dans l'angle des $x$ et des $y$ positifs.

Le lieu géométrique du point M, tel que la somme angulaire $\beta$ soit nulle, est évidemment toute la partie de l'axe des $x$ située à droite de C (les deux angles MC$\Delta$, MC'$\Delta$, étant zéro) ; comme l'indique d'ailleurs la seconde (1), qui donne $\beta = 0$, si $y$ devient nul lorsque $x$ est plus grand que $c$. Donc, la base du cylindre au paramètre $\beta = 0$, se réduit à l'axe des $x$ (côté positif), moins la ligne $\overline{OC}$.

Pour que la somme angulaire $\beta$ soit égale à $\pi$, il faut que l'angle MC$\Delta$ soit le supplément de l'angle MC'$\Delta$ ; ce qui place le point M, ou sur le côté positif de l'axe des $y$, ou sur la droite qui sépare les points C et C' (MC$\Delta$ étant alors égal à $\pi$, et MC'$\Delta$ à zéro). Donc la base du cylindre au paramètre $\beta = \pi$, se compose de la partie $\overline{CC'}$ de l'axe des $x$, et de tout le côté positif de l'axe des $y$.

Quand $\beta$ est égal à $\dfrac{\pi}{2}$, l'équation (3) se réduit à

$$x^2 - y^2 = c^2$$

et représente l'hyperbole particulière, que nous appellerons *maxima*, dont les asymptotes se confondent avec les tangentes au point multiple de la lemniscate radicale. Mais, le paramètre $\beta = \dfrac{\pi}{2}$ n'appartient qu'à la demi-branche de cette hyperbole, qui s'élève dans l'angle droit des $x$ et $y$ positifs, et sur laquelle la coordonnée $\alpha$ épuise toutes ses valeurs, depuis $-\infty$ jusqu'à $+\infty$.

Celui des cylindres $\beta$ dont le paramètre est $\beta = i < \frac{\pi}{2}$, doit être compris entre ceux qui correspondent à $\beta = 0$, et à $\beta = \frac{\pi}{2}$; il s'étend nécessairement vers l'infini, puisqu'il doit y couper orthogonalement le cylindre droit au paramètre $\alpha = -\infty$; là, ses coordonnées $x$ et $y$ sont infinies; l'équation (3), première forme, qui devient

$$\frac{2\left(\dfrac{y}{x}\right)}{1-\left(\dfrac{y}{x}\right)^2} = \operatorname{tang} i,$$

exige que l'infini $x$ surpasse l'infini $y$, et donne pour leur rapport

$$\left(\frac{y}{x}\right) = \operatorname{tang}\frac{i}{2}.$$

Ainsi la base du cylindre dont le paramètre $\beta$ est $i$, positif et moindre que $\frac{\pi}{2}$, fait partie de la branche d'hyperbole équilatère dont l'asymptote fait avec l'axe des $x$ l'angle $\frac{i}{2}$, elle vient de l'infini où $\alpha = -\infty$, et se termine en C où $\alpha = +\infty$, après avoir coupé toutes les lemniscates.

Celui des cylindres $\beta$ dont le paramètre est $\beta = \pi - i$, où $i$ est moindre que $\frac{\pi}{2}$, doit être compris entre ceux qui correspondent à $\beta = \frac{\pi}{2}$, et à $\beta = \pi$; il s'étend nécessairement à l'infini; là, ses coordonnées $x$ et $y$ sont infinies; l'équation (3), première forme, qui devient,

$$\frac{2\left(\dfrac{x}{y}\right)}{1-\left(\dfrac{x}{y}\right)^2} = \operatorname{tang} i,$$

exige que l'infini $y$ surpasse l'infini $x$, et donne pour leur rapport

$$\left(\frac{x}{y}\right) = \operatorname{tang} \frac{i}{2}.$$

Ainsi, la base du cylindre dont le paramètre $\beta$ est $\pi - i$, $i$ étant moindre que $\frac{\pi}{2}$, fait partie de la branche d'hyperbole équilatère, dont l'asymptote fait avec l'axe des $y$ l'angle $\frac{i}{2}$; elle vient de l'infini et s'arrête en C.

## § CXXIII.

### PARAMÈTRE DES HYPERBOLES.

En répétant la même discussion, pour les points du plan des bases, situés dans les autres angles des axes rectilignes, on arrive aux conclusions suivantes : La coordonnée curviligne $\beta$ a toutes ses valeurs comprises entre o et $4\pi$ :

$\beta = 0$, représente la partie positive de l'axe des $x$, moins $\overline{CO}$ ;

$\beta = \pi$, la partie positive de l'axe des $y$, plus $\overline{CO}$, et plus $\overline{OC'}$ ;

$\beta = 2\pi$, la partie négative de l'axe des $x$, moins $\overline{OC'}$ ;

$\beta = 3\pi$, la partie négative de l'axe des $y$, plus $\overline{C'O}$, et plus $\overline{OC}$ ;

$\beta = 4\pi$, la partie positive de l'axe des $x$, moins $\overline{OC}$.

Si l'on mène, par l'origine O, les quatre droites, faisant, soit avec l'axe des $x$, soit avec l'axe des $y$, et de part et d'autre, un angle $\frac{i}{2}$ moindre que $\frac{\pi}{4}$; que l'on trace ensuite les deux hyperboles équilatères, passant en C et C', et dont ces droites sont les asymptotes; ces hyperboles comprendront chacune quatre parties, dont les paramètres $\beta$ seront,

$(i,\ \pi+i,\ 2\pi+i,\ 3\pi+i)$ sur l'une, $(\pi-i,\ 2\pi-i,$ $3\pi-i, 4\pi-i)$ sur l'autre. Les quatre parties de l'hyperbole maxima ont pour paramètres $\left(\dfrac{\pi}{2},\ \dfrac{3\pi}{2},\ \dfrac{5\pi}{2},\ \dfrac{7\pi}{2}\right)$.

On peut aussi prendre toutes les valeurs du paramètre $\beta$ entre $-2\pi$ et $+2\pi$, en conservant les valeurs précédemment assignées aux parties d'hyperboles situées au-dessus de l'axe des $x$, et retranchant $4\pi$ des valeurs assignées à celles situées au-dessous. Lors du premier mode, les points de l'axe des $x$ qui sont à gauche de C′ ont la valeur unique $\beta = 2\pi$, ceux qui sont à droite admettent une double valeur, $\pi$ et $3\pi$ entre C′ et C, o et $4\pi$ au delà de C. Lors du second mode, les points du même axe des $x$ situés à droite de C ont la valeur unique $\beta = 0$, ceux situés à gauche admettent une double valeur, $+\pi$ et $-\pi$ entre C et C′, $2\pi$ et $-2\pi$ en deçà de C. Suivant les cas, on devra employer l'un ou l'autre de ces deux modes.

Par exemple, si l'on considère, sur une même lemniscate, simple ou fléchie, deux points M et M′ situés, l'un au-dessus, l'autre au-dessous de l'axe $\overline{CC'}$, et qu'il s'agisse de faire en une seule fois la sommation de certains éléments répartis sur l'un des deux arcs MM′ : on fera croître la coordonnée $\beta$ d'une manière continue, de M en M′ pour l'arc M$\Delta$′M′ qui coupe la partie négative de l'axe des $x$, de M′ en M pour l'arc M′$\Delta$M qui coupe la partie positive du même axe ; ce qui exige que $\beta$ ait ses valeurs comprises, entre zéro et $4\pi$ dans le premier cas, entre $-2\pi$ et $+2\pi$ dans le second.

## § CXXIV.

### TUBE SIMPLE A BASE OVOIDE.

Les paramètres thermométriques $\alpha$, $\beta$, du système cylindrique actuel étant suffisamment définis, on peut appliquer directement à ce système les solutions générales de notre XI° leçon. Cette application n'offrant rien de nouveau, tant que les corps cylindriques ont des bases, dont les périmètres ne comprennent que des lemniscates simples ou fléchies, il suffira de citer quelques exemples, où ces périmètres comprennent des arcs appartenant, soit à la lemniscate radicale, soit à des lemniscates doubles.

*Exemple I.* Le corps cylindrique est un tube indéfini, dont la base est comprise entre la moitié de la lemniscate radicale, coupée en son point multiple, et l'un des ovoïdes d'une lemniscate double. Si la paroi extérieure est à zéro,

Fig. 3.

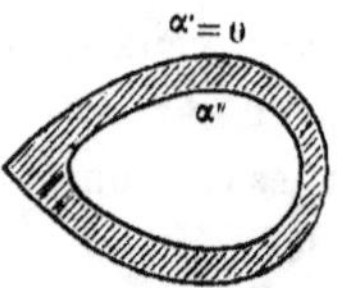


et que la paroi intérieure, au paramètre positif $\alpha''$, soit entretenue à la température 1, la formule

$$V = \frac{\alpha}{\alpha''}$$

donne les températures stationnaires de l'enveloppe; ses cylindres isothermes ont pour bases les ovoïdes aux paramètres compris entre zéro et $\alpha''$; les filets de chaleur sont les parties d'hyperboles aux paramètres $\beta$ compris entre $-\pi$ et $+\pi$. Si les deux parois ont des températures fixes, différant d'une génératrice à une autre, la fonction V est donnée par la première série de la formule (15), § CII (les $\mathbf{w}^{(j)}$ n'existant pas), on donne alors aux intégrales définies des $\mathbf{\Lambda}^{(j)}$ les limites $-\pi$ et $+\pi$.

On remarquera que les parois sont ici les moitiés des cylindres isothermes $\alpha = 0$, et $\alpha = \alpha''$; tandis que les formules employées ont été établies pour les cylindres entiers.

Mais, en supposant d'abord le corps cylindrique complet, et soumettant ses deux moitiés aux mêmes sources calorifiques, la section faite ensuite par l'unique génératrice dont la trace est le point multiple, et la suppression d'une moitié, ne sauraient troubler l'état thermométrique de l'autre moitié, que l'on peut conséquemment traiter séparément.

## § CXXV.

### DOUBLE TUBE A PAROIS OVOIDES.

*Exemple II*. Le corps cylindrique est un double tube, dont la base est comprise, entre une lemniscate fléchie, et une lemniscate double. Si la paroi extérieure, au paramè-

Fig. 4.

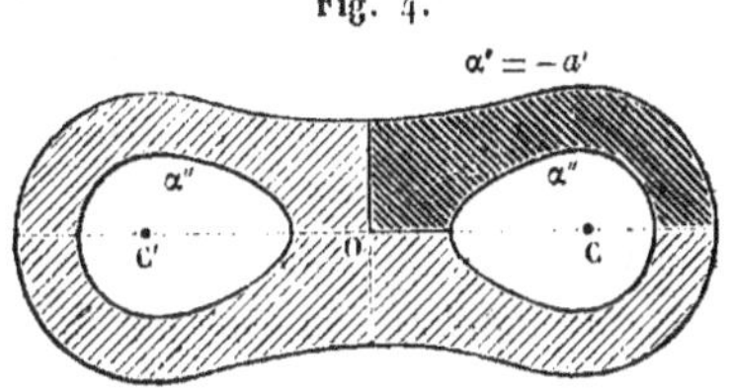


tre négatif $\alpha' = -a'$ est à zéro, et que la double paroi intérieure, au paramètre positif $\alpha''$, soit entretenue à la température $1$, la formule

$$V = \frac{\alpha + a'}{\alpha'' + a'},$$

donne les températures stationnaires de l'enveloppe ; les cylindres isothermes ont pour bases, les lemniscates fléchies, la lemniscate radicale, et les lemniscates doubles, dont les paramètres $\alpha$ sont compris entre $-a'$ et $+\alpha''$ ; les filets de chaleur sont des parties d'hyperboles dont les paramètres embrassent toutes les valeurs de $\beta$. Si les parois ont des températures fixes, différant d'une génératrice à une autre, la fonction V est encore donnée par la première série de la formule (15), § CII; les limites des intégrales

définies, dans les coefficients $\mathcal{A}^{(j)}$, étant, ou o et $4\pi$, ou
— $2\pi$ et $+ 2\pi$.

## § CXXVI.

### PRISMES A BASES DISCONTINUES.

*Exemple III.* La base du corps cylindrique n'est que le
quart de la précédente, coupée par les droites $\overline{CC'}$ et sa
perpendiculaire en O. Il s'agit d'un prisme à base discontinue, ayant cinq faces latérales. On a $\beta' = $ o, $\beta'' = \pi$ (sur
les deux faces planes formant l'angle dièdre droit en O),
$\alpha' = - a'$, $\alpha''$ positif. La fonction V sera donnée par la
formule (15), § CII ; les limites des intégrales définies étant,
o et $\pi$ pour les $\mathcal{A}^{(j)}$, $- a'$ et $+ \alpha''$ pour les $\mathcal{B}^{(j)}$.

Si la base du corps cylindrique est la moitié de celle de
l'exemple II, coupée seulement par la perpendiculaire en
O à $\overline{CC'}$, il semble, au premier abord, que la formule citée
est applicable, en prenant $\beta' = - \pi$, $\beta'' = + \pi$. Mais, le
paramètre $\alpha$ ne variant, sur les faces planes $\beta'$ et $\beta''$, qu'entre $- a'$ et zéro, tandis que la masse solide comprend des
points où cette coordonnée a des valeurs positives, on
tombe dans l'incompatibilité signalée au § CXVI, à moins
que $\alpha''$ ne soit zéro, ou que l'ovoïde intérieur ne soit la
moitié de la lemniscate radicale.

Fig. 5.

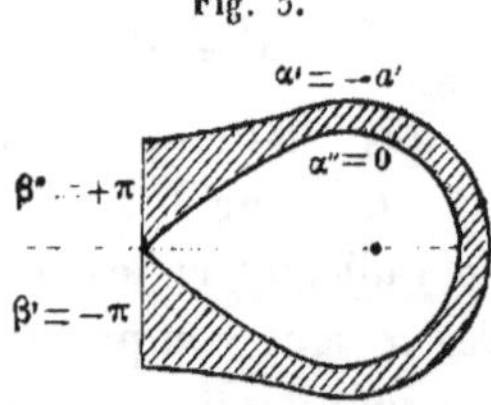


*Exemple IV.* Sur la base du double tube de l'exemple II, on mène par le point C deux courbes $\beta$, l'une au-
dessus de $\overline{CC'}$ et dont le paramètre est $\beta = b$, l'autre au·

dessous et symétrique de la première; la base totale est divisée par ces deux courbes $\beta$, en deux parties, qu'il s'agit de traiter, chacune séparément quand on supprime l'autre.

Fig. 6.

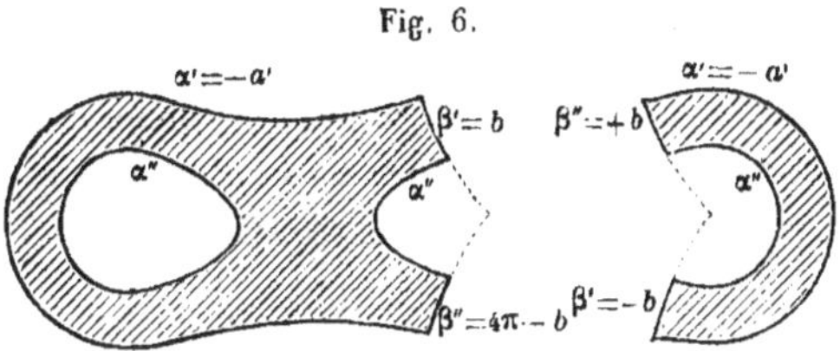


La fonction V sera donnée par la formule (15), § CII, dans les deux cas. Mais, s'il s'agit de la partie située à gauche, les limites des intégrales pour les $\mathcal{A}^{(j)}$ seront $\beta' = b$ et $\beta'' = 4\pi - b$; et, s'il s'agit de la partie située à droite, ces limites seront $\beta' = -b$, $\beta'' = +b$. Quant aux limites des intégrales pour les $\mathcal{B}^{(j)}$, elles seront $\alpha' = -a'$ et $\alpha''$ positif, pour les deux parties.

On remarquera que le premier cas suppose essentiellement la connaissance des températures fixes, existant sur la moitié complète, et renfermée, du cylindre $\alpha''$, laquelle est vide. Si cette moitié était pleine et solide, l'autre moitié restant vide et tronquée, la formule citée ne serait plus applicable, et celle dont il faudrait alors se servir, est à trouver.

## § CXXVII.

### PARAMÈTRE DIFFÉRENTIEL DU SYSTÈME.

D'autres applications du système cylindrique des lemniscates, avec ses coordonnées thermométriques, exigeraient la connaissance de son double paramètre différentiel du premier ordre, que l'on détermine ainsi qu'il suit.

La première (2) et la seconde (3) donnent le couple

d'équations

$$(8) \qquad \begin{cases} (x^2 + y^2 + c^2)^2 = c^4 e^{-2\alpha} + 4c^2 x^2, \\ (x^2 - y^2 - c^2)^2 = 4x^2 y^2 \dfrac{\cos^2\beta}{\sin^2\beta}, \end{cases}$$

retranchant la seconde de la première, observant que le premier membre de la différence est $(4c^2 x^2 + 4x^2 y^2)$, réduisant, puis extrayant la racine carrée, on a

$$(9) \qquad 2xy = c^2 e^{-\alpha} \sin\beta,$$

sans double signe : car le produit $xy$ doit avoir le même signe que $\sin\beta$, d'après l'ensemble des valeurs du paramètre $\beta$, et le sens adopté des $x$ et $y$ positifs. Avec la valeur (9) de $2xy$, la seconde (3) devient

$$(10) \qquad x^2 - y^2 = c^2(1 + e^{-\alpha} \cos\beta).$$

Les équations (9) et (10), élevées au carré, puis ajoutées, donnent, en extrayant la racine,

$$(11) \qquad x^2 + y^2 = c^2 \lambda,$$

lorsqu'on pose, pour simplifier,

$$(12) \qquad \sqrt{1 + e^{-2\alpha} + 2e^{-\alpha} \cos\beta} = \lambda;$$

quantité qui est nulle à l'origine O dont les coordonnées thermométriques sont $\alpha = 0$, $\beta = \pi$, et qui se réduit à $2\cos\dfrac{\beta}{2}$ sur la lemniscate radicale.

Cette préparation faite, si l'on différentie les équations (9) et (10) par rapport au paramètre $\alpha$, on a les valeurs

$$2\left(y\frac{dx}{d\alpha} + x\frac{dy}{d\alpha}\right) = -c^2 e^{-\alpha} \sin\beta,$$

$$2\left(x\frac{dx}{d\alpha} - y\frac{dy}{d\alpha}\right) = -c^2 e^{-\alpha} \cos\beta,$$

qui, élevées au carré, puis ajoutées, donnent facilement

$$(x^2+y^2)\left[\left(\frac{dx}{d\alpha}\right)^2+\left(\frac{dy}{d\alpha}\right)^2\right]=\frac{1}{4}c^4 e^{-2\alpha};$$

ou bien, substituant à la première parenthèse sa valeur (11),
à la seconde la valeur $\frac{1}{h^2}$,

$$(13)\qquad\qquad \frac{\lambda}{h^2}=\frac{c^2 e^{-2\alpha}}{4};$$

ce qui donne définitivement, pour le paramètre différentiel
cherché,

$$(14)\qquad\qquad h=\frac{2\lambda^{\frac{1}{2}}}{ce^{-\alpha}}.$$

Ce paramètre différentiel est donc nul, avec $\lambda$, à l'origine O.
Ce qui devait être, puisque, pour le potentiel cylindrique
particulier $\alpha$ (1), $h$ est la résultante de deux attractions,
qui sont égales et directement opposées pour la molécule
placée en O.

Le point, aux coordonnées $x$, $y$, étant situé sur le plan
des bases, si $r$, $r'$, R, représentent respectivement ses distances aux points C, C', O, on aura, d'après (11) et la
première (1),

$$\lambda^{\frac{1}{2}}=\frac{R}{c},\qquad c^2 e^{-\alpha}=rr',$$

et la valeur (14) prendra la forme caractéristique

$$(15)\qquad\qquad h=\frac{2R}{rr'};$$

c'est-à-dire que le paramètre différentiel est égal au double de la distance à l'origine O, divisé par le produit des
distances aux points C et C'. D'où il suit que la résultante
des deux attractions varie, proportionnellement à la dis-

tance R sur une même lemniscate, en raison inverse de $r$ sur un même cercle au rapport constant $\dfrac{R}{r}$, de $r'$ sur un même cercle au rapport constant $\dfrac{R}{r}$.

## § CXXVIII.

### AIRE DE LA LEMNISCATE RADICALE.

Si les coordonnées thermométriques, du système cylindrique des lemniscates, sont celles qu'il faut employer, dans les questions de la théorie analytique de la chaleur, comme étant alors les plus naturelles et les plus simples, il n'en est plus de même lorsqu'on se propose d'étudier les propriétés géométriques d'une courbe individuelle appartenant au même système ; là, d'autres coordonnées sont évidemment préférables.

Par exemple, s'il s'agit d'évaluer la surface de l'un des ovoïdes de la lemniscate radicale (4), on l'obtient rapidement à l'aide des coordonnées polaires, car les formules

$$x = r\cos\varphi, \quad y = r\sin\varphi,$$

transformant ainsi l'équation (4)

$$r^2 = 2\,c^2 \cos 2\varphi,$$

la surface cherchée est

$$\int_0^{\frac{\pi}{4}} r^2\,d\varphi = 2\,c^2 \int_0^{\frac{\pi}{4}} \cos 2\varphi\,d\varphi = c^2 ;$$

c'est-à-dire qu'elle équivaut au carré construit sur la largeur $c$, et dont la diagonale donne le demi-axe de la courbe. Tandis qu'avec les coordonnées thermométriques $\alpha$ et $\beta$, l'élément de surface étant

$$ds\,ds_1 = \frac{d\alpha\,d\beta}{h^2} = \frac{c^2\,e^{-2\alpha}\,d\alpha\,d\beta}{\lambda},$$

d'après la relation (13), il faudra intégrer cet élément, de
$\beta = 0$ à $\beta = \pi$, de $\alpha = 0$ à $\alpha = \infty$ ; opération beaucoup
plus pénible que la précédente.

Toutefois l'identité des résultats exigeant que l'on ait

$$\int_0^\infty \int_0^\pi \frac{e^{-2\alpha}\, d\alpha\, d\beta}{\sqrt{1 + e^{-2\alpha} + 2\, e^{-\alpha} \cos \beta}} = 2,$$

voilà une intégrale définie double dont la valeur, qui est
exacte, se trouve immédiatement posée. Cette évaluation
synthétique d'intégrales définies simples ou doubles, se
reproduisant pour tous les systèmes connus de surfaces
isothermes, paraît constituer un avantage inhérent à
l'emploi des coordonnées curvilignes, et qu'il importait de
signaler.

———

Les deux systèmes, étudiés dans cette leçon et la précédente, signalent plusieurs lois, qui régissent les limites et
les signes des coordonnées thermométriques (1), § XCIX.
En résumé, voici les conséquences principales de ces lois.
Pour un système cylindrique, isotherme et quelconque,
toutes les valeurs du potentiel angulaire $\beta$, sont comprises :
soit entre zéro et un certain multiple $2i\pi$, de la circonfé-
rence $2\pi$; soit entre $-i\pi$ et $+i\pi$. Suivant la question
que l'on traite, il faut adopter l'un ou l'autre de ces deux
classements.

S'il s'agit, par exemple, d'appliquer les séries (15) et (18)
de la XI$^e$ leçon, à un prisme rectangle, curviligne et indéfini, dont les faces appartiennent au système considéré, les
sommations nécessaires pour évaluer les coefficients $\mathscr{A}^{(j)}$,
$\mathscr{B}^{(i)}$, déterminent le classement essentiel. Alors les séries
citées donnent les températures stationnaires, pour les
seuls points *dont les deux coordonnées, $\alpha$ et $\beta$, appartien-*
*nent, chacune, à une des génératrices de la surface ;* c'est-

à-dire, ou les températures des seuls points intérieurs au prisme rectangle curviligne, ou exclusivement celles des points extérieurs.

Pour établir ces propositions, nous avons choisi le système cylindrique bi-circulaire, et celui des lemniscates, comme étant ceux qui s'offrent le plus naturellement aux applications. Or, ils sont aussi les plus simples parmi les nouveaux. En effet, sur la liste des systèmes orthogonaux formés par des lignes planes, le premier est celui des coordonnées rectilignes, qui comprend deux familles de droites parallèles; le second, celui des coordonnées polaires, qui réunit une famille de droites divergentes, avec une famille de cercles concentriques; immédiatement après, vient le système défini dans la XII^e leçon, lequel comprend deux familles de cercles; et le système étudié dans la leçon actuelle, est inséparable du précédent, dans la classe des potentiels cylindriques. Il y a lieu de s'étonner que le troisième système n'ait pas été introduit plus tôt; puisqu'il suffisait de rapprocher les deux seuls lieux géométriques du Cours le plus élémentaire.

# QUATORZIÈME LEÇON.

## SYSTÈMES ORTHOGONAUX TRANSFORMÉS.

Surfaces orthogonales transformées. — Transformation conique par rayons vecteurs réciproques.—Application au problème des températures stationnaires. — Transformation cylindrique. — Application aux systèmes cylindriques isothermes.

---

### § CXXIX.

#### NOUVELLES FORMULES.

Le système de coordonnées curvilignes, défini par les équations

$$(a) \qquad f_i(x, y, z) = \rho_i \dots \quad 3,$$

du § IV, peut l'être aussi par trois équations de la forme

$$(b) \qquad u = \mathcal{F}_u(\rho, \rho_1, \rho_2) \dots \quad 3,$$

desquelles on pourrait déduire les équations (a) elles-mêmes, ou celles des surfaces orthogonales conjuguées, en isolant successivement les $\rho_i$ à l'aide de l'élimination. Il est évident que les trois familles de surfaces, qui résultent de cette opération, dépendent des fonctions $\mathcal{F}_u$, ou qu'elles changent avec ces fonctions, puisque le système résultant (a) change avec les fonctions $f_i$.

Si l'on exprime les dérivées des $\rho_i$ en $u$, par celles des $u$ en $\rho_i$, à l'aide des relations (8), § VIII, les formules (2) et (4), § VI, se transforment ainsi :

$$(1) \qquad S\left(\frac{du}{d\rho_i}\right)^2 = \frac{1}{h_i^2} \cdot \cdot \quad 3,$$

$$(2) \qquad S\frac{du}{d\rho_i}\frac{du}{d\rho_j} = 0 \dots \quad 3;$$

les premières définissent d'une autre manière les fonctions $h_i$, les secondes expriment encore l'orthogonalité des surfaces conjuguées.

Ainsi, lorsqu'on est arrivé à des valeurs (b), donnant les $u$ à l'aide des $\rho_i$, si l'on constate que les relations (2) sont vérifiées, on doit conclure que les surfaces ayant les $\rho_i$ pour paramètres, et dont les équations (a) s'obtiendraient par l'élimination, se coupent orthogonalement. La formule (1) donne alors les fonctions $h_i$, desquelles on peut déduire les courbures, les paramètres différentiels du second ordre, tous les éléments géométriques et analytiques du système obtenu.

## § CXXX.

### TRANSFORMATION PAR RAYONS VECTEURS RÉCIPROQUES.

On trouve un emploi remarquable de cette marche et de ces règles, lorsqu'on applique la transformation par rayons vecteurs réciproques, aux fonctions-de-point et à leurs systèmes coordonnés, comme plusieurs géomètres l'ont fait aux surfaces et aux courbes.

Pour transformer, ou plutôt transposer, un point quelconque M : sur le rayon vecteur R, qui mesure sa distance à l'origine O, on prend un point M′, tel que son rayon vecteur R′ soit égal à $\dfrac{c^2}{R}$ ; $c$ étant une longueur qui reste la même pour toutes les transpositions. Alors, les rapports $\dfrac{u'}{u}$, des coordonnées $u'$ de M′ à celles $u$ de M, seront égaux à $\dfrac{R'}{R}$, ou à $\dfrac{c^2}{R^2}$, d'où

$$(b') \qquad\qquad u' = \frac{c^2}{R^2}\, u \dots \ 3.$$

Cela posé, supposons que les $u$ soient exprimés en $\rho_i$ par des valeurs données (b), qui définissent un premier système de surfaces. Ces valeurs étant substituées dans ces seconds membres des $u'$ (b'), où

$$(3) \qquad R^2 = S\,u^2,$$

ces $u'$, maintenant exprimés en $\rho_i$, définiront un second système de surfaces. Il s'agit de reconnaître à quelles conditions ces nouvelles surfaces seront orthogonales.

## § CXXXI.

### ORTHOGONALITÉ DU SYSTÈME TRANSFORMÉ.

La formule (b'), différentiée successivement par rapport à $\rho_i$, et à $\rho_j$, donne

$$(4) \qquad \begin{cases} \dfrac{1}{c^2}\dfrac{du'}{d\rho_i} = \dfrac{1}{R^2}\dfrac{du}{d\rho_i} - \dfrac{2\,u}{R^3}\dfrac{dR}{d\rho_i}, \\[2ex] \dfrac{1}{c^2}\dfrac{du'}{d\rho_j} = \dfrac{1}{R^2}\dfrac{du}{d\rho_j} - \dfrac{2\,u}{R^3}\dfrac{dR}{d\rho_j}, \end{cases}$$

et, remarquant que, d'après l'équation (3), on a

$$(5) \qquad S\,udu = R\,dR,$$

quelle que soit la variable indépendante par rapport à laquelle on différentie, on reconnaît facilement que la sommation $S$ du produit des deux valeurs (4) conduit à

$$(6) \qquad \frac{1}{c^4} S \frac{du'}{d\rho_i}\frac{du'}{d\rho_j} = \frac{1}{R^4} S \frac{du}{d\rho_i}\frac{du}{d\rho_j} \cdots 3,$$

comme si les seconds membres de ces valeurs se réduisaient à leurs premiers termes. (En effet, le produit des deux derniers termes de ces seconds membres donnerait à la somme

$$+ \frac{4}{R^4} \frac{d\mathrm{R}}{d\rho_i} \frac{d\mathrm{R}}{d\rho_j},$$

et, d'après (5), les deux autres parties, complétant le produit total, donneraient, réunies et sommées, la même quantité avec un signe contraire.)

Maintenant, pour que le second système, celui des $u'\,(b')$, soit orthogonal, il faut que

$$S \frac{du'}{d\rho_i} \frac{du'}{d\rho_j} = 0 \dots 3.$$

ou, d'après les relations (6), que

$$S \frac{du}{d\rho_i} \frac{du}{d\rho_j} = 0 \dots 3.$$

C'est-à-dire qu'il faut, et qu'il suffit, que le premier système, celui des $u\,(b)$, soit lui-même orthogonal.

Ainsi tout système orthogonal, auquel on appliquera la transformation par rayons vecteurs réciproques, donnera un second système pareillement orthogonal. Et, dans cette transformation générale, chaque surface $\rho_i$, chaque arc $s_i$ ou chaque ligne de courbure, du premier système, donnera une surface $\rho_i$, un arc $s_i$ ou une ligne de courbure, du second.

D'après la marche suivie pour l'obtenir, il est évident que la relation (6) s'étend aux cas où les indices $i$ et $j$ sont égaux. Si donc on désigne par $h'_i$ les paramètres différentiels du premier ordre des $\rho_i$, dans le système $u'\,(b')$, la relation (6), rapprochée de la formule (1) donnera

$$(7) \qquad\qquad h'_i = \frac{\mathrm{R}^2}{c^2} h_i \dots 3.$$

Si $\varpi'$ représente le produit des trois $h'_i$, comme $\varpi$ celui des trois $h_i$, on aura

$$(8) \qquad \frac{h'^2_i}{\varpi'} = \frac{c^2}{\mathrm{R}^2}\, \frac{h_i^2}{\varpi} \cdots\; 3.$$

Puis, en accentuant le symbole $\Delta_2$ pour désigner les para-mètres différentiels du second ordre dans le système $(b')$, la formule (29) du § XIV donnera

$$(9) \qquad \frac{\Delta'_2 \rho_i}{\varpi'} = \frac{c^2}{\mathrm{R}^2}\, \frac{\Delta_2 \rho_i}{\varpi} - \frac{2\,c^2}{\mathrm{R}^3}\, \frac{d\mathrm{R}}{d\rho_i}\, \frac{h_i^2}{\varpi} \cdots\; 3.$$

## § CXXXII.

### RELATION ENTRE LES $\Delta_2$.

Si ces valeurs (9) n'offrent rien de remarquable, il en est autrement du paramètre différentiel du second ordre d'une fonction-de-point rapportée au nouveau système : la nature de la fonction $\mathrm{R}^2$, qui entre en dénominateur dans les valeurs (8), conduit à un théorème important, qui donne ce nouveau paramètre différentiel du second ordre par une formule très-simple.

Une fonction-de-point $\mathrm{F}$ étant exprimée dans le système $u'\,(b')$, son paramètre différentiel du second ordre aura pour expression

$$(10) \qquad \Delta'_2 \mathrm{F} = \varpi' \sum \frac{d\,\dfrac{h'^2_i}{\varpi'}\,\dfrac{d\mathrm{F}}{d\rho_i}}{d\rho_i},$$

conformément à la valeur générale (28) du § XIV. Substi-tuant les valeurs (8), et posant

$$(11) \qquad\qquad \mathrm{R}^2 = \lambda,$$

l'équation (10) prendra la forme suivante :

$$(12) \qquad \frac{\Delta'_2 \mathrm{F}}{c^2 \varpi'} = \sum \frac{d\,\dfrac{1}{\lambda}\,\dfrac{h_i^2}{\varpi}\,\dfrac{d\mathrm{F}}{d\rho_i}}{d\rho_i}.$$

Maintenant, si l'on désigne par f le quotient de la fonction F par $\frac{c}{\sqrt{\lambda}}$, ou si l'on pose

$$(13) \qquad\qquad F = \frac{f\sqrt{\lambda}}{c},$$

l'équation (12), multipliée par $c$, se transforme ainsi

$$(14) \qquad\qquad \frac{\Delta'_2\, f\sqrt{\lambda}}{c^2\varpi'} = \sum \frac{d\,\dfrac{1}{\lambda}\dfrac{h_i^2}{\varpi}\dfrac{df\sqrt{\lambda}}{d\rho_i}}{d\rho_i}\,;$$

et il s'agit de développer le second membre.

Remplaçant, momentanément, $\frac{h_i^2}{\varpi}$ par $\mu$, et $\rho_i$ par $\alpha$, on a

$$\frac{\mu}{\lambda}\frac{df\sqrt{\lambda}}{d\alpha} = \frac{1}{\lambda^{\frac{1}{2}}}\mu\frac{df}{d\alpha} + \frac{f}{2\lambda^{\frac{3}{2}}}\mu\frac{d\lambda}{d\alpha},$$

et, quand on différentie de nouveau cette expression par rapport à $\alpha$, il arrive, dans le second membre, que la différentiation du facteur $\frac{1}{\lambda^{\frac{1}{2}}}$, appartenant au premier terme, est détruite par celle du facteur f, appartenant au second ; circonstance importante, d'où résulte

$$\frac{d\,\dfrac{\mu}{\lambda}\dfrac{df\sqrt{\lambda}}{d\alpha}}{d\alpha} = \frac{1}{\sqrt{\lambda}}\frac{d\mu\dfrac{df}{d\alpha}}{d\alpha} + \frac{f}{4\lambda^2\sqrt{\lambda}}\left[2\lambda\frac{d\mu\dfrac{d\lambda}{d\alpha}}{d\alpha} - 3\mu\left(\frac{d\lambda}{d\alpha}\right)^2\right].$$

Restituant, dans ce développement, à $\mu$ et $\alpha$ leurs valeurs, faisant la sommation $\sum$, enfin ayant égard aux expressions générales des $\Delta_2$ et des $(\Delta_1)^2$ du § XIV, on met l'équation $(14)$ sous la forme

$$(15) \qquad \frac{\Delta'_2\, f\sqrt{\lambda}}{c^2\,\varpi'} = \frac{1}{\sqrt{\lambda}}\,\frac{\Delta_2 f}{\varpi} + \frac{f}{4\varpi\lambda^2\,\sqrt{\lambda}}\,[\,2\lambda\Delta_2\lambda - 3\,(\Delta_1\lambda)^2\,].$$

Or, la parenthèse du second membre est nulle d'elle-même, d'après la nature de la fonction $\lambda$, car on a

$$\lambda = \mathbf{S}\,u^2, \quad \frac{d\lambda}{du} = 2u, \quad \frac{d^2\lambda}{du^2} = 2;$$
$$(\Delta_1\lambda)^2 = 4\lambda, \quad \Delta_2\lambda = 6;$$
$$2\lambda\Delta_2\lambda = 3\,(\Delta_1\lambda)^2 = 12\lambda.$$

Le second membre de l'équation $(15)$ se réduit donc à son premier terme; remplaçant, au premier membre $f\sqrt{\lambda}$ par $cF$ $(13)$, au second $\sqrt{\lambda}$ par $R$ $(11)$, et rappelant que

$$\frac{\varpi'}{\varpi} = \left(\frac{R}{c}\right)^6,$$

d'après les valeurs $(7)$, on a simplement

$$(16) \qquad\qquad \Delta'_2\,F = \left(\frac{R}{c}\right)^5 \cdot \Delta_2 f;$$

où, d'après la relation posée $(13)$, la fonction $f$ est liée à $F$ par la proportion

$$(17) \qquad\qquad f = \frac{c}{R}\,F.$$

L'interprétation de ce résultat exige quelques réflexions. Au point de vue purement analytique, $F$ et $f$ ne sont que deux fonctions des trois mêmes variables $\rho_i$; mais, en les considérant comme des fonctions-de-point, ou comme assignant à chaque point la valeur d'une certaine quantité ($\S$ I), elles ont des origines essentiellement différentes. La première, $F$, a été introduite dans le système $u'$ $(b')$; si donc on donne des valeurs particulières aux $\rho_i$, dans son expression à l'aide de ces variables, le nombre résultant assignera la quantité F correspondante au point M', dont les coordonnées $u'$ se déduiraient de la substitution de ces mêmes valeurs particulières dans les relations (b').

La seconde, f, devient une fonction-de-point, nécessairement exprimée dans le système $u$ (b), quand on remplace, lors de la formation de l'équation (15),

$$\sum \mathrm{d}\frac{\dfrac{h_i^2}{\varpi}\dfrac{d\mathrm{f}}{d\rho_i}}{d\rho_i} \quad \text{par} \quad \frac{\Delta_2\mathrm{f}}{\varpi}.$$

D'ailleurs, dans le second membre de cette équation (15), l'association des fonctions f et $\lambda$ entraîne l'unité de leur système, et $\lambda$ appartient essentiellement au primitif. Si donc on donne des valeurs particulières aux $\rho_i$, dans l'expression de f à l'aide de ces variables, le nombre résultant assignera la quantité f correspondante au point M, dont les coordonnées $u$ se déduiraient de la substitution de ces mêmes valeurs particulières dans les relations (b).

En un mot, considérées comme des fonctions-de-point, f appartient au système primitif, F au système transformé. Ainsi, de même que les équations originelles (b') donnent les coordonnées de M', à l'aide de celles de M, de même les équations finales, (13) et (16), donnent certaines quantités appartenant au point M', à l'aide d'autres quantités appartenant au point M.

On conçoit, d'ailleurs, que toute fonction $\mathcal{F}$ des $\rho_i$ pourrait être exprimée de deux manières différentes : 1° par les $u'$, en éliminant les paramètres à l'aide des équations (b'), première expression d'où l'on déduirait

$$\Delta'_2 \mathcal{F} = S' \frac{d^2 \mathcal{F}}{du'^2};$$

2° par les $u$, en éliminant les paramètres à l'aide des équations (b), seconde expression d'où l'on déduirait

$$\Delta_2 \mathcal{J} = S \, \frac{d^2 \mathcal{J}}{du^2}.$$

Si l'on suppose que ces deux modes soient respectivement appliqués aux deux membres de l'équation (16), elle deviendra

$$(16 \, bis) \qquad S' \frac{d^2 F}{du'^2} = \frac{R^5}{c^4} S \frac{d^2 \frac{F}{R}}{du^2};$$

en remplaçant f par sa valeur (17). Or les $u'$ sont donnés en fonctions des $u$ par les relations posées (b'); on peut donc vérifier l'équation (16 *bis*), en se servant des procédés du calcul différentiel, relatifs au changement des variables indépendantes. Cette vérification bannit tout doute, et sa longueur inévitable fait ressortir tout l'avantage de la méthode précédente, fondée sur l'emploi des coordonnées curvilignes.

## § CXXXIII.

### APPLICATION AUX TEMPÉRATURES STATIONNAIRES.

L'importance de la formule (16) ne le cède pas à sa simplicité. Pour faire comprendre, par un exemple, quelle est son utilité générale, prenons un des problèmes principaux de la théorie analytique de la chaleur ; celui qui consiste à déterminer la température stationnaire, V, des points d'une enveloppe solide homogène, dont les deux parois sont soumises à des températures fixes et connues, différentes d'un point à un autre de ces parois.

Supposons que ce problème d'intégration ait été résolu pour une première enveloppe, dont les parois sont deux surfaces $\rho$ du système orthogonal défini par les valeurs $u$ (b); nous allons montrer, qu'il résulte de la formule (16) que le même problème se trouvera résolu, pour une seconde enveloppe, dont les parois seraient deux des surfaces $\rho$, appartenant au système défini par les valeurs $u'$ (b').

En effet, dans le cas de la première enveloppe, on avait à déterminer une fonction V, exprimée dans le système $u$ (b), vérifiant l'équation

$$(18) \qquad \Delta_2 V = 0,$$

et qui, pour les valeurs $\rho = \alpha$, $\rho = \beta$, correspondantes aux deux parois, reproduisît leurs températures fixes, données par les équations, dites à la surface

$$(19) \qquad \begin{cases} V_\alpha = f_\alpha(\rho_1,\ \rho_2), \\ V_\beta = f_\beta(\rho_1,\ \rho_2); \end{cases}$$

et tel est le problème d'analyse que nous supposons résolu.

Dans le cas de la seconde enveloppe, il faut déterminer une fonction $V'$, exprimée dans le système $u'$ (b'), vérifiant l'équation

$$(20) \qquad \Delta'_2 V' = 0,$$

et qui, pour les valeurs $\rho = \alpha$, $\rho = \beta$, correspondantes aux deux nouvelles parois (lesquelles sont les transformées par rayons vecteurs réciproques des anciennes), reproduise leurs températures fixes, données par les équations

$$(21) \qquad \begin{cases} V'_\alpha = F_\alpha(\rho_1,\ \rho_2), \\ V'_\beta = F_\beta(\rho_1,\ \rho_2). \end{cases}$$

Pour résoudre ce nouveau problème, posons

$$(22) \qquad V' = \frac{R}{c} W,$$

relation dans laquelle $R = \sqrt{S u^2}$ est exprimé en $\rho_i$ à l'aide des valeurs $u$ (b) ; on aura, d'après la formule (16),

$$(23) \qquad \Delta'_2 V' = \left(\frac{R}{c}\right)^5 \cdot \Delta_2 W,$$

la fonction W étant exprimée, comme R, dans le système primitif $u$ (b) ; et puisque le premier membre de (23) doit être nul, d'après (20), il faudra que la fonction W vérifie l'équation

$$(24) \qquad \Delta_2 W = 0,$$

et que, pour les valeurs $\rho = \alpha$, $\rho = \beta$, correspondantes aux parois, redevenues les anciennes, elle donne

$$(25) \qquad \begin{cases} W_\alpha = \dfrac{c\, F_\alpha(\rho_1, \ \rho_2)}{R_\alpha}, \\[2mm] W_\beta = \dfrac{c\, F_\beta(\rho_1, \ \rho_2)}{R_\beta} ; \end{cases}$$

valeurs qui se déduisent des équations (21), d'après la relation (22) ; $R_\alpha$, $R_\beta$, désignant ce que devient la fonction R des $\rho_i$, quand on y fait $\rho = \alpha$, $\rho = \beta$.

Actuellement, le problème de la détermination de W est le même que celui dont, par hypothèse, on possède la solution. On aura donc W en substituant, dans l'expression trouvée pour V,

$$(26) \qquad \begin{cases} \dfrac{c\, F_\alpha(\rho_1, \ \rho_2)}{R_\alpha} \quad \text{à } f_\alpha(\rho_1, \ \rho_2), \\[2mm] \dfrac{c\, F_\beta(\rho_1, \ \rho_2)}{R_\beta} \quad \text{à } f_\beta(\rho_1, \ \rho_2). \end{cases}$$

Et, la fonction W étant connue, la relation (22) donnera V'.

## § CXXXIV.

### RELATION DES SOLUTIONS.

En résumé, les fonctions-de-point W et V′, qui expriment les températures stationnaires, la première dans l'enveloppe primitive, la seconde dans l'enveloppe résultant de la transformation par rayons vecteurs réciproques, sont liées, pour deux points correspondants (M, M′), par la proportion

$$(27) \qquad W : V' = c : R,$$

Si les parois de la seconde enveloppe sont les transformées des parois de la première, et Si les températures fixes et données, de part et d'autre, sur ces parois, sont liées par la même proportion (27); ce qu'expriment les substitutions (26). (Il importe de remarquer que, dans cette correspondance, la paroi extérieure de la première enveloppe a pour transformée la paroi intérieure de la seconde, et réciproquement; ce qui résulte évidemment de la relation $RR' = c^2$, base de la transformation.)

On voit clairement, par le résumé qui précède, comment la solution du second problème se trouve ramenée à celle du premier. Ainsi, lorsqu'on sera parvenu à résoudre le problème général, énoncé au § CXXXIII, pour une enveloppe solide, limitée par deux surfaces, appartenant à l'une des trois familles conjuguées d'un système orthogonal nouveau; on aura immédiatement la solution du même problème, pour une infinité d'autres enveloppes, résultant de la première, transformée par rayons vecteurs réciproques; soit en plaçant successivement l'origine O dans toutes les positions admissibles; soit en donnant à la longueur constante $c$ toutes les grandeurs finies.

Quand on considère le très-petit nombre de corps que l'on savait traiter, il y a peu d'années, dans la théorie analytique de la chaleur, on est émerveillé de la puissance de généralisation du nouvel instrument, que nous venons d'indiquer. Gloire en soit rendue aux géomètres qui l'ont inauguré et cultivé. On peut voir d'autres détails relatifs à son emploi, dans plusieurs travaux importants de M. Thomson, et de M. Liouville, surtout dans les mémorables Lettres de ce dernier à M. Blanchet.

## § CXXXV.

### TRANSFORMATION CYLINDRIQUE.

On arrive à des conséquences non moins remarquables que les précédentes, lorsqu'on applique à des systèmes orthogonaux de courbes planes, ou aux cylindres qui ont ces courbes pour bases, un autre mode de transformation par rayons vecteurs réciproques. Dans ce second mode, le rayon vecteur d'un point M est sa distance à une droite constante, et non à un point fixe comme dans le premier. On peut indiquer la différence de ces deux transformations, en appelant l'une *conique,* et l'autre *cylindrique.* La distinction est analogue à celle qui se présente en mécanique, quand on considère le moment d'une force, soit par rapport à un point, soit par rapport à une droite.

Tout système de courbes planes orthogonales peut être représenté par des équations de la forme

$$(28) \qquad \begin{cases} x = f(\alpha, \ \beta), \\ y = f_1(\alpha, \ \beta), \end{cases}$$

dans lesquelles $\alpha$ et $\beta$ sont les paramètres des deux familles, et qui vérifient la relation

$$(29) \qquad \frac{dx}{d\alpha}\frac{dx}{d\beta} + \frac{dy}{d\alpha}\frac{dy}{d\beta} = 0,$$

exprimant l'orthogonalité. Les paramètres différentiels du premier ordre $h$ et $h_1$ de $\alpha$ et $\beta$, sont donnés par les formules

$$(30) \qquad \begin{cases} \left(\dfrac{dx}{d\alpha}\right)^2 + \left(\dfrac{dy}{d\alpha}\right)^2 = \dfrac{1}{h^2}, \\[2ex] \left(\dfrac{dx}{d\beta}\right)^2 + \left(\dfrac{dy}{d\beta}\right)^2 = \dfrac{1}{h_1^2}. \end{cases}$$

Le paramètre différentiel du second ordre d'une fonction $\mathcal{F}$ quelconque de $(\alpha, \beta)$, et qui est indépendante de la coordonnée rectiligne $z$, a pour expression

$$(31) \qquad \Delta_2\mathcal{F} = hh_1\left( \frac{\mathrm{d}\,\dfrac{h}{h_1}\dfrac{d\mathcal{F}}{d\alpha}}{d\alpha} + \frac{\mathrm{d}\,\dfrac{h_1}{h}\dfrac{d\mathcal{F}}{d\beta}}{d\beta} \right),$$

puisque le paramètre différentiel du premier ordre $h_2$ de $z$ est égal à l'unité.

Dans la transformation dont il s'agit, désignant encore par R et R′ les nouveaux rayons vecteurs, de même direction, des deux points M et M′, on établit entre eux la relation constante

$$(32) \qquad\qquad RR' = c^2,$$

et $(x, y)$ étant les coordonnées de M, $(x', y')$ celles de M′, on a

$$(33) \qquad \begin{cases} R^2 = x^2 + y^2, \quad R'^2 = x'^2 + y'^2, \\[2ex] \dfrac{x'}{x} = \dfrac{y'}{y} = \dfrac{R'}{R} = \dfrac{c^2}{R^2}, \end{cases}$$

ce qui donne, pour les formules de la transformation,

$$(34) \qquad \begin{cases} x' = c^2\,\dfrac{x}{R^2} = \dfrac{c^2 x}{x^2 + y^2}, \\[2ex] y' = c^2\,\dfrac{y}{R^2} = \dfrac{c^2 y}{x^2 + y^2}. \end{cases}$$

Après la substitution des valeurs (28), les relations (34) représentent, en $(\alpha, \beta)$, le système des courbes transformées. En suivant absolument la même marche qu'au § CXXXI, on constate : 1° que les fonctions $(x', y')$ vérifient la relation

$$(35) \qquad \frac{dx'}{d\alpha}\frac{dx'}{d\beta} + \frac{dy'}{d\alpha}\frac{dy'}{d\beta} = 0,$$

ce qui démontre l'orthogonalité des nouvelles courbes ; 2° que les paramètres différentiels du premier ordre, $h'$, $h'_1$, du second système $(34)$, sont liés à ceux, $h$, $h_1$, du premier $(28)$, par les proportions

$$(36) \qquad \frac{h'}{h} = \frac{h'_1}{h_1} = \frac{R^2}{c^2}.$$

## § CXXXVI.

### RAPPORT DES $\Delta_2$.

Or le paramètre différentiel du second ordre de la fonction $\mathscr{F}$ de $(\alpha, \beta)$, pris relativement au système $(34)$, ayant pour expression générale

$$(37) \qquad \Delta'_2\mathscr{F} = h'h'_1\left(\frac{d\dfrac{h'}{h'_1}\dfrac{d\mathscr{F}}{d\alpha}}{d\alpha} + \frac{d\dfrac{h'_1}{h'}\dfrac{d\mathscr{F}}{d\beta}}{d\beta}\right),$$

deviendra, par la substitution des valeurs $(36)$ des $h'$, $h'_1$,

$$\Delta'_2\mathscr{F} = \left(\frac{R}{c}\right)^4 \cdot hh_1\left(\frac{d\dfrac{h}{h_1}\dfrac{d\mathscr{F}}{d\alpha}}{d\alpha} + \frac{d\dfrac{h_1}{h}\dfrac{d\mathscr{F}}{d\beta}}{d\beta}\right),$$

ou, plus simplement, d'après $(31)$,

$$(38) \qquad \Delta'_2\mathscr{F} = \left(\frac{R}{c}\right)^4 \cdot \Delta_2\mathscr{F};$$

relation remarquable, analogue à celle $(16)$ du § CXXXII, mais qui en diffère, en ce qu'ici les $\Delta'_2$ et $\Delta_2$ appartiennent à la même fonction. Cette relation $(38)$, qui n'est autre que celle-ci

$$(38\ bis) \qquad \frac{d^2\mathcal{F}}{dx'^2} + \frac{d^2\mathcal{F}}{dy'^2} = \frac{R^4}{c^4}\left(\frac{d^2\mathcal{F}}{dx^2} - \frac{d^2\mathcal{F}}{dy^2}\right),$$

se vérifie par le calcul différentiel ordinaire, à l'aide des équations (34), qui donnent les nouvelles variables $(x', y')$, en fonction des anciennes $(x, y)$.

On déduit du rapprochement des relations (33), (36), (38), la suite de rapports égaux

$$(39) \qquad \frac{\Delta'_2\mathcal{F}}{\Delta_2\mathcal{F}} = \frac{h'^2}{h^2} = \frac{h'^2_1}{h^2_1} = \frac{x^2}{x'^2} = \frac{y^2}{y'^2}.$$

De là résulte que les carrés des paramètres différentiels du premier ordre de la fonction $\mathcal{F}$, dans les deux systèmes, ou les expressions

$$(\Delta'_1\mathcal{F})^2 = h'^2\left(\frac{d\mathcal{F}}{d\alpha}\right)^2 + h'^2_1\left(\frac{d\mathcal{F}}{d\beta}\right)^2,$$

$$(\Delta_1\mathcal{F})^2 = h^2\left(\frac{d\mathcal{F}}{d\alpha}\right)^2 + h^2_1\left(\frac{d\mathcal{F}}{d\beta}\right)^2,$$

seront encore dans le même rapport général. On a donc

$$(40) \qquad \frac{\Delta'_2\mathcal{F}}{(\Delta'_1\mathcal{F})^2} = \frac{\Delta_2\mathcal{F}}{(\Delta_1\mathcal{F})^2}.$$

Si la fonction $\mathcal{F}$ est telle que la seconde fraction ne varie qu'avec $\mathcal{F}$, il en sera de même de la première. C'est-à-dire, d'après le § XX, que si la famille des cylindres, au paramètre $\mathcal{F}$, est isotherme dans le système primitif, la famille de ces cylindres transformés le sera pareillement. Ce théorème général comprend évidemment les théorèmes particuliers qui vont suivre, mais l'importance de ces derniers exige leur démonstration directe et spéciale.

## § CXXXVII.

### CAS DES CYLINDRES ISOTHERMES.

Si, dans le premier système, les paramètres $(\alpha, \beta)$ vérifient le groupe d'équations aux différences partielles (22), § CVII, ce premier système est isotherme, et de plus $h_1 = h$. Alors les proportions (36) donnent $h'_1 = h'$, et puisque l'équation (35) est vérifiée, le second système est pareillement isotherme, d'après le théorème établi au § CVIII. Ainsi le second mode de transformation par rayons vecteurs réciproques, appliqué à un système cylindrique orthogonal et isotherme, donne un second système cylindrique, qui est, non-seulement orthogonal, mais encore isotherme, tout comme le premier.

On arrive d'une autre manière à cette dernière conséquence, en partant de l'équation

$$\beta + \alpha \sqrt{-1} = F\left(x + y\sqrt{-1}\right),$$

qui représente, à elle seule, un système cylindrique, orthogonal, isotherme, et quelconque (§ CVII). Car, en y remplaçant $x$ et $y$ par $c^2 \dfrac{x'}{R'^2}$ et $c^2 \dfrac{y'}{R'^2}$, on a

$$\beta + \alpha \sqrt{-1} = F\left(\frac{c^2}{x' - y'\sqrt{-1}}\right),$$

et cette nouvelle équation représente le système cylindrique transformé. Or, son second membre donne identiquement

$$\frac{dF}{dy'} + \frac{dF}{dx'}\sqrt{-1} = 0,$$

et la substitution du premier membre, dans cette identité,

conduit au groupe

$$\frac{d\alpha}{dx'} = \frac{d\beta}{dy'},$$

$$\frac{d\alpha}{dy'} = -\frac{d\beta}{dx'};$$

d'où l'on déduit l'orthogonalité et l'isothermie du nouveau système, ainsi que l'égalité de ses deux paramètres différentiels du premier ordre.

## § CXXXVIII.

### IDENTITÉ DES SOLUTIONS.

Mais, il y a plus : si l'on a résolu, sur une enveloppe cylindrique indéfinie, formée par le premier système, les problèmes généraux de notre XI<sup>e</sup> leçon, les mêmes formules résoudront les mêmes problèmes, sur l'enveloppe correspondante formée par le second système. Et cela, sans aucune modification, ni dans les paramètres thermométriques employés, ni dans leurs limites, ni dans les fonctions soumises aux intégrations définies : Si les parois cylindriques de la seconde enveloppe sont les transformées des parois de la première, et Si chaque température, fixe et donnée, est la même pour deux génératrices réciproques l'une de l'autre.

Ce qui résulte, évidemment, de ce que la température stationnaire, V, exprimée en $(\alpha, \beta)$, aura, comme la fonction $\mathfrak{F}$ (38), son $\Delta'_2$ nul en même temps que son $\Delta_2$ ; et de ce que les équations à la surface seront identiquement les mêmes dans les deux cas, puisque deux génératrices, réciproques l'une de l'autre, ont les mêmes coordonnées curvilignes $(\alpha, \beta)$.

Il importe encore de remarquer ici, que la paroi intérieure du système primitif, correspond à la paroi extérieure du système transformé, et réciproquement. S'il n'existe qu'une seule paroi cylindrique dans le premier système, il n'en existera qu'une dans le second; mais alors, l'unique formule, qui donnera les températures stationnaires des points intérieurs au premier cylindre, donnera au contraire celles des points extérieurs au second cylindre. C'est-à-dire qu'elle résoudra le problème posé, pour une colonne prismatique solide, dans le premier cas, et pour un canal cylindrique traversant une masse solide indéfinie, dans le second; ou, inversement.

---

En résumé, les transformations, conique et cylindrique, par rayons vecteurs réciproques, donneront une infinité de systèmes orthogonaux secondaires, pour lesquels le problème de l'équilibre des températures se trouvera résolu, s'il l'est pour le système primitif, qui leur transmettra sa solution. Là, cette transmission est essentielle et générale, tandis qu'elle ne se présente qu'exceptionnellement, dans les systèmes obtenus par des transformations d'une autre nature.

Par exemple, si les trajectoires, qui servent de bases aux cylindres isothermes des leçons précédentes, tournent autour d'un axe situé dans leur plan, il en résulte une famille de plans méridiens, et deux familles orthogonales de surfaces de révolution. De cette manière, le système des coordonnées polaires conduit à celui des coordonnées sphériques; les courbes homofocales du § CVIII, engendrent les systèmes des ellipsoïdes planétaires et ovaires; et ces systèmes transformés sont triplement isothermes, comme les primitifs. Mais, pour tout autre cas, les plans méridiens sont seuls isothermes.

Ainsi, le système bi-circulaire, donnera une famille de tores, et une famille de sphères ayant un cercle commun, s'il tourne autour de son axe radical; il engendrera une autre

famille de tores se pénétrant suivant deux mêmes ombilics,
et une famille de sphères excentriques isolées, s'il tourne
autour de son axe central ; mais, dans ces systèmes transformés, les surfaces de révolution ne seront pas isothermes.
Et il en sera de même des tores, à section méridienne ovoïde,
engendrés par la rotation des lemniscates. Forcés de nous
limiter, nous avons supprimé l'étude de ces systèmes, ina-
bordables pour les températures, bien qu'elle conduisît à des
propriétés géométriques importantes, et qu'elle pût même
venir en aide, pour une autre branche de la physique mathématique.

# QUINZIÈME LEÇON.

## ÉQUATIONS GÉNÉRALES DE L'ÉLASTICITÉ.

Rappel des équations et des lois de l'équilibre d'élasticité des corps solides homogènes. — Transformation des équations générales en coordonnées curvilignes. — Définition et loi d'un système isostatique.

## § CXXXIX.

### RAPPEL DES ÉQUATIONS DE L'ÉLASTICITÉ.

Les leçons qui vont suivre ont pour objet principal, d'appliquer les coordonnées curvilignes, à la théorie mathématique de l'élasticité. Cette application est réellement la plus naturelle, car les lois qui régissent l'équilibre intérieur d'un corps solide, conduisent à la considération de trois familles de surfaces orthogonales; et tout porte à penser que l'on parviendra à exprimer les lois dont il s'agit, et toutes leurs conséquences pratiques, en employant exclusivement les courbures des surfaces conjuguées, celles de leurs arcs normaux, et les variations suivant ces arcs mêmes; de telle sorte que la représentation géométrique accompagnera constamment l'expression analytique.

Les formules de la théorie de l'élasticité, exprimées en coordonnées rectilignes, sont aujourd'hui presque aussi connues que celles de notre première feuille A; il suffira donc de les rappeler, succinctement, en indiquant leurs origines, leurs liaisons, et les théorèmes qui en découlent. Ces formules sont toutes groupées par la feuille C.

17

I.
$$\frac{dN_1}{dx} + \frac{dT_3}{dy} + \frac{dT_2}{dz} + X_0\delta = 0,$$
$$\frac{dT_3}{dx} + \frac{dN_1}{dy} + \frac{dT_1}{dz} + Y_0\delta = 0,$$
$$\frac{dT_2}{dx} + \frac{dT_1}{dy} + \frac{dN_3}{dy} + Z_0\delta = 0.$$

$$X = mN_1 + nT_3 + pT_2,$$
$$Y = mT_3 + nN_2 + pT_1,$$
$$Z = mT_2 + nT_1 + pN_3.$$

II.

|     | $x'$   | $y'$   | $z'$   |
|-----|--------|--------|--------|
| $x$ | $m_1$  | $m_2$  | $m_3$  |
| $y$ | $n_1$  | $n_2$  | $n_3$  |
| $z$ | $p_1$  | $p_2$  | $p_3$  |

|      | $x'$   | $y'$   | $z'$   |
|------|--------|--------|--------|
| $x'$ | $N'_1$ | $T'_3$ | $T'_2$ |
| $y'$ | $T'_3$ | $N'_2$ | $T'_1$ |
| $z'$ | $T'_2$ | $T'_1$ | $N'_3$ |

III.
$$N'_i = m_i^2 N_1 + n_i^2 N_2 + p_i^2 N_3 + 2n_i p_i T_1 + 2p_i m_i T_2 + 2m_i n_i T_3.$$
$$T'_i = m_j m_k N_1 + n_j n_k N_2 + p_j p_k N_3 + (n_j p_k + p_j n_k)T_1 + (p_j m_k + m_j p_k)T_2 + (m_j n_k + n_j m_k)T_3$$

IV.
$$A^3 - (N_1 + N_2 + N_3)A^2 + (N_2 N_3 + N_3 N_1 + N_1 N_2 - T_1^2 - T_2^2 - T_3^2)A$$
$$- (N_1 N_2 N_3 + 2T_1 T_2 T_3 - N_1 T_1^2 - N_2 T_2^2 - N_3 T_3^2) = 0.$$

*Feuille C* (suite).

**V.**

$$\xi = \frac{dv}{dz} + \frac{dw}{dx},$$
$$n = \frac{dw}{dx} + \frac{du}{dz},$$
$$\psi = \frac{du}{dy} + \frac{dv}{dx}.$$

$$\theta = \frac{du}{dx} + \frac{dv}{dy} + \frac{dw}{dz},$$
$$N_i = A_i \frac{du}{dx} + B_i \frac{dv}{dy} + C_i \frac{dw}{dz} + D_i \xi + E_i n + F_i \psi,$$
$$T_i = \mathcal{A}_i \frac{du}{dx} + \mathfrak{B}_i \frac{dv}{dy} + \Gamma_i \frac{dw}{dz} + \Delta_i \xi + \mathcal{C}_i n + \mathcal{F}_i \psi.$$

**VI.**

$$N_1 = \lambda\theta + 2\mu \frac{du}{dx},$$
$$N_2 = \lambda\theta + 2\mu \frac{dv}{dy},$$
$$N_3 = \lambda\theta + 2\mu \frac{dw}{dz}.$$

$$T_1 = \mu\xi,$$
$$T_2 = \mu n,$$
$$T_3 = \mu\psi.$$

$$(\lambda+\mu)\frac{d\theta}{dx} + \mu\Delta_2 u + X_0\delta = 0,$$
$$(\lambda+\mu)\frac{d\theta}{dy} + \mu\Delta_2 v + Y_0\delta = 0,$$
$$(\lambda+\mu)\frac{d\theta}{dz} + \mu\Delta_2 w + Z_0\delta = 0.$$

**VII.**

$$U = \frac{dv}{dz} - \frac{dw}{dy},$$
$$V = \frac{dw}{dx} - \frac{du}{dz},$$
$$W = \frac{du}{dy} - \frac{dv}{dx}.$$

$$\mu\left(\frac{dV}{dz} - \frac{dW}{dy}\right) = (\lambda+2\mu)\frac{d\theta}{dx} + X_0\delta,$$
$$\mu\left(\frac{dW}{dx} - \frac{dU}{dz}\right) = (\lambda+2\mu)\frac{d\theta}{dy} + Y_0\delta,$$
$$\left(\frac{dU}{dy} - \frac{dV}{dx}\right) = (\lambda+2\mu)\frac{d\theta}{dz} + Z_0\delta.$$

Dans la description rapide qui va suivre, l'astérisque (*), placé à la fin d'une proposition, simplement énoncée, indique la nécessité de développer cette proposition. Afin de ne pas retarder l'objet principal ci-dessus défini, nous avons réuni tous les développements réclamés par le signe précédent, pour les exposer, avec les détails nécessaires, dans notre XX$^e$ et dernière leçon.

La première case du tableau I de la feuille $C$, contient les équations générales de l'équilibre d'élasticité d'un milieu solide homogène, dont la densité est $\partial$ ; $(X_0, Y_0, Z_0)$ sont les composantes, parallèles aux axes rectilignes des $(x, y, z)$, de la résultante des forces extérieures, rapportée à l'unité de masse ; les fonctions-de-point $(N_i, T_i)$ sont les composantes des forces élastiques, rapportées à l'unité de surface, qui sont exercées, en un même point M, sur trois éléments-plans perpendiculaires aux coordonnées ; les $N_i$ sont les composantes normales, les $T_i$ les composantes tangentielles. Ces équations sont déduites de l'équilibre du parallélipipède élémentaire ; des six relations nécessaires pour établir cet équilibre, celles, dites *des moments*, expriment la dualité de chaque $T_i$, et les trois autres donnent les équations posées.

## § CXL.

### LOI DES COMPOSANTES RÉCIPROQUES.

La seconde case du tableau I, donne les valeurs des composantes $(X, Y, Z)$ de la force élastique, rapportée à l'unité de surface, qui s'exerce sur un élément-plan $\varpi$, dont la normale fait avec les axes des angles aux cosinus $(m, n, p)$. Ces valeurs sont déduites de l'équilibre du tétraèdre élémentaire, ayant trois faces perpendiculaires aux coordonnées, et la quatrième parallèle à $\varpi$. Elles établissent ce premier théorème : Si E et E′ représentent, respectivement, les forces élastiques exercées en M, sur deux éléments-plans $\varpi$ et $\varpi'$, dont les normales sont L et L', la composante ou la projection de E sur L', est égale à la projection de E' sur L.

Les composantes, soit $(N_i, T_i)$, soit $(X, Y, Z)$, relatives à un élément-plan, coupant en M le milieu solide, sont celles de la force élastique exercée, par la partie (du milieu coupé) la plus éloignée de l'origine O des coordonnées, sur la partie qui en est la plus voisine; les composantes de la force élastique que la seconde partie exerce sur la première, ont les mêmes valeurs absolues, mais avec des signes contraires. La force élastique, exercée sur un élément-plan, et faisant un angle $\varepsilon$ avec la normale à cet élément, s'appelle *traction* si $\varepsilon$ est aigu, *pression* si cet angle est obtus, *force tangentielle* ou de glissement s'il est droit.

## § CXLI.

### LOI DE L'ELLIPSOÏDE D'ÉLASTICITÉ.

Le tableau II définit les cosinus $(m_i, n_i, p_i)$ des angles que de nouveaux axes rectilignes $(x', y', z')$ font avec les anciens, et les composantes $(N'_i, T'_i)$ des forces élastiques exercées sur les éléments-plans perpendiculaires aux nouvelles coordonnées. Le tableau III donne les valeurs des $(N'_i, T'_i)$, en fonction des $(N_i, T_i)$ et des cosinus $(m_i, n_i, p_i)$; $i$ est, ici, l'un quelconque des trois indices $(1, 2, 3)$, $j$ et $k$ sont les deux autres. Ces valeurs se déduisent du groupe I, seconde case, ou du premier théorème énoncé. Elles établissent les propositions suivantes.

Si, sur la direction de la force élastique E, qui sollicite en M chaque élément-plan, on prend une longueur proportionnelle à E, les extrémités de toutes les lignes ainsi prises, sont situées sur la surface d'un ellipsoïde $\mathcal{E}$, dont le centre est en M. Soit désignée, par $\sigma$, une surface du second ordre, concentrique à l'ellipsoïde précédent, ayant ses axes dans les mêmes directions, et de grandeurs proportionnelles aux racines carrées de ceux de $\mathcal{E}$; pour connaître l'élément-plan $\varpi$, sur lequel s'exerce la force élastique représentée par un diamètre D de l'ellipsoïde $\mathcal{E}$, il suffira de mener un plan tangent à la surface $\sigma$ au point où D la rencontre, et $\varpi$ sera parallèle à ce plan tangent.

Lorsque les forces élastiques, qui s'exercent en M, sont toutes, ou des tractions, ou des pressions, la surface $\sigma$ est un second ellipsoïde. Lorsque ces forces élastiques sont, des tractions pour une partie des éléments-plans passant en M, des pressions pour les autres, la surface $\sigma$ se compose de deux hyperboloïdes conjugués, l'un à une nappe, l'autre à deux nappes, ayant un même cône assymptote; alors, les diamètres de l'ellipsoïde $\mathcal{E}$, qui sont couchés sur ce cône, représentent des forces tangentielles ou de glissement.

De ces propositions résulte le corollaire suivant : En chaque point M d'un solide homogène, en équilibre d'élasticité, il existe toujours trois éléments-plans, perpendiculaires entre eux, qui sont sollicités normalement, ou pour lesquels les composantes tangentielles sont nulles. Les forces élastiques normales à ces éléments, déterminent les axes de l'ellipsoïde $\mathcal{E}$, et sont appelées *principales*. Le tableau IV reproduit l'équation du $3^e$ degré, qui donne, par ses racines A, les forces élastiques principales en M, quand les six fonctions-de-point ($N_i$, $T_i$) sont connues. Suivant que les trois racines ont toutes le même signe ($+$ pour les tractions, $-$ pour les pressions), ou ont des signes contraires, la surface $\sigma$ est un ellipsoïde, ou le couple de deux hyperboloïdes conjugués. Lorsque les trois forces élastiques principales en M sont numériquement évaluées, on obtient facilement les équations des éléments-plans qu'elles sollicitent.

## § CXLII.

### FORCES ÉLASTIQUES PAR LES DÉPLACEMENTS.

Le tableau V donne les expressions générales, de la dilatation cubique $\theta$, et des fonctions-de-point $(N_i, T_i)$, à l'aide des premières dérivées de trois autres fonctions-de-point $(u, v, w)$, lesquelles sont les projections, sur les axes coordonnés, du déplacement total, supposé très-petit, qu'a subi le point M, lorsque le milieu solide est parvenu à l'état d'équilibre d'élasticité, sous l'action des forces extérieures, qui lui sont appliquées; les $(\xi, \eta, \psi)$ représentent, pour simplifier, les sommes de deux dérivées réciproques des $(u, v, w)$. Lors de l'homogénéité la plus générale, et quand on évite toute hypothèse préconçue (*), sur la nature et la loi des actions moléculaires, les coefficients constants $(A_i, B_i, ..., \mathcal{A}_i, \mathcal{B}, ...)$ des $(N_i, T_i)$, lesquels sont au nombre de trente-six, n'ont, théoriquement, aucune relation nécessaire (*).

Mais, on démontre que ces trente-six coefficients n'en comprennent que quinze qui soient distincts, lorsqu'on pose, *à priori*, ce principe, ou plutôt cette hypothèse multiple (*), qu'entre deux molécules (*) M et M' très-voisines, et déplacées, il existe une action mutuelle (*), dirigée suivant la droite qui les joint (*), et égale à leur écartement, multiplié par une fonction de la distance qui les sépare (*); cette fonction-facteur étant variable avec la direction de MM', mais restant la même pour deux directions opposées l'une à l'autre (*). Quand on ne suppose pas que cette fonction-facteur ait la même valeur pour deux directions opposées, les trente-six coefficients se réduisent à vingt et un.

## § CXLIII.

### LOIS DE L'ÉLASTICITÉ CONSTANTE.

Les deux premières cases du tableau **VI**, donnent les expressions particulières des $(N_i, T_i)$, pour un milieu solide homogène, et d'élasticité constante dans toute direction, avec deux coefficients seulement $(\lambda, \mu)$; coefficients qui, théoriquement, restent indépendants, quand on bannit toute hypothèse (*); mais, qui sont nécessairement égaux l'un à l'autre, si l'on adopte complétement le principe ci-dessus énoncé, en regardant alors la fonction-facteur comme étant la même pour toutes les directions.

Avec ces valeurs particulières des $(N_i, T_i)$, les équations générales du tableau I deviennent celles de la troisième case du tableau actuel **VI**, ou bien, celles du tableau **VII**, si l'on représente, pour simplifier, par $(U, V, W)$ les différences des dérivées réciproques dont les $(\xi, \eta, \psi)$ sont les sommes. Lorsque les composantes $(X_0, Y_0, Z_0)$ des forces extérieures sont les dérivées d'un potentiel P, tel que $\Delta_2 P = 0$, la forme VII des équations de l'équilibre d'élasticité constante, donne $\Delta_2 \theta = 0$, pour la loi qui régit la dilatation cubique $\theta$. La forme VI conduit alors à l'équation $\Delta_2.\Delta_2 \Phi = 0$ pour la loi qui régit les projections $(u, v, w)$ du déplacement moléculaire, et par suite toutes les composantes $\left[N_i^{(j)}, T_i^{(j)}\right]$ des forces élastiques.

Les formules de la feuille $C$, ne se rapportent qu'à l'équilibre d'élasticité des milieux solides homogènes. Mais, on peut en déduire celles qui concernent les vibrations intérieures des mêmes milieux, en remplaçant les $(X_0, Y_0, Z_0)$ par

$$\left(X_0 - \frac{d^2u}{dt^2}\right), \quad \left(Y_0 - \frac{d^2v}{dt^2}\right), \quad \left(Z_0 - \frac{d^2w}{dt^2}\right),$$

comme l'indique le principe de d'Alembert. Inversement, dans les transformations qui vont suivre, nous partirons des formules complétées par cette addition ; afin que les équations transformées puissent s'appliquer aux deux cas. Pour les ramener à celui de l'équilibre, il suffira d'annuler les dérivées prises par rapport au temps.

## § CXLIV.

### TRANSFORMATION EN COORDONNÉES $\rho_i$.

Pour exprimer, en coordonnées curvilignes, les équations de l'élasticité d'un milieu solide homogène, considérons trois éléments-plans orthogonaux $\varpi_i$, respectivement tangents aux trois surfaces conjuguées $\rho_i$, qui se coupent en un même point M. Soient : $A_i$ les composantes normales des forces élastiques qui sollicitent ces éléments ; $\mathfrak{C}_i$ leurs composantes tangentielles, lesquelles sont égales deux à deux, d'après le théorème du § CXL ; $F_i$ les composantes suivant les normales $ds_i$ aux surfaces $\rho_i$, de la résultante des forces extérieures, toujours rapportée à l'unité de masse ; $R_i$ les projections, sur les mêmes normales, du déplacement très-petit de M.

Ces douze fonctions-de-point sont exprimées en $\rho_i$ ; il s'agit d'établir les équations qui les régissent. Supposant ces fonctions connues, on évalue, à l'aide des cosinus des angles que les $(x, y, z)$ font avec les normales $ds_i$ les fonctions-de-point, de mêmes définitions, relatives aux coordonnées rectilignes, savoir : par les sommes des composantes des $F_i$ pour les $(X_0, Y_0, Z_0)$ ; par les sommes des projections des $R_i$ pour les $(u, v, w)$ ; enfin par les formules III de la feuille $C$, convenablement transformées. Ces opérations sont facilitées par les correspondances du double tableau suivant :

$$(1)\quad
\begin{array}{c|ccc|c|ccc|c}
 & \rho & \rho_1 & \rho_2 & & X_0 & Y_0 & Z_0 & \\
\hline
ds & A & \mathfrak{C}_2 & \mathfrak{C}_1 & F & \dfrac{1}{h}\dfrac{d\rho}{dx} & \dfrac{1}{h}\dfrac{d\rho}{dy} & \dfrac{1}{h}\dfrac{d\rho}{dz} & R \\
ds_1 & \mathfrak{C}_2 & A_1 & \mathfrak{C} & F_1 & \dfrac{1}{h_1}\dfrac{d\rho_1}{dx} & \dfrac{1}{h_1}\dfrac{d\rho_1}{dy} & \dfrac{1}{h_1}\dfrac{d\rho_1}{dz} & R_1 \\
ds_2 & \mathfrak{C}_1 & \mathfrak{C} & A_2 & F_2 & \dfrac{1}{h_2}\dfrac{d\rho_2}{dx} & \dfrac{1}{h_2}\dfrac{d\rho_2}{dy} & \dfrac{1}{h_2}\dfrac{d\rho_2}{dz} & R_2 \\
\hline
 & \varpi & \varpi_1 & \varpi_2 & & u & v & w &
\end{array}$$

Les fonctions-de-point, relatives au système des axes rectilignes, étant ainsi déterminées, leur substitution dans les formules principales de la feuille $C$, conduit au but proposé. La première équation générale de cette feuille qui est

$$(2)\qquad \frac{d\,\mathrm{N}_1}{dx} + \frac{d\,\mathrm{T}_3}{dy} + \frac{d\,\mathrm{T}_2}{dz} + \left(\mathrm{X}_0 - \frac{d^2 u}{dt^2}\right)\delta = 0,$$

dans le cas des vibrations, se transforme ainsi qu'il suit. On a d'abord les valeurs

$$(3)\qquad
\begin{cases}
\mathrm{X}_0 = \dfrac{1}{h}\dfrac{d\rho}{dx}\,\mathrm{F} + \dfrac{1}{h_1}\dfrac{d\rho_1}{dx}\,\mathrm{F}_1 + \dfrac{1}{h_2}\dfrac{d\rho_2}{dx}\,\mathrm{F}_2, \\[2ex]
u = \dfrac{1}{h}\dfrac{d\rho}{dx}\,\mathrm{R} + \dfrac{1}{h_1}\dfrac{d\rho_1}{dx}\,\mathrm{R}_1 + \dfrac{1}{h_2}\dfrac{d\rho_2}{dx}\,\mathrm{R}_2,
\end{cases}$$

pour composer la parenthèse qui multiplie la densité $\delta$. Ensuite, pour transformer les trois premiers termes de l'équation (2), la loi de formation indiquée par les formules III, feuille $C$, donne

$$(4) \begin{cases} \dfrac{d.}{dx}\left\{ \mathrm{N}_1 = \left(\dfrac{d\rho}{dx}\right)^2 \dfrac{\mathrm{A}}{h^2} + 2\dfrac{d\rho_1}{dx}\dfrac{d\rho_2}{dx}\dfrac{\mathfrak{E}}{h_1 h_2} + \cdots, \right. \\[2ex] \dfrac{d.}{dy}\left\{ \mathrm{T}_3 = \dfrac{d\rho}{dy}\dfrac{d\rho}{dx}\dfrac{\mathrm{A}}{h^2} + \left(\dfrac{d\rho_1}{dy}\dfrac{d\rho_2}{dx} + \dfrac{d\rho_2}{dy}\dfrac{d\rho_1}{dx}\right)\dfrac{\mathfrak{E}}{h_1 h_2} + \cdots, \right. \\[2ex] \dfrac{d.}{dz}\left\{ \mathrm{T}_2 = \dfrac{d\rho}{dz}\dfrac{d\rho}{dx}\dfrac{\mathrm{A}}{h^2} + \left(\dfrac{d\rho_1}{dz}\dfrac{d\rho_2}{dx} + \dfrac{d\rho_2}{dz}\dfrac{d\rho_1}{dx}\right)\dfrac{\mathfrak{E}}{h_1 h_2} + \cdots; \right. \end{cases}$$

en n'écrivant, pour chacune de ces valeurs, que deux des
six termes qui la composent, et qui forment trois couples
homologues et symétriques, faciles à reproduire par des
changements d'indices.

## § CXLV.

### TERMES AUX COMPOSANTES NORMALES.

Dans la somme des dérivations à effectuer, et qui sont
indiquées par des facteurs symboliques en regard des valeurs (4), les termes en A, donnent, étant réunis,

$$(5) \qquad h^2 \frac{d\,\dfrac{d\rho}{dx}\,\dfrac{\mathrm{A}}{h^2}}{d\rho} + \frac{d\rho}{dx}\,\mathrm{A}\,\frac{\Delta_2 \rho}{h^2},$$

d'après la définition des $\Delta_2$, et le théorème du § VIII, ou
l'identité

$$(6) \qquad \frac{d\mathfrak{F}}{dx}\frac{d\rho_i}{dx} + \frac{d\mathfrak{F}}{dy}\frac{d\rho_i}{dy} + \frac{d\mathfrak{F}}{dz}\frac{d\rho_i}{dz} = h_i^2 \frac{d\mathfrak{F}}{d\rho_i}.$$

Cette expression (5), étant développée, prend une autre
forme, à l'aide des valeurs

$$(7) \begin{cases} \dfrac{d\,\dfrac{d\rho}{dx}}{d\rho} = \dfrac{1}{h}\left(\dfrac{dh}{d\rho}\dfrac{d\rho}{dx} + \dfrac{dh}{d\rho_1}\dfrac{d\rho_1}{dx} + \dfrac{dh}{d\rho_2}\dfrac{d\rho_2}{dx}\right), \\[3ex] \dfrac{\Delta_2 \rho}{h^2} = \dfrac{d\log\dfrac{h}{h_1 h_2}}{d\rho}, \end{cases}$$

déduites des formules (14) § **X**, (21) § **XIII**. Elle devient
successivement

$$\frac{A}{h}\left(\frac{dh}{d\rho}\frac{d\rho}{dx}+\frac{dh}{d\rho_1}\frac{d\rho_1}{dx}+\frac{dh}{d\rho_2}\frac{d\rho_2}{dx}\right)+\frac{d\rho}{dx}\left(h^2\frac{d\frac{A}{h^2}}{d\rho}+A\frac{d\log\frac{h}{h_1 h_2}}{d\rho}\right),$$

$$\frac{A}{h}\frac{dh}{d\rho_1}\frac{d\rho_1}{dx}+\frac{A}{h}\frac{dh}{d\rho_2}\frac{d\rho_2}{dx}+\left(\frac{dA}{d\rho}+A\frac{d\log\frac{1}{h_1 h_2}}{d\rho}\right)\frac{d\rho}{dx},$$

et enfin, par une transformation facile de la dernière parenthèse, on a la première des trois expressions

$$(8)\quad\left\{\begin{array}{l}
h_1 h_2\,\dfrac{d\frac{A}{h_1 h_2}}{d\rho}\dfrac{d\rho}{dx}+\dfrac{A}{h}\dfrac{dh}{d\rho_1}\dfrac{d\rho_1}{dx}+\dfrac{A}{h}\dfrac{dh}{d\rho_2}\dfrac{d\rho_2}{dx},\\[2.5em]
h_2 h\,\dfrac{d\frac{A_1}{h_2 h}}{d\rho_1}\dfrac{d\rho_1}{dx}+\dfrac{A_1}{h_1}\dfrac{dh_1}{d\rho_2}\dfrac{d\rho_2}{dx}+\dfrac{A_1}{h_1}\dfrac{dh_1}{d\rho}\dfrac{d\rho}{dx},\\[2.5em]
h h_1\,\dfrac{d\frac{A_2}{h h_1}}{d\rho_2}\dfrac{d\rho_2}{dx}+\dfrac{A_2}{h_2}\dfrac{dh_2}{d\rho}\dfrac{d\rho}{dx}+\dfrac{A_2}{h_2}\dfrac{dh_2}{d\rho_1}\dfrac{d\rho_1}{dx};
\end{array}\right.$$

les deux autres se déduiraient, de la∙même manière, des
termes en $A_1$ et en $A_2$, que comprennent les valeurs (4)
complétées.

## § CXLVI.

### TERMES AUX COMPOSANTES TANGENTIELLES.

Dans la sommation indiquée, les termes en $\varpi$, donneront,
étant réunis,

$$(9)\quad\left\{\begin{array}{l}
h_1^2\,\dfrac{d\frac{d\rho_2}{dx}\frac{\varpi}{h_1 h_2}}{d\rho_1}+\dfrac{d\rho_2}{dx}\dfrac{\varpi}{h_1 h_2}\Delta_2\rho_1,\\[2.5em]
+\,h_2^2\,\dfrac{d\frac{d\rho_1}{dx}\frac{\varpi}{h_1 h_2}}{d\rho_2}+\dfrac{d\rho_1}{dx}\dfrac{\varpi}{h_1 h_2}\Delta_1\rho_2.
\end{array}\right.$$

par l'introduction des $\Delta_2$, et une double application du théorème ou de l'identité (6). A l'aide des valeurs

$$\Delta_2 \rho_1 = h h_1 h_2 \frac{d \dfrac{h_1}{h_2 h}}{d \rho_1}$$

$$\Delta_2 \rho_2 = h h_1 h_2 \frac{d \dfrac{h_2}{h h_1}}{d \rho_2},$$

(22) du § XIII, et de la formule (11) § IX, qui donne l'identité

$$h_1^2 \frac{d \dfrac{d \rho_2}{dx}}{d \rho_1} + h_2^2 \frac{d \dfrac{d \rho_1}{dx}}{d \rho_2} = 0,$$

l'expression (9), étant développée, peut se mettre sous la forme

$$\frac{d \rho_2}{dx} h h_1 h_2 \left( \frac{h_1}{h_2 h} \frac{d \dfrac{\mathfrak{C}}{h_1 h_2}}{d \rho_1} + \frac{\mathfrak{C}}{h_1 h_2} \frac{d \dfrac{h_1}{h_2 h}}{d \rho_1} \right)$$

$$+ \frac{d \rho_2}{dx} h h_1 h_2 \left( \frac{h_2}{h h_1} \frac{d \dfrac{\mathfrak{C}}{h_1 h_2}}{d \rho_2} + \frac{\mathfrak{C}}{h_1 h_2} \frac{d \dfrac{h_2}{h h_1}}{d \rho_2} \right).$$

qui donne définitivement la première des trois expressions

$$(10) \quad \begin{cases} h h_1 h_2 \left( \dfrac{d \dfrac{\mathfrak{C}}{h h_2^2}}{d \rho_1} \dfrac{d \rho_2}{dx} + \dfrac{d \dfrac{\mathfrak{C}}{h h_1^2}}{d \rho_2} \dfrac{d \rho_1}{dx} \right), \\[2em] h h_1 h_2 \left( \dfrac{d \dfrac{\mathfrak{C}_1}{h_1 h^2}}{d \rho_2} \dfrac{d \rho}{dx} + \dfrac{d \dfrac{\mathfrak{C}_1}{h_1 h_2^2}}{d \rho} \dfrac{d \rho_2}{dx} \right), \\[2em] h h_1 h_2 \left( \dfrac{d \dfrac{\mathfrak{C}_2}{h_2 h_1^2}}{d \rho} \dfrac{d \rho_1}{dx} + \dfrac{d \dfrac{\mathfrak{C}_2}{h_2 h^2}}{d \rho_1} \dfrac{d \rho}{dx} \right); \end{cases}$$

les deux autres se déduiraient, de la même manière, des termes en $\mathfrak{C}_1$ et $\mathfrak{C}_2$, compris dans les valeurs (4) complétées.

## § CXLVII.

### ÉQUATIONS GÉNÉRALES TRANSFORMÉES.

Par la somme des six expressions (8) et (10), substituée à celle de ses trois premiers termes, et par les valeurs (3) introduites dans la parenthèse qui multiplie $\delta$, l'équation (2), où l'on pourra mettre les $\frac{d\rho_i}{dx}$ en facteurs communs, prendra la forme

$$(11) \qquad P\frac{d\rho}{dx} + P_1\frac{d\rho_1}{dx} + P_2\frac{d\rho_2}{dx} = 0,$$

dans laquelle les coefficients $P_i$, ou les parenthèses qu'ils remplacent, ne conservent aucune trace des coordonnées rectilignes. On peut conclure de là (ce qui est d'ailleurs évident, d'après la marche suivie, et les formules employées) que, si l'on transforme successivement, et de la même manière, la seconde, puis la troisième, des équations générales I, feuille $C$, première case, on obtiendra les deux équations

$$(11\ bis) \qquad \begin{cases} P\dfrac{d\rho}{dy} + P_1\dfrac{d\rho_1}{dy} + P_2\dfrac{d\rho_2}{dy} = 0, \\[2mm] P\dfrac{d\rho}{dz} + P_1\dfrac{d\rho_1}{dz} + P_2\dfrac{d\rho_2}{dz} = 0, \end{cases}$$

où les parenthèses $P_i$ seront identiquement les mêmes que dans la première (11).

Si l'on ajoute les équations (11) et (11 $bis$), respectivement multipliées par les dérivées qui y multiplient, soit P, soit $P_1$, soit $P_2$, les relations fondamentales (4) § VI, isoleront successivement ces trois parenthèses, lesquelles devront être nulles. Ce qu'indiquait d'ailleurs la seule équation (11), par suite de l'indétermination complète de toute coordonnée rectiligne $x$. On aura donc définitivement

$$(12) \quad \begin{cases} P = 0, \\ P' = 0, \\ P'' = 0. \end{cases}$$

Et telles seront les équations cherchées.

La réunion des seuls termes contenant le facteur $\dfrac{d\rho}{dx}$, dans les expressions (8), (10), et les valeurs (3), donne, pour la première (12),

$$(13) \quad \begin{cases} h_1 h_2 \dfrac{d\dfrac{A}{h_1 h_2}}{d\rho} + \dfrac{A_1}{h_1} \dfrac{dh_1}{d\rho} + \dfrac{A_2}{h_2} \dfrac{dh_2}{d\rho}, \\[3mm] + h h_1 h_2 \left( \dfrac{d\dfrac{\mathfrak{C}_2}{h_2 h^2}}{d\rho_1} + \dfrac{d\dfrac{\mathfrak{C}_1}{h_1 h^2}}{d\rho_2} \right) + \dfrac{\delta}{h}\left( F - \dfrac{d^2 R}{dt^2} \right) = 0, \end{cases}$$

ou bien, en développant les dérivées, et multipliant par $h$,

$$(14) \quad \begin{cases} h\dfrac{dA}{d\rho} + h_1 \dfrac{d\mathfrak{C}_2}{d\rho_1} + h_2 \dfrac{d\mathfrak{C}_1}{d\rho_2} + \left( F - \dfrac{d^2 R}{dt^2} \right)\delta \\[3mm] \quad = \dfrac{h}{h_1}\dfrac{dh_1}{d\rho}(A - A_1) + \dfrac{h}{h_2}\dfrac{dh_2}{d\rho}(A - A_2) \\[3mm] + \left( 2\dfrac{h_1}{h}\dfrac{dh}{d\rho_1} + \dfrac{h_1}{h_2}\dfrac{dh_2}{d\rho_1} \right)\mathfrak{C}_2 + \left( 2\dfrac{h_2}{h}\dfrac{dh}{d\rho_2} + \dfrac{h_2}{h_1}\dfrac{dh_1}{d\rho_2} \right)\mathfrak{C}_1. \end{cases}$$

Enfin, introduisant, comme au § XLVI, les arcs et les courbures,

$$ds_i = \dfrac{d\rho_i}{h_i},$$

$$\dfrac{1}{r_i^{(j)}} = \dfrac{h_i}{h_j}\dfrac{dh_j}{d\rho_i},$$

on obtient la première du groupe suivant :

$$(15)\begin{cases} \dfrac{d\,A}{ds} + \dfrac{d\,\mathfrak{C}_2}{ds_1} + \dfrac{d\,\mathfrak{C}_1}{ds_2} + \left(F - \dfrac{d^2 R}{dt^2}\right)\delta \\[2mm] = \dfrac{A - A_1}{r'} + \dfrac{A - A_2}{r''} + \left(\dfrac{2}{r_1} + \dfrac{1}{r''_1}\right)\mathfrak{C}_2 + \left(\dfrac{2}{r_2} + \dfrac{1}{r'_2}\right)\mathfrak{C}_1\,; \\[4mm] \dfrac{d\,\mathfrak{C}_2}{ds} + \dfrac{d\,A_1}{ds_1} + \dfrac{d\,\mathfrak{C}}{ds_2} + \left(F_1 - \dfrac{d^2 R_1}{dt^2}\right)\delta \\[2mm] = \dfrac{A_1 - A_2}{r''_1} + \dfrac{A_1 - A}{r_1} + \left(\dfrac{2}{r'_2} + \dfrac{1}{r_2}\right)\mathfrak{C} + \left(\dfrac{2}{r'} + \dfrac{1}{r''}\right)\mathfrak{C}_2\,; \\[4mm] \dfrac{d\,\mathfrak{C}_1}{ds} + \dfrac{d\,\mathfrak{C}}{ds_1} + \dfrac{d\,A_2}{ds_2} + \left(F_2 - \dfrac{d^2 R_2}{dt^2}\right)\delta \\[2mm] = \dfrac{A_2 - A}{r_2} + \dfrac{A_2 - A_1}{r'_2} + \left(\dfrac{2}{r''} + \dfrac{1}{r'}\right)\mathfrak{C}_1 + \left(\dfrac{2}{r''_1} + \dfrac{1}{r_1}\right)\mathfrak{C}\,; \end{cases}$$

les deux autres traduisant, de la même manière, la seconde,
et la troisième (12).

## § CXLVIII.

### SURFACES ISOSTATIQUES.

Mises sous cette forme (15), en quelque sorte géométrique, les équations de l'élasticité d'un solide homogène, et
quelconque, conduisent à des lois très-générales, et d'une
grande simplicité, que l'analyse eût difficilement découvertes, en continuant à n'employer que les coordonnées
rectilignes. Considérons le cas de l'équilibre. En chaque
point du solide il existe toujours trois éléments-plans rectangulaires, que les forces élastiques sollicitent normalement, et qui jouissent seuls de cette propriété, si l'ellipsoïde d'élasticité a ses trois axes inégaux.

Supposons qu'il en soit ainsi dans toute l'étendue du
corps, et qu'en passant d'un point à un autre très-voisin,

l'ellipsoïde d'élasticité, toujours à trois axes inégaux, n'é-
prouve que de légères variations dans les grandeurs et les
directions de ses axes ; écartant ainsi les cas dans lesquels
cet ellipsoïde serait de révolution, et ceux où il éprouve-
rait des changements discontinus, c'est-à-dire brusques et
considérables.

Alors, si, partant d'un point du solide, on passe, sur un
des éléments-plans principaux qui s'y trouvent pressés ou
tirés normalement, à tout autre point infiniment voisin du
premier ; que de ce nouveau point on se dirige vers un troisième, situé sur le plan principal, primitif mais légère-
ment dévié, qui correspond au second point, et ainsi de
suite ; on peut tracer de cette manière une surface continue,
divisant le corps en deux parties, qui n'exercent l'une sur
l'autre que des pressions ou des tractions normales.

De là résulte que, si l'on considère à la fois tous les éléments-plans sollicités normalement, qui correspondent à
tous les points du solide, et dont les positions varient d'une
manière continue ; tous ces triples-éléments forment trois
familles de surfaces orthogonales, que j'ai appelées *isostatiques*, et qui jouissent de la propriété d'être seules sollicitées normalement par les forces élastiques.

On conçoit que tout système orthogonal, quel qu'il soit,
puisse devenir occasionnellement isostatique, quand celles
de ses surfaces qui forment les parois du solide sont soumises à des efforts normaux ; et qu'il suffit, pour cela, que
les signes et les intensités des efforts extérieurs varient suivant une loi convenable, d'un point à l'autre de ces parois.
La propriété d'être isostatique, est donc d'une tout autre
nature que la propriété d'être isotherme, qui n'appartient
qu'à certaines familles de surfaces. Mais la véritable propriété fondamentale de tout système isostatique est la réunion indispensable de trois familles de surfaces, et leur
orthogonalité nécessaire. C'est de cette propriété, si nette-

ment caractérisée, qu'est venue l'idée des coordonnées curvilignes.

## § CXLIX.

### LOI D'UN SYSTÈME ISOSTATIQUE.

Lorsqu'un système isostatique existe dans un corps solide homogène en équilibre d'élasticité, si l'on prend pour coordonnées curvilignes $\rho_i$, les paramètres des trois familles de surfaces qui le constituent, les composantes tangentielles $\mathfrak{S}_i$ sont nulles partout. Les composantes normales $A_i$ existent seules; devenues les forces élastiques principales, elles donnent, en chaque point, les directions et les grandeurs des axes de l'ellipsoïde d'élasticité; et les équations générales (15), simplifiées, expriment la loi de leurs variations suivant les normales aux surfaces conjuguées.

Les équations (15) étant linéaires, on peut faire abstraction des $F_i$, quand on n'étudie que les effets uniquement dus aux efforts exercés sur la surface du corps. De plus, puisqu'il s'agit d'un état d'équilibre, les dérivées des $R_i$ par rapport au temps n'existent pas. En les annulant, ainsi que les $\mathfrak{S}_i$, et supprimant les $F_i$, on réduit le groupe (15) au suivant :

$$(16)\quad\begin{cases}\dfrac{d\,A}{ds}=\dfrac{A-A_1}{r'}+\dfrac{A-A_2}{r''},\\[2ex]\dfrac{d\,A_1}{ds_1}=\dfrac{A_1-A_2}{r_1''}+\dfrac{A_1-A}{r_1},\\[2ex]\dfrac{d\,A_2}{ds_2}=\dfrac{A_2-A}{r_2}+\dfrac{A_2-A_1}{r_2'}.\end{cases}$$

Les forces élastiques principales $A_i$, étant dirigées suivant les tangentes aux arcs, ou aux lignes de courbure $s_i$, les trois équations (16) expriment cette unique loi : *Dans tout système effectivement isostatique, chacune des trois forces élastiques principales éprouve, suivant sa direction même, une variation qui est égale à la somme de ses excès sur les deux autres, respectivement multipliés par les courbures correspondantes de la surface qu'elle sollicite.*

Donc, lorsqu'on se propose de rendre effectivement isostatique, un système orthogonal, connu dans toutes ses parties, il suffit de se donner les intensités des trois forces élastiques principales, en un seul point M; car la loi (16) en déduira celles des six points voisins, situés de part et d'autre sur les arcs $ds_i$; et, de proche en proche, celles de tous les points du solide.

En résumé, la loi, traduite si simplement par l'ellipsoïde d'élasticité, donne les forces élastiques exercées en un seul point, à l'aide de trois d'entre elles; puis la loi, non moins simple, qu'expriment les équations (16), donne les forces élastiques exercées en tous les autres points. Cette dernière loi était donc nécessaire; car, sans elle, le phénomène de l'équilibre d'élasticité restait incomplétement défini.

Pour qu'un système orthogonal quelconque soit isostatique, il faut, et il suffit, que chacune de ses surfaces soit sollicitée normalement par la force élastique correspondante, qui peut avoir des intensités très-différentes, aux différents points de cette surface; les trois familles conjuguées sont alors analogues à celles des surfaces de niveau, dans la théorie du potentiel. Pour que les surfaces d'une même famille fussent en même temps *isodynamiques*, c'est-à-dire telles, que la force normale sollicitante pût avoir la même intensité sur chaque surface, il faudrait que le système orthogonal vérifiât certaines conditions géométriques, et il ne serait plus quelconque. De là résulte une nouvelle classe de surfaces, qui comprend évidemment la famille des sphères concentriques. On reconnaît, à l'aide des équations (16), que les familles des ellipsoïdes planétaires et ovaires en font aussi partie.

Ainsi, lorsqu'une enveloppe solide contient un fluide à

18.

haute pression, et supporte extérieurement la pression
atmosphérique, si les deux parois sont des ellipsoïdes de
révolution homofocaux, tous les ellipsoïdes intérieurs de la
même famille sont, à la fois, isostatiques et isodynamiques.
Chacun d'eux est sollicité normalement par une pression
constante ; la seconde force élastique principale, dirigée
tangentiellement à l'ellipse méridienne, est une traction,
pareillement constante ; mais la troisième, qui est perpendiculaire au méridien, change de grandeur avec la latitude,
et même de signe si l'ellipsoïde est planétaire : alors, vers
les pôles c'est une traction, dont le maximum est égal à
la tension même de l'arc elliptique ; pour une latitude
moyenne, cette force est nulle, puis elle devient une pression ; de telle sorte qu'une fissure méridienne, s'ouvrirait
au pôle, et se resserrerait à l'équateur. Il suffit d'énoncer ces
résultats, dont la vérification est facile, pour faire comprendre l'importance des équations (16).

# SEIZIÈME LEÇON.

## ÉLASTICITÉ CONSTANTE. — RÉSISTANCES.

Transformation en coordonnées curvilignes des équations relatives à l'élasticité constante. — Applications de la loi des surfaces isostatiques. — Résistances et épaisseurs des parois sphériques, cylindriques, ou planes.

## § CL.

### CAS DE L'ÉLASTICITÉ CONSTANTE.

Les équations générales de la leçon précédente sont applicables à tout corps solide homogène, de quelque manière que l'élasticité varie d'une direction à une autre autour d'un même point. Il s'agit, dans la leçon actuelle, d'établir, en coordonnées curvilignes, les équations particulières relatives au cas où l'élasticité se manifeste constamment de la même manière, dans toute direction, ou quelle que soit l'orientation du corps. Les $(A_i, \mathfrak{E}_i)$ doivent alors s'exprimer à l'aide des deux constantes $(\lambda, \mu)$ de la feuille $C$, et des dérivées en $\rho_i$ des $R_i$. On obtient ces expressions ainsi qu'il suit.

Considérons les normales aux trois surfaces conjuguées $\rho_i$ qui se coupent en $M$, comme formant un système d'axes rectilignes des $(x', y', z')$ sur lesquels le déplacement de $M$ ait pour projections $(u', v', w')$, les cosinus des angles que ces nouvelles projections font avec les anciennes

$(u,\ v,\ w)$, ou que les nouveaux axes font avec les anciens, étant indiqués par le tableau

$$(1)\quad
\begin{array}{c|c|c|c|c}
 & x & y & z & \\
\hline
x' & m & n & p & u' \\
\hline
y' & m_1 & n_1 & p_1 & v' \\
\hline
z' & m_2 & n_2 & p_2 & w' \\
\hline
 & u & v & w &
\end{array}$$

Alors, les $(\mathrm{A}_i,\ \mathfrak{C}_i)$ ne sont autres que les composantes des forces élastiques qui s'exercent sur trois éléments-plans, respectivement perpendiculaires aux coordonnées rectilignes $(x',\ y',\ z')$, et conformément aux formules des deux premières cases **VI**, feuille $C$, on aura

$$(2)\quad
\begin{cases}
\theta = \dfrac{du'}{dx'} + \dfrac{dv'}{dy'} + \dfrac{dw'}{dz'}, \\[2mm]
\mathrm{A} = \lambda\theta + 2\,\mu\,\dfrac{du'}{dx'}, \\[2mm]
\mathrm{A}_1 = \lambda\theta + 2\,\mu\,\dfrac{dv'}{dy'}, \\[2mm]
\mathrm{A}_2 = \lambda\theta + 2\mu\,\dfrac{dw'}{dz'}, \\[2mm]
\mathfrak{C} = \mu\left(\dfrac{dv'}{dz'} + \dfrac{dw'}{dy'}\right) = \mu\xi', \\[2mm]
\mathfrak{C}_1 = \mu\left(\dfrac{dw'}{dx'} + \dfrac{du'}{dz'}\right) = \mu\eta', \\[2mm]
\mathfrak{C}_2 = \mu\left(\dfrac{du'}{dy'} + \dfrac{dv'}{dx'}\right) = \mu\psi'.
\end{cases}$$

D'un autre côté, les axes des $(x',\ y',\ z')$ se confondant avec les normales aux surfaces $\rho_i$ qui passent en **M**, les

$(u', v', w')$ n'y seront autres que les $R_i$, et les cosinus $(m_i, n_i, p_i)$ auront les valeurs correspondantes, inscrites au nouveau tableau

$$(3) \qquad \left\{ \begin{array}{c|c|c|c|c}
 & x & y & z & \\
\hline
x' & \dfrac{1}{h}\dfrac{d\rho}{dx} & \dfrac{1}{h}\dfrac{d\rho}{dy} & \dfrac{1}{h}\dfrac{d\rho}{dz} & R \\
\hline
y' & \dfrac{1}{h_1}\dfrac{d\rho_1}{dx} & \dfrac{1}{h_1}\dfrac{d\rho_1}{dy} & \dfrac{1}{h_1}\dfrac{d\rho_1}{dz} & R_1 \\
\hline
z' & \dfrac{1}{h_2}\dfrac{d\rho_2}{dx} & \dfrac{1}{h_2}\dfrac{d\rho_2}{dy} & \dfrac{1}{h_2}\dfrac{d\rho_2}{dz} & R_2 \\
\hline
 & u & v & w &
\end{array} \right.$$

Cela posé, une fonction-de-point $\mathcal{F}$, exprimée en $(x, y, z)$, peut l'être successivement en $(x', y', z')$, et en $(\rho, \rho_1, \rho_2)$. A la première transformation correspond, d'après le tableau (1), la nouvelle dérivée

$$\frac{d\mathcal{F}}{dx'} = \frac{d\mathcal{F}}{dx}m + \frac{d\mathcal{F}}{dy}n + \frac{d\mathcal{F}}{dz}p,$$

qui devient, en substituant à $(m, n, p)$ les valeurs prises au tableau (3),

$$\frac{d\mathcal{F}}{dx'} = \frac{1}{h}\left( \frac{d\mathcal{F}}{dx}\frac{d\rho}{dx} + \frac{d\mathcal{F}}{dy}\frac{d\rho}{dy} + \frac{d\mathcal{F}}{dz}\frac{d\rho}{dz}\right),$$

ou bien, par suite de la seconde transformation, et d'après le théorème du § VIII, la première du groupe

$$(4) \qquad \left\{ \begin{aligned}
\frac{d\mathcal{F}}{dx'} &= h\,\frac{d\mathcal{F}}{d\rho}, \\
\frac{d\mathcal{F}}{dy'} &= h_1\,\frac{d\mathcal{F}}{d\rho_1}, \\
\frac{d\mathcal{F}}{dz'} &= h_2\,\frac{d\mathcal{F}}{d\rho_2},
\end{aligned} \right.$$

que l'on complète aisément. Ces formules (4) résultent, d'ailleurs, de ce que, au point M, les $(dx', dy', dz')$ sont respectivement égaux aux $(ds, ds_1, ds_2)$.

## § CLI.

### TRANSFORMATION DES FORCES ÉLASTIQUES.

Le tableau (1) donne les relations

$$(5) \quad \begin{cases} u' = mu + nv + pw, \\ v' = m_1 u + n_1 v + p_1 w, \\ w' = m_2 u + n_2 v + p_2 w; \end{cases}$$

d'où l'on peut déduire les dérivées qui composent les valeurs (2), mais en observant que, lors de ces dérivations, les $(m_i, n_i, p_i)$ doivent rester essentiellement constants. En se servant du lemme (4), et en substituant, après les différentiations, aux $(m_i, n_i, p_i)$, les valeurs prises dans le tableau (3), les relations (5) conduisent aux valeurs

$$(6) \quad \begin{cases} \dfrac{du'}{dx'} = \dfrac{du}{d\rho}\dfrac{d\rho}{dx} + \dfrac{dv}{d\rho}\dfrac{d\rho}{dy} + \dfrac{dw}{d\rho}\dfrac{d\rho}{dz}, \\[2ex] \dfrac{dv'}{dy'} = \dfrac{du}{d\rho_1}\dfrac{d\rho_1}{dx} + \dfrac{dv}{d\rho_1}\dfrac{d\rho_1}{dy} + \dfrac{dw}{d\rho_1}\dfrac{d\rho_1}{dz}, \\[2ex] \dfrac{dw'}{dz'} = \dfrac{du}{d\rho_2}\dfrac{d\rho_2}{dx} + \dfrac{dv}{d\rho_2}\dfrac{d\rho_2}{dy} + \dfrac{dw}{d\rho_2}\dfrac{d\rho_2}{dz}, \end{cases}$$

qu'il faut exprimer maintenant en fonction des $R_i$ et de leurs dérivées en $\rho_i$.

Le tableau (3) donne

$$(7) \quad \begin{cases} \dfrac{d\rho}{dx}\dfrac{d.}{d\rho} \left\{ u = \dfrac{R}{h}\dfrac{d\rho}{dx} + \dfrac{R_1}{h_1}\dfrac{d\rho_1}{dx} + \dfrac{R_2}{h_2}\dfrac{d\rho_2}{dx}, \right. \\[2ex] \dfrac{d\rho}{dy}\dfrac{d.}{d\rho} \left\{ v = \dfrac{R}{h}\dfrac{d\rho}{dy} + \dfrac{R_1}{h_1}\dfrac{d\rho_1}{dy} + \dfrac{R_2}{h_2}\dfrac{d\rho_2}{dy}, \right. \\[2ex] \dfrac{d\rho}{dz}\dfrac{d.}{d\rho} \left\{ w = \dfrac{R}{h}\dfrac{d\rho}{dz} + \dfrac{R_1}{h_1}\dfrac{d\rho_1}{dz} + \dfrac{R_2}{h_2}\dfrac{d\rho_2}{dz}. \right. \end{cases}$$

De ces valeurs, on doit prendre les dérivées en $\rho$, et en faire la somme, après les avoir respectivement multipliées par $\left(\dfrac{d\rho}{dx},\ \dfrac{d\rho}{dy},\ \dfrac{d\rho}{dz}\right)$, afin d'obtenir $\dfrac{du'}{dx'}$ (6). Dans le cours de cette opération, qu'indiquent les facteurs symboliques en regard des (7), on fait usage du théorème (9) § VIII, des relations (4) § VI, et des valeurs

$$S\,\frac{d\rho}{dx}\,\frac{d\dfrac{d\rho_i}{dx}}{d\rho}=\begin{cases} h\,\dfrac{dh}{d\rho}, & \text{si}\quad i=0,\\[2ex] -\,\dfrac{h_1^2}{h}\,\dfrac{dh}{d\rho_1}, & \text{si}\quad i=1,\\[2ex] -\,\dfrac{h_2^2}{h}\,\dfrac{dh}{d\rho_2}, & \text{si}\quad i=2, \end{cases}$$

déduites des formules du § XI; ce qui donne pour résultat

$$\frac{du'}{dx'}=h^2\,\frac{d\dfrac{R}{h}}{d\rho}+R\,\frac{dh}{d\rho}-R_1\,\frac{h_1}{h}\,\frac{dh}{d\rho_1}-R_2\,\frac{h_2}{h}\,\frac{dh}{d\rho_2}.$$

Et, par la réduction des deux premiers termes, puis par l'introduction des $ds_i$ et des rayons de courbure, on a la première des doubles-valeurs qui suivent

$$(8)\ \begin{cases} \dfrac{du'}{dx'}=h\,\dfrac{dR}{d\rho}-R_1\,\dfrac{h_1}{h}\,\dfrac{dh}{d\rho_1}-R_2\,\dfrac{h_2}{h}\,\dfrac{dh}{d\rho_2}=\dfrac{dR}{ds}-\dfrac{R_1}{r_1}-\dfrac{R_2}{r_2},\\[2.5ex] \dfrac{dv'}{dy'}=h_1\,\dfrac{dR_1}{d\rho_1}-R_2\,\dfrac{h_2}{h_1}\,\dfrac{dh_1}{d\rho_2}-R\,\dfrac{h}{h_1}\,\dfrac{dh_1}{d\rho}=\dfrac{dR_1}{ds_1}-\dfrac{R_2}{r'_2}-\dfrac{R}{r'},\\[2.5ex] \dfrac{dw'}{dz'}=h_2\,\dfrac{dR_2}{d\rho_2}-R\,\dfrac{h}{h^2}\,\dfrac{dh_2}{d\rho}-R_1\,\dfrac{h_1}{h_2}\,\dfrac{dh_2}{d\rho_1}=\dfrac{dR_2}{ds_2}-\dfrac{R}{r''}-\dfrac{R_1}{r''_1}, \end{cases}$$

les deux autres résultant d'opérations semblables.

La dilatation cubique $\theta$ (2), qui est la somme de ces valeurs (8), peut se mettre sous la double forme

$$(9) \quad \begin{cases} \theta = h h_1 h_2 \left( \dfrac{d\,\frac{R}{h_1 h_2}}{d\rho} + \dfrac{d\,\frac{R_1}{h_2 h}}{d\rho_1} + \dfrac{d\,\frac{R_2}{h h_1}}{d\rho_2} \right), \\[2em] \theta = \dfrac{dR}{ds} + \dfrac{dR_1}{ds_1} + \dfrac{dR_2}{ds_2} - \dfrac{R}{\sigma} - \dfrac{R_1}{\sigma_1} - \dfrac{R_2}{\sigma_2}, \end{cases}$$

les $\dfrac{1}{\sigma_i}$ désignant les courbures sphériques des surfaces $\rho_i$.

Par la substitution des valeurs (8) et (9), les composantes normales $A_i\,(2)$, se trouveront exprimées à l'aide des fonctions-de-point $R_1$ et de leurs dérivées en $\rho_i$.

En se servant du lemme (4), observant la constance des $(m_i,\, n_i,\, p_i)$ dans les différentiations, et prenant, à la fin, leurs valeurs au tableau (3), on déduit des relations (5) l'expression suivante

$$(10) \quad \frac{du'}{dy'} + \frac{dv'}{dx'} = \begin{cases} \dfrac{h_1}{h} \left( \dfrac{du}{d\rho_1}\dfrac{d\rho}{dx} + \dfrac{dv}{d\rho_1}\dfrac{d\rho}{dy} + \dfrac{dw}{d\rho_1}\dfrac{d\rho}{dz} \right) \\[1.5em] + \dfrac{h}{h_1} \left( \dfrac{du}{d\rho}\dfrac{d\rho_1}{dx} + \dfrac{dv}{d\rho}\dfrac{d\rho_1}{dy} + \dfrac{dw}{d\rho}\dfrac{d\rho_1}{dz} \right) \end{cases}$$

pour la somme $\psi'$ de deux dérivées réciproques, qui, multipliée par la constante $\mu$, doit donner $\mathfrak{S}_2\,(2)$. On transforme chacune des parenthèses (10), en opérant sur les valeurs (7) comme on l'a fait pour obtenir la première (8); on fait encore usage du théorème (9) § VIII, des relations (4) § VI, et des formules du § XI; on obtient pour résultat

$$\psi' = h_1 \frac{dR}{d\rho_1} + \frac{h_1}{h}\frac{dh}{d\rho_1}R + h\frac{dR_1}{d\rho} + \frac{h}{h_1}\frac{dh_1}{d\rho}R_1.$$

Et, par le groupement deux à deux des quatre termes, puis par l'introduction des $ds_i$ et des rayons de courbure, on a la troisième des doubles-valeurs

$$(11)\begin{cases} \xi' = \dfrac{h_2}{h_1}\dfrac{d\mathrm{R}_1 h_1}{d\rho_2} + \dfrac{h_1}{h_2}\dfrac{d\mathrm{R}_2 h_2}{d\rho_1} = \dfrac{d\mathrm{R}_1}{ds_2} + \dfrac{d\mathrm{R}_2}{ds_1} + \dfrac{\mathrm{R}_1}{r'_2} + \dfrac{\mathrm{R}_2}{r''_1}, \\[2ex] \eta' = \dfrac{h}{h_2}\dfrac{d\mathrm{R}_2 h_2}{d\rho} + \dfrac{h_2}{h}\dfrac{d\mathrm{R}\,h}{d\rho_2} = \dfrac{d\mathrm{R}_2}{ds} + \dfrac{d\mathrm{R}}{ds_2} + \dfrac{\mathrm{R}_2}{r''} + \dfrac{\mathrm{R}}{r_2}, \\[2ex] \psi' = \dfrac{h_1}{h}\dfrac{d\mathrm{R}\,h}{d\rho_1} + \dfrac{h}{h_1}\dfrac{d\mathrm{R}_1 h_1}{d\rho} = \dfrac{d\mathrm{R}}{ds_1} + \dfrac{d\mathrm{R}_1}{ds} + \dfrac{\mathrm{R}}{r_1} + \dfrac{\mathrm{R}_1}{r'}; \end{cases}$$

les deux autres résultant d'opérations semblables. Par la substitution de ces valeurs (11), les composantes tangentielles, $\mathfrak{C}_i$ (2), se trouveront exprimées à l'aide des fonctions-de-point $\mathrm{R}_i$ et de leurs dérivées en $\rho_i$.

# § CLII.

### LEURS DOUBLES EXPRESSIONS.

En résumé, quand il s'agit d'un milieu solide, homogène et d'élasticité constante, les composantes $(\mathrm{A}_i, \mathfrak{C}_i)$ des forces élastiques qui s'exercent, en un point M, sur les plans tangents aux surfaces orthogonales $\rho_i$, peuvent s'exprimer de deux manières différentes, à l'aide des deux constantes $(\lambda, \mu)$, et des projections, sur les normales aux surfaces, du déplacement très-petit de M.

Les premières expressions sont analytiques. Elles emploient les dérivées en $\rho_i$ des $\mathrm{R}_i$, et celles des paramètres différentiels $h_i$. Elles peuvent seules servir à former les équations à la surface, lorsqu'on se propose d'intégrer les équations de l'élasticité pour un corps solide de forme donnée, connaissant les efforts qui le sollicitent extérieurement, comme on le verra par l'exemple complétement traité dans les prochaines leçons. Ces expressions peuvent se mettre sous les formes suivantes, qui sont symétriques, et faciles à retenir :

$$(12)\begin{cases} A = \lambda\theta + 2\mu\left[\dfrac{d\,R\,h}{d\rho} - \dfrac{1}{h}\left(\dfrac{dh}{d\rho}R\,h + \dfrac{dh}{d\rho_1}R_1\,h_1 + \dfrac{dh}{d\rho_2}R_2\,h_2\right)\right], \\[2ex] A_1 = \lambda\theta + 2\mu\left[\dfrac{d\,R_1\,h_1}{d\rho_1} - \dfrac{1}{h_1}\left(\dfrac{dh_1}{d\rho}R\,h + \dfrac{dh_1}{d\rho_1}R_1\,h_1 + \dfrac{dh_1}{d\rho_2}R_3\,h_2\right)\right], \\[2ex] A_2 = \lambda\theta + 2\mu\left[\dfrac{d\,R_2\,h_2}{d\rho_2} - \dfrac{1}{h_2}\left(\dfrac{dh_2}{d\rho}R\,h + \dfrac{dh_2}{d\rho_1}R_1\,h_1 + \dfrac{dh_2}{d\rho_2}R_2\,h_2\right)\right], \\[2ex] \theta = \dfrac{d\,R\,h}{d\rho} + \dfrac{d\,R_1\,h_1}{d\rho_1} + \dfrac{d\,R_2\,h_2}{d\rho_2} - \\[2ex] \qquad - \dfrac{1}{\varpi}\left(\dfrac{d\varpi}{d\rho}R\,h + \dfrac{d\varpi}{d\rho_1}R_1\,h_1 + \dfrac{d\varpi}{d\rho_2}R_2\,h_2\right), \\[2ex] \mathfrak{C} = \dfrac{\mu}{h_1\,h_2}\left(h\,\dfrac{d\,R_1\,h_1}{d\rho_2} + h_1^2\,\dfrac{d\,R_2\,h_2}{d\rho_1}\right), \\[2ex] \mathfrak{C}_1 = \dfrac{\mu}{h_2\,h}\left(h^2\,\dfrac{d\,R_2\,h_2}{d\rho} + h_2^2\,\dfrac{d\,R\,h}{d\rho_2}\right), \\[2ex] \mathfrak{C}_2 = \dfrac{\mu}{h\,h_1}\left(h_1^2\,\dfrac{d\,R\,h}{d\rho_1} + h^2\,\dfrac{d\,R_1\,h_1}{d\rho}\right); \end{cases}$$

$\varpi$ est le produit $hh_1\,h_2$, et la forme intercalaire donnée à $\theta$ reproduit facilement la première (9).

Les secondes expressions sont géométriques. Elles emploient les variations des $R_i$ suivant les arcs $ds_i$, et les six courbures des surfaces conjuguées, comme les équations générales (15) et (16) des §§ CXLVII et CXLVIII. Elles peuvent seules servir à énoncer, d'une manière simple, les lois générales et particulières du phénomène de l'élasticité ; ce qui permettra d'introduire, dans les applications, toute la lucidité analytique, entrevue et définie au commencement de la leçon précédente, et vers laquelle les diverses branches de la physique mathématique semblent converger aujourd'hui. On obtient ces nouvelles expressions avec les secondes valeurs (8), (9) et (11); ce qui donne le nouveau groupe

$$(13) \quad \begin{cases} \mathrm{A} = \lambda\theta + 2\mu\left(\dfrac{d\mathrm{R}}{ds} - \dfrac{\mathrm{R}_1}{r_1} - \dfrac{\mathrm{R}_2}{r_2}\right), \\[2mm] \mathrm{A}_1 = \lambda\theta + 2\mu\left(\dfrac{d\mathrm{R}_1}{ds_1} - \dfrac{\mathrm{R}_2}{r_2'} - \dfrac{\mathrm{R}}{r'}\right), \\[2mm] \mathrm{A}_2 = \lambda\theta + 2\mu\left(\dfrac{d\mathrm{R}_2}{ds_2} - \dfrac{\mathrm{R}}{r''} - \dfrac{\mathrm{R}_1}{r_1''}\right), \\[2mm] \theta = \dfrac{d\mathrm{R}}{ds} + \dfrac{d\mathrm{R}_1}{ds_1} + \dfrac{d\mathrm{R}_2}{ds_2} - \dfrac{\mathrm{R}}{\sigma} - \dfrac{\mathrm{R}_1}{\sigma_1} - \dfrac{\mathrm{R}_2}{\sigma_2}, \\[2mm] \mathfrak{C} = \mu\left(\dfrac{d\mathrm{R}_1}{ds_2} + \dfrac{d\mathrm{R}_2}{ds_1} + \dfrac{\mathrm{R}_1}{r_2'} + \dfrac{\mathrm{R}_2}{r_1''}\right), \\[2mm] \mathfrak{C}_1 = \mu\left(\dfrac{d\mathrm{R}_2}{ds} + \dfrac{d\mathrm{R}}{ds_2} + \dfrac{\mathrm{R}_2}{r''} + \dfrac{\mathrm{R}}{r_2}\right), \\[2mm] \mathfrak{C}_2 = \mu\left(\dfrac{d\mathrm{R}}{ds_1} + \dfrac{d\mathrm{R}_1}{ds} + \dfrac{\mathrm{R}}{r_1} + \dfrac{\mathrm{R}_1}{r'}\right). \end{cases}$$

Il serait facile de résumer ces valeurs par deux énoncés, l'un pour les composantes normales, l'autre pour les composantes tangentielles, en se servant des dénominations, introduites au § **XXIX**, de courbures conjuguées en arc, et de courbures réciproques.

## § CLIII.

### TRANSFORMATION DES ÉQUATIONS.

En substituant les expressions (12) des $(\mathrm{A}_i, \mathfrak{C}_i)$ dans les équations générales de la dernière leçon [(13) ou (14), § **CXLVII**, et ses homologues], on obtiendrait celles qui régissent l'élasticité constante, exprimées en coordonnées curvilignes. Mais, de longues opérations seraient ensuite nécessaires, pour disposer les équations obtenues, sous une forme telle que l'on puisse aborder leur intégration. Il sera plus simple de transformer directement en coordonnées $\rho$,

les équations VII de la feuille $C$, qui expriment les mêmes
lois en coordonnées rectilignes. Ces équations sont

$$(14) \begin{cases} \mu\left(\dfrac{d\,V}{dz} - \dfrac{d\,W}{dy}\right) = (\lambda + 2\,\mu)\dfrac{d\theta}{dx} + \left(X_0 - \dfrac{d^2 u}{dt^2}\right)\delta, \\[2ex] \mu\left(\dfrac{d\,W}{dx} - \dfrac{d\,U}{dz}\right) = (\lambda + 2\,\mu)\dfrac{d\theta}{dy} + \left(Y_0 - \dfrac{d^2 v}{dt^2}\right)\delta, \\[2ex] \mu\left(\dfrac{d\,U}{dy} - \dfrac{d\,V}{dx}\right) = (\lambda + 2\,\mu)\dfrac{d\theta}{dz} + \left(Z_0 - \dfrac{d^2 w}{dt^2}\right)\delta; \end{cases}$$

les fonctions-de-point $(U, V, W)$ ayant pour expression

$$(15) \begin{cases} U = \dfrac{dv}{dy} - \dfrac{dw}{dz}, \\[2ex] V = \dfrac{dw}{dx} - \dfrac{du}{dz}, \\[2ex] W = \dfrac{du}{dy} - \dfrac{dv}{dx}. \end{cases}$$

Les valeurs $(7)$, qui expriment les $(u, v, w)$ par les $R_i$
peuvent se mettre sous la forme

$$(16) \begin{cases} u = a\,\dfrac{d\rho}{dx} + b\,\dfrac{d\rho_1}{dx} + c\,\dfrac{d\rho_2}{dx}, \\[2ex] v = a\,\dfrac{d\rho}{dy} + b\,\dfrac{d\rho_1}{dy} + c\,\dfrac{d\rho_2}{dy}, \\[2ex] w = a\,\dfrac{d\rho}{dz} + b\,\dfrac{d\rho_1}{dz} + c\,\dfrac{d\rho_2}{dz}, \end{cases}$$

en posant, dans un but de simplification,

$$(17) \qquad \frac{R}{h} = a, \quad \frac{R_1}{h_1} = b, \quad \frac{R_2}{h_2} = c;$$

d'où résulte que les coefficients $(a, b, c)$ sont fonction des
coordonnées $\rho_i$.

Ces valeurs $(16)$ donnent pour $W$ $(15)$, ou pour

$\left(\dfrac{du}{dy} - \dfrac{dv}{dx}\right)$, l'expression

$$\left(\frac{da}{d\rho}\frac{d\rho}{dy} + \frac{da}{d\rho_1}\frac{d\rho_1}{dy} + \frac{da}{d\rho_2}\frac{d\rho_2}{dy}\right)\frac{d\rho}{dx}$$

$$-\left(\frac{da}{d\rho}\frac{d\rho}{dx} + \frac{da}{d\rho_1}\frac{d\rho_1}{dx} + \frac{da}{d\rho_2}\frac{d\rho_2}{dx}\right)\frac{d\rho}{dy}$$

$$+\left(\frac{db}{d\rho}\frac{d\rho}{dy} + \frac{db}{d\rho_1}\frac{d\rho_1}{dy} + \frac{db}{d\rho_2}\frac{d\rho_2}{dy}\right)\frac{d\rho_1}{dx}$$

$$-\left(\frac{db}{d\rho}\frac{d\rho}{dx} + \frac{db}{d\rho_1}\frac{d\rho_1}{dx} + \frac{db}{d\rho_2}\frac{d\rho_2}{dx}\right)\frac{d\rho_1}{dy}$$

$$+\left(\frac{dc}{d\rho}\frac{d\rho}{dy} + \frac{dc}{d\rho_1}\frac{d\rho_1}{dy} + \frac{dc}{d\rho_2}\frac{d\rho_2}{dy}\right)\frac{d\rho_2}{dx}$$

$$-\left(\frac{dc}{d\rho}\frac{d\rho}{dx} + \frac{dc}{d\rho_1}\frac{d\rho_1}{dx} + \frac{dc}{d\rho_2}\frac{d\rho_2}{dx}\right)\frac{d\rho_2}{dy},$$

les dérivées secondes des $\rho_i$ disparaissant dans la différence dont il s'agit. On reconnaît aisément, à l'inspection de ce long développement, la disparition de six des dix-huit termes, et la réunion des douze autres dans les trois produits

$$(18) \quad \begin{cases} \left(\dfrac{d\rho_1}{dx}\dfrac{d\rho_2}{dy} - \dfrac{d\rho_1}{dy}\dfrac{d\rho_2}{dx}\right)\left(\dfrac{db}{d\rho_2} - \dfrac{dc}{d\rho_1}\right), \\[2ex] +\left(\dfrac{d\rho_2}{dx}\dfrac{d\rho}{dy} - \dfrac{d\rho_2}{dy}\dfrac{d\rho}{dx}\right)\left(\dfrac{dc}{d\rho} - \dfrac{da}{d\rho_2}\right), \\[2ex] +\left(\dfrac{d\rho}{dx}\dfrac{d\rho_1}{dy} - \dfrac{d\rho}{dy}\dfrac{d\rho_1}{dx}\right)\left(\dfrac{da}{d\rho_1} - \dfrac{db}{d\rho}\right). \end{cases}$$

Or, parmi les relations, qui existent entre les neuf cosinus du tableau (1), se trouvent les trois suivantes

$$m_1 n_2 - n_1 m_2 = k p,$$
$$m_2 n - n_2 m = k p_1,$$
$$m n_1 - n m_1 = k p_2,$$

$k$ étant, ou $-1$, ou $+1$, tel en un mot que $k^2 = 1$. Les correspondances des tableaux (1) et (3) donnent donc

$$\frac{d\rho_1}{dx}\frac{d\rho_2}{dy} - \frac{d\rho_1}{dy}\frac{d\rho_2}{dx} = k\,\frac{h_1 h_2}{h}\frac{d\rho}{dz},$$

$$\frac{d\rho_2}{dx}\frac{d\rho}{dy} - \frac{d\rho_2}{dy}\frac{d\rho}{dx} = k\,\frac{h_2 h}{h_1}\frac{d\rho_1}{dz},$$

$$\frac{d\rho}{dx}\frac{d\rho_1}{dy} - \frac{d\rho}{dy}\frac{d\rho_1}{dx} = k\,\frac{h h_1}{h_2}\frac{d\rho_2}{dz}.$$

Ces dernières valeurs étant substituées dans l'expression (18), la fonction-de-point W sera la dernière des trois expressions

$$(19)\quad
\begin{cases}
U = \mathcal{A}\,\dfrac{d\rho}{dx} + \mathcal{B}\,\dfrac{d\rho_1}{dx} + \Gamma\,\dfrac{d\rho_2}{dx}, \\[2mm]
V = \mathcal{A}\,\dfrac{d\rho}{dy} + \mathcal{B}\,\dfrac{d\rho_1}{dy} + \Gamma\,\dfrac{d\rho_2}{dy}, \\[2mm]
W = \mathcal{A}\,\dfrac{d\rho}{dz} + \mathcal{B}\,\dfrac{d\rho_1}{dz} + \Gamma\,\dfrac{d\rho_2}{dz},
\end{cases}$$

en posant, toujours dans un but de simplification,

$$(20)\quad
\begin{cases}
k\,\dfrac{h_1 h_2}{h}\left(\dfrac{db}{d\rho_2} - \dfrac{dc}{d\rho_1}\right) = \mathcal{A}, \\[3mm]
k\,\dfrac{h_2 h}{h_1}\left(\dfrac{dc}{d\rho} - \dfrac{da}{d\rho_2}\right) = \mathcal{B}, \\[3mm]
k\,\dfrac{h h_1}{h_2}\left(\dfrac{da}{d\rho_1} - \dfrac{db}{d\rho}\right) = \Gamma.
\end{cases}$$

Les deux premières (19) résulteraient d'opérations semblables, faites en partant successivement de U et de V (15).

On transformera, absolument de la même manière, les différences de dérivées réciproques, qui, multipliées par $\mu$, forment les premiers membres des équations (14), en partant des valeurs (19) au lieu des (16), des coefficients (20) au lieu des (17); ce qui donnera

$$(21)\quad\begin{cases}\dfrac{dV}{dz}-\dfrac{dW}{dy}=\mathcal{P}\,\dfrac{d\rho}{dx}+\mathcal{P}_1\,\dfrac{d\rho_1}{dx}+\mathcal{P}_2\,\dfrac{d\rho_2}{dx},\\[2ex]\dfrac{dW}{dx}-\dfrac{dU}{dz}=\mathcal{P}\,\dfrac{d\rho}{dy}+\mathcal{P}_1\,\dfrac{d\rho_1}{dy}+\mathcal{P}_2\,\dfrac{d\rho_2}{dy},\\[2ex]\dfrac{dU}{dy}-\dfrac{dV}{dx}=\mathcal{P}\,\dfrac{d\rho}{dz}+\mathcal{P}_1\,\dfrac{d\rho_1}{dz}+\mathcal{P}_2\,\dfrac{d\rho_2}{dz};\end{cases}$$

les coefficients $\mathcal{P}_i$, composés en $(\mathcal{A},\,\mathcal{B},\,\Gamma)$ comme ces derniers le sont en $(a,\,b,\,c)$, étant

$$(22)\quad\begin{cases}\mathcal{P}=k\,\dfrac{h_1 h_2}{h}\left(\dfrac{d\mathcal{B}}{d\rho_2}-\dfrac{d\Gamma}{d\rho_1}\right),\\[2ex]\mathcal{P}_1=k\,\dfrac{h_2 h}{h_1}\left(\dfrac{d\Gamma}{d\rho}-\dfrac{d\mathcal{A}}{d\rho_2}\right),\\[2ex]\mathcal{P}_2=k\,\dfrac{h h_1}{h_2}\left(\dfrac{d\mathcal{A}}{d\rho_1}-\dfrac{d\mathcal{B}}{d\rho}\right).\end{cases}$$

En substituant, dans ces coefficients $\mathcal{P}_i$, aux $(\mathcal{A},\,\mathcal{B},\,\Gamma)$, leurs valeurs (20), $k^2$, ou l'unité, deviendra facteur commun, et le résultat sera le même que si l'on avait supposé partout $k=+1$. On pourra donc, dans les calculs qui vont suivre, prendre pour les $\mathcal{P}_i$, les valeurs (22) écrites sans le facteur $k$, en définissant les $(\mathcal{A},\,\mathcal{B},\,\Gamma)$, qui les composent, par les valeurs (20) pareillement écrites sans le facteur $k$.

## § CLIV.

### ÉQUATIONS TRANSFORMÉES.

La première des valeurs (21), jointe à celles de $X_0$ et $u$ (3), § CXLIV, et au développement

$$\frac{d\theta}{dx}=\frac{d\theta}{d\rho}\frac{d\rho}{dx}+\frac{d\theta}{d\rho_1}\frac{d\rho_1}{dx}+\frac{d\theta}{d\rho_2}\frac{d\rho_2}{dx},$$

19

donnera, à la première (14), la forme

$$(23) \qquad P\frac{d\rho}{dx} + P_1\frac{d\rho_1}{dx} + P_2\frac{d\rho_2}{dx} = 0;$$

ces derniers coefficients $P_i$, qui ne conservent aucune trace des coordonnées rectilignes (pas même le facteur $h$ avec sa gênante ambiguïté), étant

$$(24) \quad \left\{ \begin{aligned} P &= (\lambda + 2\mu)\frac{d\theta}{d\rho} - \mu\Phi + \frac{\delta}{h}\left(F - \frac{d^2R}{dt^2}\right), \\ P_1 &= (\lambda + 2\mu)\frac{d\theta}{d\rho_1} - \mu\Phi_1 + \frac{\delta}{h_1}\left(F_1 - \frac{d^2R_1}{dt^2}\right), \\ P_2 &= (\lambda + 2\mu)\frac{d\theta}{d\rho_2} - \mu\Phi_2 + \frac{\delta}{h_2}\left(F_2 - \frac{d^2R_2}{dt^2}\right). \end{aligned} \right.$$

Le simple changement de $x$ en $y$, ou en $z$, donnera la forme correspondante de la seconde, ou de la troisième (14). Et, des trois transformées, ou même de la première (23) seule, on conclura, comme au § CXLVII, que les $P_i$ doivent être nuls.

On aura donc les équations cherchées, en égalant à zéro les coefficients $P_i$ (24). Ce qui donne, en substituant les $\Phi_i$ (22), et multipliant par des facteurs tels que leurs parenthèses soient isolées

$$(25) \quad \left\{ \begin{aligned} \frac{d\mathfrak{M}}{d\rho_2} - \frac{d\Gamma}{d\rho_1} &= \frac{\lambda + 2\mu}{\mu}\frac{h}{h_1 h_2}\frac{d\theta}{d\rho} + \frac{1}{h_1 h_2}\left(F - \frac{d^2R}{dt^2}\right)\frac{\delta}{\mu}, \\ \frac{d\Gamma}{d\rho} - \frac{d\mathfrak{A}}{d\rho_2} &= \frac{\lambda + 2\mu}{\mu}\frac{h_1}{h_2 h}\frac{d\theta}{d\rho_1} + \frac{1}{h_2 h}\left(F_1 - \frac{d^2R_1}{dt^2}\right)\frac{\delta}{\mu}, \\ \frac{d\mathfrak{A}}{d\rho_1} - \frac{d\mathfrak{M}}{d\rho} &= \frac{\lambda + 2\mu}{\mu}\frac{h_2}{h h_1}\frac{d\theta}{d\rho_2} + \frac{1}{h h_1}\left(F_2 - \frac{d^2R_2}{dt^2}\right)\frac{\delta}{\mu}, \end{aligned} \right.$$

les fonctions-de-point ($\mathfrak{A}$, $\mathfrak{M}$, $\Gamma$) se déduisant des $R_i$ par les relations

$$(26)\quad\begin{cases}\dfrac{d\dfrac{R_1}{h_1}}{d\rho_2}-\dfrac{d\dfrac{R_2}{h_2}}{d\rho_1}=\dfrac{h}{h_1 h_2}\,\mathcal{A},\\[2.5em]\dfrac{d\dfrac{R_2}{h_2}}{d\rho}-\dfrac{d\dfrac{R}{h}}{d\rho_2}=\dfrac{h_1}{h_2 h}\,\mathcal{B},\\[2.5em]\dfrac{d\dfrac{R}{h}}{d\rho_1}-\dfrac{d\dfrac{R_1}{h_1}}{d\rho}=\dfrac{h_2}{h h_1}\,\Gamma,\end{cases}$$

que donnent les (20) et les (17). Telles sont les équations de l'élasticité constante, exprimées en coordonnées curvilignes, et disposées sous la forme même qui se prête le mieux aux intégrations.

## § CLV.

### LOI DE LA DILATATION CUBIQUE.

La dilatation cubique, ou la fonction $\theta$, a pour expression

$$(27)\qquad \theta=h h_1 h_2\left(\dfrac{d\dfrac{R}{h_1 h_2}}{d\rho}+\dfrac{d\dfrac{R_1}{h_2 h}}{d\rho_1}+\dfrac{d\dfrac{R_2}{h h_1}}{d\rho_2}\right),$$

ou la première (9). Lorsque les $F_i$ sont les dérivées, suivant les normales aux surfaces $\rho_i$, ou les axes $(x', y', z')$, § CL, d'un potentiel $\mathcal{F}$, tel que $\Delta_2\mathcal{F}=0$, on a, d'après le lemme (4),

$$(28)\qquad\begin{cases}F=h\,\dfrac{d\mathcal{F}}{d\rho},\\[1.5em]F_1=h_1\,\dfrac{d\mathcal{F}}{d\rho_1},\\[1.5em]F_2=h_2\,\dfrac{d\mathcal{F}}{d\rho_2}.\end{cases}$$

Alors, si l'on ajoute les équations (25), après les avoir

différentiées, la première en $\rho$, la seconde en $\rho_1$, la troisième en $\rho_2$, les premiers membres donnant zéro, on pourra, en multipliant par $\mu h h_1 h_2$, mettre le résultat sous la forme

$$(29) \qquad 0 = (\lambda + 2\mu)\Delta_2\theta - \frac{d^2\theta}{dt^2}\delta;$$

d'après l'expression générale des $\Delta_2$, et la valeur (27), car les termes en $F_i$ (28) disparaissent par $\Delta_2 \mathcal{F} = 0$.

## § CLVI.

### APPLICATION DES SURFACES ISOSTATIQUES.

Toutes les équations de la théorie mathématique de l'élasticité étant obtenues en coordonnées curvilignes, il importe d'en faire quelques applications, soit particulières, soit générales, pour donner une idée de leur utilité. Les équations (16), § CXLIX, qui expriment la loi d'un système isostatique, résolvent facilement plusieurs questions posées par les praticiens, et donnent des formules suffisamment approchées, réductibles en nombres, qui sont, à la fois, plus exactes et plus simples que les formules empiriques dont on se sert habituellement. Citons quelques exemples.

## § CLVII.

### RÉSISTANCE D'UNE PAROI SPHÉRIQUE.

*Problème 1.* Une enveloppe sphérique, en métal, doit être soumise intérieurement à la pression P, d'un gaz comprimé, ou d'une vapeur à haute tension, tandis que la paroi extérieure supportera la pression atmosphérique $p$, quelle épaisseur $e$ convient-il de donner à l'enveloppe pour qu'elle n'éprouve aucune altération permanente? — Dans ces circonstances les sphères concentriques sont isostatiques; prenons-les pour les surfaces $\rho$ du système général, et rapprochons ici la première équation (16), § **CXLIX**

$$(30) \qquad \frac{dA}{ds} = \frac{A - A_1}{r'} + \frac{A - A_2}{r''}.$$

En un point M de la paroi intérieure de rayon R, on peut substituer à la variation $\frac{dA}{ds}$ le rapport des différences finies $\frac{\Delta A}{e}$, car $e$ est toujours très-petit relativement à R ; on a, alors,

$$\left.\begin{matrix} A = -P \\ \\ A + \Delta A = -p \end{matrix}\right\} \quad \Delta A = P - p, \quad \frac{1}{r'} = \frac{1}{r''} = -\frac{1}{R},$$

et les deux autres forces élastiques principales $(A_1, A_2)$ sont égales à une même traction **T**. Avec ces valeurs, l'équation (30) devient

$$\frac{P - p}{e} = 2\,\frac{T + P}{R},$$

et donne, pour calculer l'épaisseur de l'enveloppe sphérique, la formule

$$(31) \qquad \frac{e}{R} = \frac{1}{2}\frac{P - p}{T + P},$$

en prenant T égal à la *traction-limite*, qui ne saurait être dépassée sans faire craindre l'altération du métal employé. Les nombres $(P, p, T)$ doivent être rapportés à la même unité de surface, au centimètre carré ou au millimètre carré.

*Problème II*. L'enveloppe sphérique sera soumise, extérieurement à la haute pression P, intérieurement à celle $p$ de l'atmosphère, quelle doit être l'épaisseur $e'$ dans cette nouvelle circonstance ? — La solution s'obtient comme celle du problème précédent ; le rayon $R'$ est celui de la paroi extérieure sur laquelle on prend le point M ; la variation de A a la même valeur, mais avec un signe contraire ; les forces élastiques $(A_1, A_2)$ sont actuellement égales à une même pression $- C$ ; l'équation (3o) devient

$$\frac{P - p}{e'} = 2 \frac{C - P}{R'},$$

et donne, pour calculer l'épaisseur $e'$, la formule

$$(32) \qquad \frac{e'}{R'} = \frac{1}{2} \frac{P - p}{C - P},$$

en prenant C égal à la *compression-limite* qui ne saurait être dépassée sans altérer le métal employé ; $(C, P, p)$ doivent être rapportés à la même unité de surface.

## § CLVIII.

### RÉSISTANCE D'UNE PAROI CYLINDRIQUE.

*Problème III.* Une enveloppe métallique, dont les parois indéfinies sont deux cylindres à bases circulaires concentriques, supportera extérieurement la pression atmosphérique $p$, et sera soumise intérieurement à une haute pression P, quelle épaisseur $e$ faut-il donner à l'enveloppe pour que la limite de l'élasticité ne soit nulle part dépassée ? — Dans ces circonstances les cylindres concentriques sont isostatiques ; si on les prend pour les surfaces $\rho$ du système général, l'équation (3o) étant rapportée à un point M de la paroi intérieure de rayon R, la variation de A sera la même qu'au problème I ; l'arc $s_1$ étant le cercle de rayon R, l'arc $s_2$ la génératrice du cylindre, on a

$$\frac{1}{r'} = - \frac{1}{R}, \quad \frac{1}{r''} = 0 ;$$

$A_1$ et $A_2$ sont deux tractions différentes, et si l'on désigne la première par T, l'équation (30) devient

$$\frac{P - p}{e} = \frac{T + P}{R},$$

et donne, pour calculer l'épaisseur $e$ de l'enveloppe cylindrique, la formule

$$(33) \qquad \frac{e}{R} = \frac{P - p}{T + P},$$

en prenant T égal à la traction-limite. On voit que cette
épaisseur doit être double de celle (31) de l'enveloppe sphérique de même rayon, et soumise aux mêmes pressions.

*Problème IV*. L'enveloppe cylindrique sera soumise,
extérieurement à la haute pression P, intérieurement à celle
$p$ de l'atmosphère, quelle doit être l'épaisseur $e'$ dans cette
nouvelle circonstance? — En modifiant la solution précédente, comme on a modifié la solution du premier problème
pour obtenir celle du second, on arrive à la formule

$$(34) \qquad \frac{e'}{R'} = \frac{P - p}{C - P},$$

et l'épaisseur $e'$, pour le cylindre, est encore double de
l'épaisseur correspondante (32), pour la sphère.

## CLIX.

### RÉSISTANCE D'UNE PAROI PLANE.

*Problème V*. On se propose de fermer l'enveloppe cylindrique, par des fonds-plats de même métal, quelle épaisseur E faut-il donner à ces parois planes? — Cette question
est encore loin de pouvoir être abordée par la théorie mathématique de l'élasticité, mais en faisant usage d'un procédé approximatif très-simple, on arrive à un résultat, qui
doit peu s'éloigner de la solution rigoureuse.

La formule (31) du problème I, relatif à la sphère, peut
être envisagée sous un second point de vue. Si on la résout
par rapport à T, elle donne la traction, éprouvée par toute
ligne tracée sur la paroi intérieure de l'enveloppe sphérique, quand son épaisseur est $c$. En un mot, dans le premier
cas, celui du problème I, on se donne T pour en conclure $e$,
tandis que, dans le cas actuel, on se donne $e$ pour en conclure T.

Cela posé, considérons une paroi plane, d'épaisseur E,
qui ferme le cylindre de rayon intérieur R, soumis intérieurement à la pression P, extérieurement à celle $p$; et
soient $\overline{AA'} = 2R$ le diamètre de ce cylindre, O le centre de
sa base, $\overline{OB} = E$ l'épaisseur du fond-plat. Soit pris sur $\overline{BO}$
un point C, et désignons $\overline{BC}$ par $\varepsilon$. Par le cercle de diamètre $\overline{AA'}$, et par le point C faisons passer une sphère,
puis par le point B une seconde sphère concentrique à la
première.

Si l'enveloppe partielle limitée par ces deux sphères,
formait seule le fond du cylindre, la traction à sa paroi intérieure serait donnée par la formule

$$(35) \qquad\qquad \varepsilon = \frac{\mathcal{R}}{2} \frac{P - p}{T + P},$$

dans laquelle $\mathcal{R}$ exprimerait le rayon de la sphère intérieure. Or si l'on achève le grand cercle dont l'arc ACA'
fait partie, on aura $\overline{AO}^2 = \overline{CO}(2\mathcal{R} - \overline{CO})$, et $\overline{CO}$ peut
être négligé devant $2\mathcal{R}$, ce qui donne

$$R^2 = (E - \varepsilon).2\mathcal{R}, \quad \text{d'où} \quad \mathcal{R} = \frac{R^2}{2(E - \varepsilon)};$$

substituant cette valeur de $\mathcal{R}$ dans (35), il vient

$$(36) \qquad\qquad (E - \varepsilon)\varepsilon = \frac{R^2}{4} \frac{P - p}{T + P}.$$

Cette équation (36) donnera la traction T à la paroi intérieure de l'enveloppe sphérique, d'épaisseur $\varepsilon$, découpée dans le fond plat d'épaisseur constante E. Cette traction varie avec $\varepsilon$; elle est évidemment infinie aux deux limites $\varepsilon = 0$, $\varepsilon = E$; donc il doit exister une valeur finie de cette variable, pour laquelle T sera un minimum. Or cette valeur correspond, inversement, au maximum du produit $(E-\varepsilon)\varepsilon$, de deux facteurs dont la somme est la constante E; cette valeur est donc $\varepsilon = \dfrac{E}{2}$, et la substitution dans (36) donne

$$(37) \qquad \frac{E}{R} = \sqrt{\frac{P-p}{T+P}} = \sqrt{\frac{e}{R}},$$

équation d'où l'on pourra déduire la traction T correspondante à cette épaisseur $\dfrac{E}{2}$.

Maintenant si l'on prend T égal à la *traction-limite*, l'équation (37) donnera l'épaisseur E que devra avoir le fond-plat, pour que la limite d'élasticité ne soit pas dépassée dans l'enveloppe sphérique d'épaisseur moitié que l'on y découperait, ni *très-probablement* dans ce fond-plat lui-même, auquel on laissera toute sa matière. L'équation (37) permet de comparer E à l'épaisseur $e$ (33) de la paroi cylindrique. Si le cylindre proposé était dans les circonstances du problème IV, on trouverait, de la même manière, pour l'épaisseur E' de la paroi plane, comparée à celle $c'$ (34) de la paroi cylindrique,

$$(38) \qquad \frac{E'}{R'} = \sqrt{\frac{P-p}{C-P}} = \sqrt{\frac{c'}{R'}}.$$

*Exemple.* Le cylindre a *un mètre* de diamètre ou $0^m,5$ de rayon (R ou R'); on a trouvé que son épaisseur ($c$ ou $c'$)

doit être de *un centimètre*, ou $0^m,01$ ; on conclura de la relation (37) ou (38) que, si l'on veut fermer ce cylindre par un fond-plat, il faudra donner à ce fond *sept centimètres* d'épaisseur. Ce qui montre bien tout le désavantage des parois planes.

# DIX-SEPTIÈME LEÇON.

## ENVELOPPE SPHÉRIQUE. — MÉTHODE D'INTÉGRATION.

Problème général de l'équilibre d'élasticité des enveloppes sphériques. — Équations de l'élasticité constante en coordonnées sphériques. — Méthode d'intégration par groupes successifs

### § CLX.

#### ÉQUILIBRE DES ENVELOPPES SPHÉRIQUES.

Le seul exemple que l'on puisse donner aujourd'hui, de la marche à suivre, lorsqu'on se propose d'intégrer complétement les équations (25), § CLIV, pour un corps de forme définie, est celui qui concerne l'équilibre intérieur d'une enveloppe sphérique, homogène et d'élasticité constante, dont les parois sont soumises à des pressions ou à des tractions connues, différant d'un point à l'autre de ces parois. Tel est le problème qu'il s'agit de résoudre. Il faut d'abord traduire en coordonnées sphériques, toutes les équations qui se rapportent à l'équilibre d'élasticité; opération que les formules transformées de la leçon précédente, rendent très-facile.

Le rayon des sphères concentriques étant $r$, la latitude $\varphi$, la longitude $\psi$, posons ici

$$(1) \qquad \rho = r, \quad \rho_1 = \varphi, \quad \rho_2 = \psi,$$

et désignons, pour simplifier, $\cos\varphi$ et $\sin\varphi$ par les lettres $c$ et $\alpha$. Les valeurs actuelles, des arcs $ds_i$, des paramètres différentiels $h_i$, et des six courbures, seront

$$(2)\quad\begin{cases} ds = dr, \quad ds_1 = r\,d\varphi, \quad ds_2 = rc\,d\psi, \\[1em] h = 1, \qquad h_1 = \dfrac{1}{r}, \qquad h_2 = \dfrac{1}{rc}, \\[1em] \dfrac{1}{r'} = \dfrac{1}{r''} = -\dfrac{1}{r}, \quad \dfrac{1}{r''_1} = \dfrac{\alpha}{rc}, \qquad \dfrac{1}{r_1} = \dfrac{1}{r_2} = \dfrac{1}{r'_2} = 0. \end{cases}$$

Employons maintenant les lettres $(U, V, W)$ pour représenter les projections du déplacement très-petit de $M$, sur
le rayon, sur la tangente au méridien et sur la perpendiculaire à son plan ; ou bien posons

$$(3)\qquad R = U, \quad R_1 = V, \quad R_2 = W.$$

Enfin désignons par $(R_0, \Phi_0, \Psi_0)$ les composantes, suivant
les mêmes directions, de la résultante des forces extérieures,
rapportées à l'unité de masse ; c'est-à-dire posons encore

$$(4)\qquad F = R_0, \quad F_1 = \Phi_0, \quad F_2 = \Psi_0,$$

Par la substitution de ces diverses valeurs, les expressions
$(13)$, § CLII, des composantes $(A_i, \mathfrak{r}_i)$ deviennent

$$(5)\quad\begin{cases} A = \lambda\theta + 2\mu\left(\dfrac{dU}{dr}\right), \\[1em] A_1 = \lambda\theta + 2\mu\left(\dfrac{dV}{r\,d\varphi} + \dfrac{U}{r}\right), \\[1em] A_2 = \lambda\theta + 2\mu\left(\dfrac{dV}{rc\,d\psi} + \dfrac{U}{r} + \dfrac{\alpha}{c}\dfrac{V}{r}\right), \\[1em] \mathfrak{r} = \mu\left(\dfrac{dV}{rc\,d\psi} + \dfrac{dW}{r\,d\varphi} + \dfrac{\alpha}{c}\dfrac{W}{r}\right), \\[1em] \mathfrak{r}_1 = \mu\left(\dfrac{dW}{dr} + \dfrac{dU}{rc\,d\psi} - \dfrac{W}{r}\right), \\[1em] \mathfrak{r}_2 = \mu\left(\dfrac{dU}{r\,d\varphi} + \dfrac{dV}{dr} - \dfrac{V}{r}\right) ; \end{cases}$$

et celles (9), § CLI, de la dilatation cubique $\theta$, peuvent s'écrire ainsi :

$$(6) \quad \begin{cases} \theta = \dfrac{1}{r^2 c}\left( \dfrac{dr^2 c\,U}{dr} + \dfrac{dc\,r\,V}{d\varphi} + \dfrac{dr\,W}{d\psi} \right), \\[2ex] \theta = \dfrac{dU}{dr} + 2\,\dfrac{U}{r} + \dfrac{1}{r}\,\dfrac{dV}{d\varphi} - \dfrac{\alpha}{c}\,\dfrac{V}{r} + \dfrac{1}{rc}\,\dfrac{dW}{d\psi}. \end{cases}$$

Puisqu'il s'agit d'une question d'équilibre, les dérivées par rapport au temps n'existent pas. Alors l'équation (29), § CLV, qui régit la fonction $\theta$, est simplement $\Delta_2 \theta = 0$, et si, pour simplifier les équations suivantes, on pose

$$(7) \qquad \theta = \frac{\mu}{\lambda + 2\mu}\,\mathfrak{F},$$

on aura pareillement $\Delta_2 \mathfrak{F} = 0$, ou bien, par l'expression générale des $\Delta_2$, § XIV, écrite avec les $h_i$ (2), et après la suppression d'un facteur commun,

$$(8) \qquad \frac{dr^2\,\dfrac{d\mathfrak{F}}{dr}}{dr} + \frac{1}{c}\,\frac{dc\,\dfrac{d\mathfrak{F}}{d\varphi}}{d\varphi} + \frac{1}{c^2}\,\frac{d^2\mathfrak{F}}{d\psi^2} = 0,$$

ou encore, en prenant, avec Laplace, $\sin\varphi$ ou $\alpha$ pour paramètre des cônes de latitude, c'est-à-dire remplaçant $\dfrac{d\cdot}{d\varphi}$ par $c\,\dfrac{d\cdot}{d\alpha}$, et $c^2$ par $(1 - \alpha^2)$,

$$(9) \qquad \frac{dr^2\,\dfrac{d\mathfrak{F}}{dr}}{dr} + \frac{d(1 - \alpha^2)\,\dfrac{d\mathfrak{F}}{d\alpha}}{d\alpha} + \frac{\dfrac{d^2\mathfrak{F}}{d\psi^2}}{1 - \alpha^2} = 0.$$

Enfin, de tout ce qui précède, il résulte que les équations (25), du § CLIV, deviennent

$$(10)\quad\begin{cases}\dfrac{d\mathfrak{V}}{d\psi}-\dfrac{d\Gamma}{d\varphi}=r^2c\,\dfrac{d\mathfrak{F}}{dr}+r^2c\,\mathrm{R}_{\shortmid}\dfrac{\delta}{\mu},\\[2ex]\dfrac{d\Gamma}{dr}-\dfrac{d\mathfrak{V}}{d\psi}=c\,\dfrac{d\mathfrak{F}}{d\psi}+rc\,\Phi_{\shortmid}\dfrac{\delta}{\mu},\\[2ex]\dfrac{d\mathfrak{A}}{d\varphi}-\dfrac{d\mathfrak{V}}{dr}=\dfrac{1}{c}\,\dfrac{d\mathfrak{F}}{d\psi}+r\psi_0\dfrac{\delta}{\mu};\end{cases}$$

et que les fonctions-de-point $(\mathfrak{A},\ \mathfrak{V},\ \Gamma)$ doivent se déduire des $(\mathrm{U},\ \mathrm{V},\ \mathrm{W})$, par les relations

$$(11)\quad\begin{cases}\dfrac{dr\mathrm{V}}{d\psi}-\dfrac{drc\,\mathrm{W}}{d\varphi}=r^2c\,\mathfrak{A},\\[2ex]\dfrac{drc\,\mathrm{W}}{dr}-\dfrac{d\mathrm{U}}{d\psi}=c\,\mathfrak{V},\\[2ex]\dfrac{d\mathrm{U}}{d\varphi}-\dfrac{dr\mathrm{V}}{dr}=\dfrac{1}{c}\,\Gamma.\end{cases}$$

## § CLXI.

### ÉQUATIONS A LA SURFACE.

Abordons maintenant la question posée, en commençant par établir les équations dites à la surface. Imaginons un milieu solide indéfini, en équilibre d'élasticité, et dans lequel sont tracées deux sphères concentriques ayant les mêmes rayons, $r_1$ et $r_0$, que les parois, extérieure et intérieure, de l'enveloppe dont il s'agit. Ce milieu comprendra trois parties : la première, D, intérieure à la sphère de rayon $r_0$, la seconde, F, comprise entre les deux sphères, la troisième, G, extérieure à la sphère de rayon $r_1$. Si, d'abord, on veut supprimer, la partie G sans troubler l'état d'équilibre des deux autres parties, il faudra appliquer, sur chaque élément plan de la sphère de rayon $r_1$, des

efforts qui remplacent les composantes $(A, \mathfrak{C}_2, \mathfrak{T}_1)_1$ des
forces élastiques que G, extérieur, exerce sur E, intérieur.
Si, ensuite, on veut supprimer la partie D sans troubler
l'état d'équilibre de la partie E, il faudra appliquer, sur
chaque élément-plan de la sphère de rayon $r_0$, des efforts
qui remplacent les composantes $(-A, -\mathfrak{C}_2, -\mathfrak{C}_1)_0$ des
forces élastiques que D, intérieur, exerce sur E, extérieur.
Cela fait, la partie E restante sera absolument dans le même
état d'équilibre d'élasticité que l'enveloppe sphérique pro-
posée, *si* les $(A, \mathfrak{C}_2, \mathfrak{T}_1)_1$ sont précisément égales aux composantes correspondantes $(\mathfrak{N}_1, \mathfrak{M}_1, \mathfrak{T}_1)$ des efforts appliqués sur la paroi extérieure, et *si* les $(-A, -\mathfrak{C}_2, -\mathfrak{C}_1)_0$
sont précisément égales aux composantes correspondantes
$(-\mathfrak{N}_0, -\mathfrak{M}_0, -\mathfrak{C}_0)$ des efforts appliqués sur la paroi
intérieure.

On a deviné, sans qu'il fût nécessaire de le dire d'avance,
que les $(A, \mathfrak{C}_2, \mathfrak{C}_1)$ étant les composantes (2) des forces
élastiques exercées sur tout élément-plan perpendiculaire
au rayon, les indices 1, 0, donnés aux parenthèses qui les
groupent, indiquent qu'elles les prennent avec $r = r_1$,
$r = r_0$; que $(\mathfrak{N}_1, \mathfrak{M}_1, \mathfrak{C}_1)$ sont les fonctions connues de
$(\varphi, \psi)$ qui représentent respectivement les composantes des
efforts externes, suivant le rayon, suivant la tangente au
méridien et suivant la perpendiculaire à son plan; qu'enfin
$(-\mathfrak{N}_0, -\mathfrak{M}_0, -\mathfrak{C}_0)$ sont les fonctions connues de $(\varphi, \psi)$
qui représentent les composantes des efforts internes, sui-
vant les directions de même définition; toutes ces composantes étant rapportées à l'unité de surface. [Dans les nou-
veaux groupes $(\mathfrak{N}_i, \mathfrak{M}_i, \mathfrak{C}_i)$, la lettre $\mathfrak{C}_i$, ou le symbole
des composantes tangentielles, désignera particulièrement
celle qui est parallèle au plan de l'équateur.]

En résumé, les équations à la surface, qui sont au
nombre de six, seront définitivement données par les

formules

$$(12) \quad \begin{cases} \left[\lambda\theta + 2\mu\dfrac{d\mathrm{U}}{dr}\right]_{1,0} = \mathfrak{R}_{1,0}, \\[2em] \left[\mu\left(\dfrac{1}{r}\dfrac{d\mathrm{U}}{d\varphi} + r\dfrac{d\dfrac{\mathrm{V}}{r}}{dr}\right)\right]_{1,0} = \mathfrak{M}_{1,0}, \\[2em] \left[\mu\left(\dfrac{1}{rc}\dfrac{d\mathrm{U}}{d\psi} + r\dfrac{d\dfrac{\mathrm{W}}{r}}{dr}\right)\right]_{1,0} = \mathfrak{C}_{1,0}, \end{cases}$$

écrites deux fois, l'une avec l'indice 1 seul, l'autre avec l'indice zéro.

## § CLXII.

### ABSTRACTION DES FORCES EXTÉRIEURES.

Si l'on substitue dans les équations (10) les valeurs (11) et (6) des $(\mathcal{A}, \mathcal{w}, \mathrm{r})$ et $\theta$, on aura les trois équations aux différences partielles du second ordre, linéaires et simultanées, que doivent vérifier les trois fonctions (U, V, W) des variables $(r, \varphi, \psi)$. Il faudra ensuite intégrer généralement ces trois équations, et déterminer les arbitraires introduites, de telle sorte que les fonctions obtenues vérifient les six équations (12), quand on y substituera $r_1, r_0$, à la variable $r$. Tel est effectivement le problème d'analyse qu'il faut résoudre.

Les intégrales générales des (U, V, W) doivent comprendre deux groupes de parties distincts, l'un que nous désignerons par $(\mathrm{U}_0, \mathrm{V}_0, \mathrm{W}_0)$, destiné à faire disparaître, lors de la vérification, les termes en $(\mathrm{R}_0, \Phi_0, \Psi_0)$ dans les trois équations aux différences partielles, l'autre, que l'on peut appeler le complément intégral, et qui vérifiera ces mêmes équations, abstraction faite de leurs termes connus.

Nous supposerons d'abord que les termes en $(R_0, \Phi_0, \Psi_0)$ n'existent pas; comme s'il s'agissait d'étudier les effets uniquement dus aux efforts appliqués sur les deux parois. Les $(U, V, W)$ ne se composeront plus, alors, que du second groupe, ou du complément intégral. Et, quand la question posée sera ainsi résolue, nous indiquerons la modification que devra subir la solution trouvée, lorsqu'on introduira certaines valeurs, les plus ordinaires, des composantes $(R_0, \Phi_0, \Psi_0)$, et le groupe correspondant $(U_0, V_0, W_0)$.

## § CLXIII.

### INTÉGRATION PAR GROUPES SUCCESSIFS.

Pour obtenir les intégrales générales $(U, V, W)$ correspondantes au cas où les $(R_0, \Phi_0, \Psi_0)$ n'existent pas, il n'est pas indispensable d'effectuer complétement la substitution indiquée, ou de former, dès l'abord, les trois équations aux différences partielles qu'il s'agit d'intégrer. On peut, en quelque sorte, décomposer l'intégration totale en trois parties, ou plutôt en trois phases : $1^\circ$ intégrer la fonction $\mathscr{F}$ ou $\theta$ (7), qui est régie par l'équation (8) ou (9); $2^\circ$ substituer ensuite cette première intégrale dans les équations (10), et intégrer les fonctions $(\mathcal{A}, \mathcal{B}, \Gamma)$; $3^\circ$ enfin substituer ces secondes intégrales dans les relations (11), et intégrer définitivement les fonctions $(U, V, W)$. Telle est la marche que nous allons suivre.

## § CLXIV.

### FORMATION DES TROIS GROUPES.

Des trois groupes qu'il s'agit d'intégrer successivement, le premier (8) ou (9) se réduit à une seule équation. Le second (10) doit être complété : car, les termes en $(R_0, \Phi_0, \Psi_0)$

n'existant pas, si l'on ajoute les trois équations (10) après les avoir différentiées, la première en $r$, la seconde en $\varphi$, la troisième en $\psi$, on aura zéro pour premier membre, et le second membre sera pareillement nul, puisque la fonction $\mathscr{F}$, supposée connue, vérifie l'équation (8); ce qui donne une identité; le groupe (10) ne comprend donc que deux équations qui soient distinctes, et serait conséquemment insuffisant, pour déterminer, à lui seul, les trois fonctions $(\mathscr{A}, \mathscr{B}, \Gamma)$.

Mais, si l'on fait subir au groupe (11) la même sommation, après les mêmes différentiations, on aura encore zéro pour premier membre, et le second membre devra être pareillement nul; ce qui exige que les fonctions $(\mathscr{A}, \mathscr{B}, \Gamma)$ vérifient la dernière des quatre équations

$$(13)\quad\begin{cases}\dfrac{d\,\mathscr{B}}{d\psi} - \dfrac{d\Gamma}{d\varphi} = r^2 c\,\dfrac{d\mathscr{F}}{dr}, \\[2ex] \dfrac{d\Gamma}{dr} - \dfrac{d\,\mathscr{A}}{d\psi} = c\,\dfrac{d\mathscr{F}}{d\varphi}, \\[2ex] \dfrac{d\,\mathscr{A}}{d\varphi} - \dfrac{d\,\mathscr{B}}{dr} = \dfrac{1}{c}\,\dfrac{d\mathscr{F}}{d\psi}, \\[2ex] \dfrac{dr^2\,\mathscr{A}}{dr} + \dfrac{1}{c}\,\dfrac{dc\,\mathscr{B}}{d\varphi} + \dfrac{1}{c^2}\,\dfrac{d\Gamma}{d\psi} = 0,\end{cases}$$

outre les trois premières, qui ne sont autres que les (10) sans les $(R_0, \Phi_0, \Psi_0)$.

Le troisième groupe (11) a pareillement besoin d'être complété : car, en opérant de nouveau, sur lui, la dernière sommation indiquée, on aura une identité, puisque les fonctions $(\mathscr{A}, \mathscr{B}, \Gamma)$, maintenant supposées connues, vérifient la dernière (13); ce groupe (11) ne comprend donc que deux équations qui soient distinctes, et serait conséquemment insuffisant pour déterminer, à lui seul, les trois fonctions $(U, V, W)$. Mais la fonction $\theta$ (7) étant maintenant supposée connue, par $\mathcal{F}$, la première (6) donnera

$$(14) \qquad \frac{dr^2\,U}{dr} + \frac{1}{c}\,\frac{dcr\,V}{d\varphi} + \frac{1}{c^2}\,\frac{drc\,W}{d\psi} = r^2\theta,$$

pour une quatrième équation que les $(U,\ V,\ W)$ devront vérifier.

## § CLXV.

### FONCTION DU PREMIER GROUPE.

Ainsi les trois groupes, à traiter successivement, sont : 1º l'équation (8) ou (9); 2º les quatre équations (13); 3º les équations (11) et (14). Occupons-nous du premier. L'équation aux différences partielles (9), et ses diverses intégrales sont trop connues, pour qu'il soit nécessaire d'entrer ici dans de longs développements; il suffira de définir, succinctement, les éléments qui doivent composer la fonction $\mathcal{F}$, et de préciser la forme qu'il convient de donner à son intégrale générale, dans la question actuelle.

La fonction $\mathcal{F}$ doit se composer d'une somme indéfinie de termes simples, qui vérifient séparément l'équation (9); chaque terme simple est le produit RQP de trois facteurs, qui ne varient chacun qu'avec l'une des coordonnées, savoir : R avec $r$, Q avec $\psi$, P avec $\varphi$ ou $\alpha$; ce produit, substitué à $\mathcal{F}$ dans l'équation (9), donne

$$(15) \qquad \frac{1}{R}\,\frac{dr^2\,\dfrac{dR}{dr}}{dr} + \frac{1}{P}\,\frac{d(1-\alpha^2)\,\dfrac{dP}{d\alpha}}{d\alpha} + \frac{1}{Q}\,\frac{\dfrac{d^2Q}{d\alpha^2}}{1-\alpha^2} = 0;$$

et la vérification nécessaire de cette équation exige : 1º que le facteur R satisfasse à l'équation différentielle

$$(16) \qquad \frac{dr^2\,\dfrac{dR}{dr}}{dr} - n(n+1)R = 0,$$

où $n$ est un nombre entier quelconque, et qui admet les deux intégrales particulières

$$(17) \qquad R \begin{cases} = r^n, \\ = \dfrac{1}{r^{n+1}}; \end{cases}$$

2° que le facteur $Q$ satisfasse à l'équation différentielle

$$(18) \qquad \frac{d^2 Q}{d\psi^2} + l^2 Q = 0,$$

où $l$ est un nombre entier, et qui admet les deux intégrales particulières

$$(19) \qquad Q \begin{cases} = \cos l\psi, \\ = \sin l\psi; \end{cases}$$

3° que le facteur $P$ vérifie l'équation différentielle

$$(20) \qquad \frac{d\left(1 - \alpha^2\right)\dfrac{dP}{d\alpha}}{d\alpha} + \left[ n\left(n+1\right) - \frac{l^2}{1 - \alpha^2} \right] P = 0,$$

déduite de (15) à l'aide des (16) et (18); $l$ et $n$ étant les deux nombres entiers, introduits dans le terme simple par les facteurs $R$ et $Q$.

Cette équation différentielle (20) est vérifiée par l'intégrale particulière

$$(21) \quad P = \left(1 - \alpha^2\right)^{\frac{l}{2}} \left\{ \begin{array}{l} \alpha^{n-l} - \dfrac{(n-l)(n-l-1)}{2(2n-1)} \alpha^{n-l-2} + \\[2ex] \dfrac{(n-l)(n-l-1)(n-l-2)(n-l-3)}{2.4(2n-1)(2n-3)} \alpha^{n-l-4} - \dots \end{array} \right\}$$

seule admissible dans la question actuelle, qui exige en outre que l'entier $l$ ne surpasse pas l'entier $n$ : car, la fonction $\mathcal{F}$ ne doit pas contenir de termes à puissances négatives de $\alpha$, lesquels la rendraient infinie pour $\alpha = 0$, ou sur

le plan de l'équateur qui comprend des points appartenant
à l'enveloppe sphérique proposée ; $n$ et $l$ étant entiers, et
$n - l$ positif, la série, qui forme la parenthèse (21), se termine au terme en $\alpha^1$, ou en $\alpha^0$, suivant que $n - l$ est impair ou pair.

Les deux intégrales particulières (17) de R sont admissibles : car l'enveloppe sphérique ne s'étendant, ni jusqu'au
centre, ni jusqu'à l'infini, les valeurs l'infini et zéro de $r$
n'appartiennent à aucun de ses points. Les deux intégrales
particulières (19) de Q, qui ne deviennent infinies pour
aucune valeur réelle de $\psi$, sont pareillement admissibles.

Avec les éléments ainsi définis, l'intégrale générale, de
notre fonction-de-point $\mathfrak{F}$, peut se mettre sous la forme

$$(22) \qquad \mathfrak{F} = S \left( \xi r^n + \frac{\zeta}{r^{n+1}} \right) P,$$

où $\xi$ et $\zeta$ représentent, pour simplifier, les deux facteurs
en $\psi$

$$(23) \qquad \begin{cases} \xi = A \cos l\psi + C \sin l\psi, \\ \zeta = B \cos l\psi + D \sin l\psi. \end{cases}$$

Chaque terme est particularisé par la fonction P (21), ou
par le couple de valeurs des entiers $l$ et $n$ ; (A, B, C, D)
sont des constantes arbitraires, différant d'un terme à un
autre. Il doit y avoir autant de termes que de couples $(l, n)$
admissibles. Le signe $S$ accuse donc une double série, il
remplace l'une ou l'autre des deux indications

$$(24) \qquad S \begin{cases} = \displaystyle\sum_{n=0}^{n=\infty} \sum_{l=0}^{l=n} \\[2em] = \displaystyle\sum_{l=0}^{l=\infty} \sum_{n=l}^{n=\infty} \end{cases}$$

qui correspondent à deux modes de grouppement différents.

## § CLXVI.

### FORMES DE LA SÉRIE INTÉGRALE.

Dans le premier mode, on réunit tous les termes de
$\mathcal{F}$ (22) dans lesquels $n$ a la même valeur, pour en former un
groupe partiel ; la série totale comprend autant de groupes
distincts qu'il existe de valeurs de $n$ depuis zéro jusqu'à
l'infini, et chaque groupe partiel autant de termes que de
valeurs de $l$ depuis zéro jusqu'à $n$, c'est-à-dire $n+1$ termes
renfermant $4n + 2$ constantes arbitraires.

Dans le second mode, on réunit tous les termes de $\mathcal{F}$ (22)
dans lesquels $l$ a la même valeur, pour en former un groupe
partiel ; la série totale comprend autant de groupes distincts
qu'il existe de valeurs de $l$ depuis zéro jusqu'à l'infini, et
chaque groupe partiel autant de termes que de valeurs de $n$
depuis $l$ jusqu'à l'infini, c'est-à-dire une infinité de termes
et de constantes arbitraires.

Le premier mode de grouppement rappelle les fonctions
$Y_n$ de Laplace, et est exclusivement employé dans la *Mécanique céleste*. En physique mathématique, et notamment
dans la question qui nous occupe, il faut essentiellement
adopter le second mode, quand il s'agit de déterminer isolément les constantes arbitraires. Il y a indifférence lorsque
ces constantes sont connues, et que la fonction $\mathcal{F}$ (22) n'a
plus rien d'indéterminé ; on choisit alors le grouppement de
ses termes qui convient le mieux aux conséquences qu'on
en veut déduire, ou aux applications qu'on en veut faire.

## § CLXVII.

### INTÉGRATION DU SECOND GROUPE.

La fonction $\mathcal{F}$ étant intégrée, passons au second groupe
(13). Les intégrales générales des fonctions $(\mathcal{A}, \mathcal{B}, \Gamma)$ com-

prendront chacune deux parties ; les premières parties, que l'on peut appeler essentielles, et que nous désignerons par $(\mathcal{A}_e,\ \mathcal{B}_e,\ \Gamma_e)$ étant destinées à faire disparaître, lors de la vérification, les seconds membres, maintenant supposés connus, des équations aux différences partielles linéaires (13) ; les secondes, ou le complément intégral, que nous désignerons par $(\mathcal{A}',\ \mathcal{B}',\ \Gamma')$, devant vérifier les mêmes équations, lorsque tous les seconds membres sont zéro.

Les $(\mathcal{A}',\ \mathcal{B}',\ \Gamma')$, devant annuler les premiers membres des trois premières (13), ne seront autres que les dérivées d'une même fonction $\mathcal{F}'$ des variables $(r,\ \varphi,\ \psi)$, on peut donc poser

$$(25) \qquad \mathcal{A}' = \frac{d\mathcal{F}'}{dr}, \quad \mathcal{B}' = \frac{d\mathcal{F}'}{d\varphi}, \quad \Gamma' = \frac{d\mathcal{F}'}{d\psi}.$$

Or, ces valeurs, étant substituées dans la dernière (13), reproduisent, en $\mathcal{F}'$, l'équation (8) ou (9) ; donc la seconde fonction introduite, $\mathcal{F}'$, doit être de même forme que $\mathcal{F}$ (22), et on peut l'écrire ainsi

$$(26) \qquad \mathcal{F}' = \mathbf{S}\left(\xi' r^n + \frac{\zeta'}{r^{n+1}}\right) \mathrm{P},$$

$\xi'$ et $\zeta'$ représentant, pour simplifier, les facteurs en $\psi$

$$(27) \qquad \begin{cases} \xi' = \mathrm{A}' \cos l\psi + \mathrm{C}' \sin l\psi, \\ \zeta' = \mathrm{B}' \cos l\psi + \mathrm{D}' \sin l\psi, \end{cases}$$

$(\mathrm{A}',\ \mathrm{B}',\ \mathrm{C}',\ \mathrm{D}')$ étant de nouvelles constantes arbitraires, différant d'un terme à l'autre de la double série (26).

Avec le complément intégral $(\mathcal{A}',\ \mathcal{B}',\ \Gamma')$, on peut ne prendre pour $(\mathcal{A}_e,\ \mathcal{B}_e,\ \Gamma_e)$ que les valeurs strictement essentielles, et les plus simples possible. Or, il se trouve que $\mathcal{A}_e$ peut être nul, et que la vérification des équations (13) complètes est obtenue quand on prend

$$\mathcal{A}_e = 0,$$

$$(28) \qquad \left\{ \begin{aligned} \mathfrak{W}_s &= S\left( -\frac{d\xi}{d\psi}\frac{r^{n+1}}{n+1} + \frac{\frac{d\zeta}{d\psi}}{nr^n} \right)\frac{P}{c}, \\ \Gamma_e &= S\left( \xi\frac{r^{n+1}}{n+1} - \frac{\zeta}{nr^n} \right)c^2\frac{dP}{dz}, \end{aligned} \right.$$

les $(\xi, \zeta)$ étant ceux de la série $\mathfrak{F}$ (22). En effet, ces valeurs donnent d'abord $\left(\text{en se rappelant, ici et } \textit{constamment,}\right.$ que $c\,\dfrac{d.}{d\alpha} = \dfrac{d.}{d\varphi}\Big)$,

$$\frac{d\Gamma_e}{dr} = c\,S\left( \xi r^n + \frac{\zeta}{r^{n+1}} \right)\frac{dP}{d\varphi} = c\,\frac{d\mathfrak{F}}{d\varphi}$$

$$-\frac{d\mathfrak{W}_e}{dr} = \frac{1}{c}\,S\left( \frac{d\xi}{d\psi}r^n + \frac{\frac{d\zeta}{d\psi}}{r^{n+1}} \right)P = \frac{1}{c}\frac{d\mathfrak{F}}{d\psi},$$

et puisque $\mathcal{A}$ est ici nul, la seconde et la troisième (13) sont vérifiées.

Ensuite, les facteurs $\xi$ et $\zeta$ satisfaisant à l'équation (18), et le facteur P à l'équation (20), on a identiquement

$$\frac{d^2\xi}{d\psi^2} = -l^2\xi, \quad \frac{d^2\zeta}{d\psi^2} = -l^2\zeta,$$

$$\frac{dc^2\frac{dP}{d\alpha}}{d\varphi} = c\,\frac{dc^2\frac{dP}{d\alpha}}{d\alpha} = \left[ \frac{l^2}{c} - n(n+1)c \right]P,$$

et les dérivées, en $\psi$ de $\mathfrak{W}_e$, en $\varphi$ de $\Gamma_e$, pouvant alors se mettre sous la forme

$$\frac{d\mathfrak{W}_e}{d\psi} = S\left( \xi\frac{r^{n+1}}{n+1} - \frac{\zeta}{nr^n} \right)\frac{l^2}{c}P,$$

$$\frac{d\Gamma_e}{d\varphi} = S\left( \xi\frac{r^{n+1}}{n+1} - \frac{\zeta}{nr^n} \right)\left[ \frac{l^2}{c} - n(n+1)c \right]P,$$

on a, pour leur différence

$$\frac{d\mathfrak{W}_e}{d\psi} - \frac{d\Gamma_e}{d\varphi} = cr^2\,\mathbf{S}\left[\, n\,\xi\, r^{n-1} - (n+1)\frac{\zeta}{r^{n+2}}\,\right] \mathrm{P} = cr^2 \frac{d\tilde{\mathfrak{F}}}{dr},$$

ce qui vérifie la première (13). Enfin, la quatrième du même groupe, qui se réduit à

$$\frac{1}{c^2}\frac{d\Gamma}{d\psi} + \frac{dc\,\mathfrak{W}}{d\alpha} = 0,$$

puisque $\mathfrak{A}$ est ici nul, est évidemment vérifiée par les valeurs (28) de $\mathfrak{W}_e$ et $\Gamma_e$.

En résumé, les intégrales générales des fonctions $(\mathfrak{A}, \mathfrak{W}, \Gamma)$ du second groupe, sont

$$(29)\qquad \begin{cases} \mathfrak{A} = \mathfrak{A}_e + \mathfrak{A}', \\ \mathfrak{W} = \mathfrak{W}_e + \mathfrak{W}', \\ \Gamma = \Gamma_e + \Gamma'; \end{cases}$$

les $(\mathfrak{A}_e, \mathfrak{W}_e, \Gamma_e)$ ayant les valeurs (28), déduites de l'ancienne fonction $\mathfrak{F}$ (22), et les $(\mathfrak{A}', \mathfrak{W}', \Gamma')$ les valeurs (25), dérivées de la nouvelle fonction $\tilde{\mathfrak{F}}$ (26).

## § CLXVIII.

### INTÉGRATION DU TROISIÈME GROUPE.

Les fonctions $(\mathfrak{A}, \mathfrak{W}, \Gamma)$ étant intégrées, abordons le troisième et dernier groupe (11) et (14), qui est

$$(30)\qquad \begin{cases} \dfrac{dr\mathrm{V}}{d\psi} - \dfrac{drc\mathrm{W}}{d\varphi} = r^2 c\,\mathfrak{A}, \\[2mm] \dfrac{drc\mathrm{W}}{dr} - \dfrac{d\mathrm{U}}{d\psi} = c\,\mathfrak{W}, \\[2mm] \phantom{.}\dfrac{d\mathrm{U}}{d\varphi} - \dfrac{dr\mathrm{V}}{dr} = \dfrac{1}{c}\,\Gamma, \\[2mm] \dfrac{dr^2\mathrm{U}}{dr} + \dfrac{1}{c}\dfrac{dcr\mathrm{V}}{d\varphi} + \dfrac{1}{c^2}\dfrac{drc\mathrm{W}}{d\psi} = \dfrac{\mu}{\lambda + 2\mu}\, r^2\tilde{\mathfrak{F}}. \end{cases}$$

Les intégrales générales des fonctions (U, V, W) se composeront chacune de trois parties ; les premières parties, qui peuvent être désignées par (U$_e$, V$_e$, W$_e$), étant destinées à faire disparaître, lors de la vérification, les termes des seconds membres des équations (30) provenant de la fonction primitive $\mathcal{F}$ ; les secondes parties, qui peuvent être désignées par (U′, V′, W′), étant destinées à faire disparaître les termes provenant de la seconde fonction $\mathcal{F}'$ ; enfin les troisièmes parties, ou le complément intégral, que nous désignerons par (U″, V″, W″), devant vérifier les équations (30), lorsque tous les seconds membres sont zéro.

Les (U″, $r$V″, $rc$W″), qui doivent annuler les premiers membres des trois premières (30), ne seront autres que les dérivées d'une même fonction $\mathcal{F}''$ des variables ($r$, $\varphi$, $\psi$). On peut donc poser

$$(31) \qquad U'' = \frac{d\mathcal{F}''}{dr}, \quad r V'' = \frac{d\mathcal{F}''}{d\psi}, \quad rc\, W'' = \frac{d\mathcal{F}''}{d\psi};$$

or, ces valeurs, annulant le premier membre de la dernière (30), reproduisent, en $\mathcal{F}''$, l'équation (8) ; donc la troisième fonction, $\mathcal{F}''$, doit être de même forme, que $\mathcal{F}$ (22), que $\mathcal{F}'$ (26), et l'on peut l'écrire ainsi

$$(32) \qquad \mathcal{F}'' = S \left( \zeta'' r^n + \frac{\zeta''}{r^{n+1}} \right) P,$$

$\xi''$ et $\zeta''$ représentant, pour simplifier, les facteurs en $\psi$

$$(33) \qquad \begin{cases} \xi'' = A'' \cos l\psi + C'' \sin l\psi, \\ \zeta'' = B'' \cos l\psi + D'' \sin l\psi, \end{cases}$$

(A″, B″, C″, D″) étant encore d'autres constantes arbitraires, différant d'un terme à l'autre de la double série (32).

Les (U′, $r$V′, $rc$W′), devant strictement vérifier les équations (30), lorsque les ($\mathcal{A}$, $\mathcal{B}$, $\Gamma$) des trois premières sont remplacés par les ($\mathcal{A}'$, $\mathcal{B}'$, $\Gamma'$) ou par les dérivées de $\mathcal{F}'$, et que la quatrième a zéro pour second membre, sont absolument dans le même cas, relativement à la fonction $\mathcal{F}'$, que $(\mathcal{A}_e, \mathcal{B}_e, \Gamma_e)$ l'étaient, pour le groupe (13), relativement à la fonction $\mathcal{F}$; on peut donc poser

$$(34) \quad \left\{ \begin{aligned} U' &= 0, \\ rV' &= S\left( -\frac{d\xi'}{d\psi}\,\frac{r^{n+1}}{n+1} + \frac{\dfrac{d\zeta'}{d\psi}}{nr^n} \right)\frac{P}{c}, \\ rcW' &= S\left( \xi'\,\frac{r^{n+1}}{n+1} - \frac{\zeta'}{nr^n} \right)c^2\frac{dP}{d\alpha}, \end{aligned} \right.$$

en changeant simplement les facteurs $(\xi, \zeta)$ des (28) en $(\xi', \zeta')$; et le groupe (30), réduit à ne contenir d'autres termes que ceux provenant de $\mathcal{F}'$, sera vérifié par les valeurs (34), puisque le groupe (13) complet est vérifié par celles (28).

Les $(U_e, V_e, W_e)$, qui restent à composer, doivent strictement vérifier le groupe (30), réduit à ne contenir d'autres termes que ceux provenant de $\mathcal{F}$; c'est-à-dire avec les $(\mathcal{A}_e, \mathcal{B}_e, \Gamma_e)$ mis au lieu des $(\mathcal{A}, \mathcal{B}, \Gamma)$ dans les trois premières équations, et avec le second membre conservé de la quatrième. On conçoit qu'en considérant un seul terme de $\mathcal{F}$ (22), et les transformations qu'il subit pour entrer aux seconds membres des (30), on puisse assigner la forme des termes correspondants des $(U_e, rV_e, rcW_e)$ qui, différentiés comme l'indiquent les premiers membres, feront disparaître, lors de la vérification, les transformées de ce terme unique. La forme de ces termes correspondants étant reconnue, leurs coefficients se déduiront facilement du rôle même qu'ils doivent remplir. (Cet emploi de la méthode, si connue, dite des coefficients indéterminés, ne rencontrant ici aucune difficulté, et n'offrant rien de nouveau, on peut poser synthétiquement les résultats, puis vérifier qu'ils atteignent le but proposé.) On arrive ainsi aux expressions suivantes :

$$(35)\quad\begin{cases} U_e = S\left(-\gamma\xi\,r^{n+1} - \gamma'\,\dfrac{\zeta}{r^n}\right)P,\\[2ex] V_e = S\left(-\beta\xi\,r^{n+1} + \beta'\,\dfrac{\zeta}{r^n}\right)\dfrac{dP}{d\varphi},\\[2ex] W_e = S\left(-\beta\,\dfrac{d\xi}{d\psi}\,r^{n+1} + \beta'\,\dfrac{\dfrac{d\zeta}{d\psi}}{r^n}\right)\dfrac{P}{c}, \end{cases}$$

les coefficients $(\gamma, \beta, \dot{\gamma'}, \beta')$ ayant les valeurs

$$(36)\quad\begin{cases} \gamma = \dfrac{(n+2)c - 2a}{2a(2n+3)}, & \gamma' = \dfrac{(n-1)e + 2a}{2a(2n-1)},\\[2ex] \beta = \dfrac{(n+1)c + 2a}{2a(2n+3)(n+1)}, & \beta' = \dfrac{ne - 2a}{2a(2n-1)n}, \end{cases}$$

dans lesquelles les constantes $e$ et $a$ représentent, pour simplifier, les sommes

$$(37)\quad\begin{cases} e = \lambda + \mu\\[1ex] a = \lambda + 2\mu \end{cases}\Bigg\}\ a - e = \mu.$$

Constatons la vérité de ces expressions.

On a d'abord identiquement, par les dernières (35),

$$\frac{dr\,V_e}{d\psi} - \frac{drc\,W_e}{d\varphi} = 0,$$

et, puisque $\mathcal{A}_e$, qui remplace $\mathcal{A}$, est nul, la première (3o) est vérifiée. Ensuite, les coefficients (36) conduisent aux deux identités

$$(n+2)\beta - \gamma = \frac{1}{n+1}, \quad \gamma' - (n-1)\beta' = \frac{1}{n},$$

d'où résulte que les (35) donnent les valeurs réduites

$$\frac{drc\,W_e}{dr} - \frac{dU_e}{d\psi} = S\left(-\frac{d\xi}{d\psi}\,\frac{r^{n+1}}{n+1} + \frac{\dfrac{d\zeta}{d\psi}}{nr^n}\right)P,$$

$$\frac{dU_e}{d\varphi} - \frac{dr\,V_e}{dr} = S\left(\xi\,\frac{r^{n+1}}{n+1} - \frac{\zeta}{nr^n}\right)c\,\frac{dP}{a},$$

lesquelles sont respectivement égales à $c\,\mathfrak{vb}_e$ et à $\frac{1}{c}\,\Gamma_e$, d'après les (28); ce qui vérifie la seconde et la troisième (30) avec $(\mathfrak{vb}_e,\ \Gamma_e)$ au lieu de $(\mathfrak{vb},\ \Gamma)$. Enfin, les coefficients (36) donnant les identités

$$n(n+1)\beta - (n+3)\gamma = \left.\begin{array}{l}\\[1ex]\end{array}\right\} = \frac{a-e}{a} = \frac{\mu}{a},$$
$$(n-2)\gamma' - n(n+1)\beta' = \left.\right.$$

et l'équation différentielle (20) donnant la relation

$$\frac{d\,c\,\dfrac{dP}{d\varphi}}{d\alpha} = \left[\frac{l^2}{c^2} - n(n+1)\right]P,$$

on déduit des (35) la valeur réduite

$$\frac{dr^2\,U_e}{dr} + \frac{dc\,r\,V_e}{d\alpha} + \frac{1}{c^2}\,\frac{dr\,c\,W_e}{d\psi} = \frac{\mu}{a}\,S\left(\xi r^{n+2} + \frac{\zeta}{r^{n-1}}\right)P,$$

c'est-à-dire $\frac{\mu}{a}\,r^2\,\mathfrak{F}$; la dernière (30) est donc vérifiée.

## § CLXIX.

### INTÉGRALES DÉFINITIVES.

En résumé, les intégrales générales des fonctions (U, V, W) sont

$$(38)\qquad \left\{\begin{array}{l} U = U_e + U' + U'', \\ V = V_e + V' + V'', \\ W = W_e + W' + W'', \end{array}\right.$$

les $(U_e,\ V_e,\ W_e)$ ayant les valeurs (35) déduites de la première fonction $\mathfrak{F}$ (22), les $(U',\ V',\ W')$ celles données par les (34) déduites de la seconde fonction $\mathfrak{F}'$ (26), et les $(U'',\ V'',\ W'')$ celles données par les (31) dérivées de la troisième fonction $\mathfrak{F}''$ (32).

Il y a lieu de penser que la méthode d'intégration, exposée dans cette leçon, et qui, comme on le verra, conduit au but proposé pour les coordonnées sphériques, serait encore celle qu'il faudrait employer, pour tout autre système de coordonnées. Car, les trois groupes à traiter successivement, sont aussi nettement dessinés, dans le cas général de la leçon précédente, et même dans le cas de la feuille $C$, que dans celui qui nous occupe.

# DIX-HUITIÈME LEÇON.

## ENVELOPPE SPHÉRIQUE. — MÉTHODE D'ÉLIMINATION.

Suite du problème de l'équilibre d'élasticité des enveloppes sphériques. — Formes essentielles des intégrales générales et des équations à la surface. — Isolement des coefficients par deux éliminations successives.

---

### § CLXX.

#### FORME DES INTÉGRALES GÉNÉRALES.

Les intégrales générales, établies dans la leçon précédente, contiennent trois séries quadruples de constantes arbitraires, introduites par les trois fonctions $\mathcal{F}^{(i)}$. Les valeurs de toutes ces constantes doivent être nécessairement déterminées par la seule condition, que les intégrales obtenues vérifient les six équations à la surface, quand la variable $r$ devient successivement $r_1$ et $r_0$. Cette détermination, qui fera l'objet de la leçon actuelle, montrera clairement, qu'il est essentiel de pouvoir disposer d'une fonction $\mathcal{F}^{(i)}$ pour chaque couple d'équations à la surface, et que les trois fonctions, successivement introduites par notre méthode d'intégration, étaient les seules qui pussent résoudre le problème posé.

Partant des équations (38) du dernier paragraphe, rapprochant les groupes partiels indiqués, réunissant les termes qui ont la même fonction P ou sa dérivée, substituant les $[\xi^{(j)},\ \zeta^{(j)}]$, et mettant les $(\cos l\psi,\ \sin l\psi)$ en facteurs communs, on pourra écrire les intégrales générales des $(U,\ V,\ W)$ et $\theta$, sous la forme suivante :

$$(1)\quad\left\{\begin{aligned}
U &= S\,(G\cos l\psi + \mathcal{G}\sin l\psi)\,P,\\[4pt]
V &= S\,(H\cos l\psi + \mathfrak{H}\sin l\psi)\,c\,\frac{dP}{d\alpha}\\[2pt]
&\quad - S\,(\mathfrak{H}'\cos l\psi - H'\sin l\psi)\,\frac{lP}{c},\\[4pt]
W &= S\,(\mathfrak{H}\cos l\psi - H\sin l\psi)\,\frac{lP}{c}\\[2pt]
&\quad + S\,(H'\cos l\psi + \mathfrak{H}'\sin l\psi)\,c\,\frac{dP}{d\alpha},\\[4pt]
\theta &= S\left(\frac{\mu}{a}R\cos l\psi + \frac{\mu}{a}\mathfrak{R}\sin l\psi\right)P;
\end{aligned}\right.$$

$a$ remplaçant la somme $(\lambda + 2\mu)$, et les coefficients étant les polynômes en $r$, à quatre et à deux termes, donnés par le tableau

$$(2)\quad\left\{\begin{aligned}
G &= n\,A''\,r^{n-1} - \gamma A\,r^{n+1} - \frac{(n+1)\,B''}{r^{n+2}} - \frac{\gamma'\,B}{r^{n}},\\[4pt]
\mathcal{G} &= n\,C''\,r^{n-1} - \gamma C\,r^{n+1} - \frac{(n+1)\,D''}{r^{n+2}} - \frac{\gamma'\,D}{r^{n}},\\[4pt]
H &= A''\,r^{n-1} - \beta A\,r^{n+1} + \frac{B''}{r^{n+2}} + \frac{\beta'\,B}{r^{n}},\\[4pt]
\mathfrak{H} &= C''\,r^{n-1} - \beta C\,r^{n+1} + \frac{D''}{r^{n+2}} + \frac{\beta'\,D}{r^{n}},\\[4pt]
H' &= \frac{A'\,r^{n}}{n+1} - \frac{B'}{n\,r^{n+1}}, \quad R = A\,r^{n} + \frac{B}{r^{n+1}},\\[4pt]
\mathfrak{H}' &= \frac{C'\,r^{n}}{n+1} - \frac{D'}{n\,r^{n+1}}, \quad \mathfrak{R} = C\,r^{n} + \frac{D}{r^{n+1}};
\end{aligned}\right.$$

où les constantes $(\gamma,\ \gamma',\ \beta,\ \beta')$ ont les valeurs (36) du

§ **CLXVIII.** La forme des intégrales (1), si naturellement amenée par la méthode que nous avons suivie, conduit directement à la solution cherchée.

## § CLXXI.

### EXPRESSIONS DES FORCES ÉLASTIQUES.

Il s'agit d'introduire les valeurs (1) dans les équations à la surface. Désignons actuellement les $(A, \mathfrak{C}_2, \mathfrak{C}_1)$, qui représentent les composantes des forces élastiques exercées sur tout élément-plan perpendiculaire au rayon, par les nouvelles lettres $(\mathfrak{N}, \mathfrak{M}, \mathfrak{C})$, leurs expressions (5), § **CLX**, s'écriront ainsi

$$(3) \quad \begin{cases} \mathfrak{N} = \lambda\theta + 2\mu.\dfrac{d\mathrm{U}}{dr}, \\[2em] \mathfrak{M} = \mu\left(\dfrac{1}{r}\dfrac{d\mathrm{U}}{d\varphi} + r\dfrac{d\frac{\mathrm{V}}{r}}{dr}\right), \\[2em] \mathfrak{C} = \mu\left(\dfrac{1}{rc}\dfrac{d\mathrm{U}}{d\psi} + r\dfrac{d\frac{\mathrm{W}}{r}}{dr}\right). \end{cases}$$

Si l'on y substitue les valeurs (1), en se rappelant toujours que $\dfrac{d.}{d\varphi} = c\dfrac{d.}{d\alpha}$, et en posant, pour simplifier,

$$(4) \quad \begin{cases} \dfrac{\lambda\mu}{a}\mathrm{R} + 2\mu\dfrac{d\mathrm{G}}{dr} = \mathrm{K}, \quad \dfrac{\lambda\mu}{a}\mathfrak{R} + 2\mu\dfrac{d\mathcal{G}}{dr} = \mathfrak{K}, \\[2em] \mu\dfrac{\mathrm{G}}{r} + \mu r\dfrac{d\frac{\mathrm{H}}{r}}{dr} = \mathrm{L}, \quad \mu\dfrac{\mathcal{G}}{r} + \mu r\dfrac{d\frac{\mathcal{S}}{r}}{dr} = \mathcal{L}, \\[2em] \mu r\dfrac{d\frac{\mathrm{H'}}{r}}{dr} = \mathrm{L'}, \qquad \mu r\dfrac{d\frac{\mathcal{S'}}{r}}{dr} = \mathcal{L'}; \end{cases}$$

ces expressions (3) se mettent définitivement sous la forme

$$(5) \quad \left\{ \begin{aligned}
\mathfrak{N} &= \mathbf{S}\,(\mathrm{K}\cos l\psi + \mathfrak{K}\sin l\psi)\,\mathrm{P}, \\
\mathfrak{M} &= \mathbf{S}\,(\mathrm{L}\cos l\psi + \mathfrak{L}\sin l\psi)\,c\,\frac{d\mathrm{P}}{d\alpha} \\
&\quad - \mathbf{S}\,(\mathfrak{L}'\cos l\psi - \mathrm{L}'\sin l\psi)\,\frac{l\,\mathrm{P}}{c}, \\
\tau &= \mathbf{S}\,(\mathfrak{L}\cos l\psi - \mathrm{L}\sin l\psi)\,\frac{l\,\mathrm{P}}{c} \\
&\quad + \mathbf{S}\,(\mathrm{L}'\cos l\psi + \mathfrak{L}'\sin l\psi)\,c\,\frac{d\mathrm{P}}{d\alpha};
\end{aligned} \right.$$

qui reproduit célle (1) des (U, V, W).

En vue des applications, et de plusieurs conséquences importantes, il convient de donner ici le développement des coefficients (4). D'ailleurs, quand on passe des intégrales (1) aux expressions (5), il est nécessaire de savoir où se placent les douze constantes $[\mathrm{A}^{(j)},\ \mathrm{B}^{(j)},\ \mathrm{C}^{(j)},\ \mathrm{D}^{(j)}]$, introduites par les termes simples des trois fonctions primitives $\mathfrak{F}^{(j)}$, pour déterminer définitivement les valeurs de ces constantes, et assigner le rôle qui appartient à chacune d'elles, dans la solution générale.

Si l'on complète les groupes (37) et (36), § CLXVIII, par l'introduction d'une nouvelle somme $b$, et de quatre nouvelles constantes $[\gamma'^{(i)},\ \beta^{(i)}]$, en posant

$$(6) \quad \left\{ \begin{aligned}
&\lambda + \mu = c, \quad \lambda + 2\mu = a, \quad 3\lambda + 2\mu = b, \\
&\gamma'' = \frac{n(n-1)c - b}{a(2n+3)}, \qquad \gamma''' = \frac{(n+1)(n+2)c - b}{a(2n-1)}, \\
&\beta'' = \frac{(n+1)^2 c - a}{a(2n+3)(n+1)}, \qquad \beta''' = \frac{n^2 c - a}{a(2n-1)n};
\end{aligned} \right.$$

les rapports à la constante $\mu$, des six coefficients (4), s'écrivent comme il suit :

$$
\frac{\mathrm{K}}{\mu} = 2\,n\,(n-1)\,\mathrm{A}''\,r^{n-2} - \gamma''\,\mathrm{A}\,r^{n}
$$
$$
+ \frac{2\,(n+1)\,(n+2)\,\mathrm{B}''}{r^{n+3}} + \frac{\gamma'''\,\mathrm{B}}{r^{n+1}},
$$

$$
\frac{\mathcal{H}}{\mu} = 2\,n\,(n-1)\,\mathrm{C}''\,r^{n-2} - \gamma''\,\mathrm{C}\,r^{n}
$$
$$
+ \frac{2\,(n+1)\,(n+2)\,\mathrm{D}''}{r^{n+3}} + \frac{\gamma'''\,\mathrm{D}}{r^{n+1}},
$$

$$
\frac{\mathrm{L}}{\mu} = 2\,(n-1)\,\mathrm{A}''\,r^{n-2} - \beta''\,\mathrm{A}\,r^{n}
$$
$$
- \frac{2\,(n+2)\,\mathrm{B}''}{r^{n+3}} - \frac{\beta'''\,\mathrm{B}}{r^{n+1}},
$$

(7)

$$
\frac{\mathcal{L}}{\mu} = 2\,(n-1)\,\mathrm{C}''\,r^{n-2} - \beta''\,\mathrm{C}\,r^{n}
$$
$$
- \frac{2\,(n+2)\,\mathrm{D}''}{r^{n+3}} - \frac{\beta'''\,\mathrm{D}}{r^{n+1}},
$$

$$
\frac{\mathrm{L}'}{\mu} = \frac{(n-1)\,\mathrm{A}'\,r^{n-1}}{n+1} + \frac{(n+2)\,\mathrm{B}'}{n\,r^{n+2}},
$$

$$
\frac{\mathcal{L}'}{\mu} = \frac{(n-1)\,\mathrm{C}'\,r^{n-1}}{n+1} + \frac{(n+2)\,\mathrm{D}'}{n\,r^{n+2}}.
$$

Ainsi, les quatre premiers coefficients (4) sont des polynômes semblables, contenant quatre termes ; les deux derniers sont des binômes semblables ; et les exposants de $r$,
dans le second groupe, ne se trouvent pas dans le premier.

## § CLXXII.

### FORMES DES ÉQUATIONS A LA SURFACE.

Maintenant, pour déduire des expressions (5) les équations à la surface, il suffit d'y donner successivement à la
variable $r$ les valeurs $r_0$ et $r_1$, des rayons appartenant aux
parois, intérieure et extérieure, de l'enveloppe sphérique,

et de les égaler respectivement aux six fonctions données de $(\varphi, \psi)$, désignées, au § CLXI, par $(\mathfrak{K}_0, \mathfrak{M}_0, \mathfrak{T}_0)$ et $(\mathfrak{K}_1, \mathfrak{M}_1, \mathfrak{T}_1)$; les trois premières fonctions étant les composantes des efforts appliqués sur la paroi intérieure, prises avec un signe contraire, et les trois dernières les composantes des efforts appliqués sur la paroi extérieure, prises avec leur signe. Ce qui donne

$$(8) \quad \left\{ \begin{aligned} & S\,(K_i \cos l\psi + \mathfrak{K}_i \sin l\psi)\,P = \mathfrak{K}_i, \\[1ex] & S\,(L_i \cos l\psi + \mathcal{L}_i \sin l\psi)\,c\,\frac{d P}{d\alpha} \\[1ex] & - S\,(\mathcal{L}'_i \cos l\psi - L'_i \sin l\psi)\,\frac{l P}{c} = \mathfrak{M}_i, \\[1ex] & S\,(\mathcal{L}_i \cos l\psi - L_i \sin l\psi)\,\frac{l P}{c} \\[1ex] & + S\,(L'_i \cos l\psi + \mathcal{L}'_i \sin l\psi)\,c\,\frac{d P}{d\alpha} = \mathfrak{T}_i, \end{aligned} \right.$$

équations qu'il faut écrire deux fois, l'une avec l'indice $i = 0$, l'autre avec l'indice $i = 1$; ces indices étant donnés aux coefficients, pour rappeler que, dans les polynômes qu'ils représentent, $r$ est remplacé par $r_0$, par $r_1$.

En ne considérant, dans les séries (8), que les termes qui correspondent à la même fonction P, ou au même couple $(l, n)$, on voit qu'ils contiennent douze coefficients, maintenant constants, $(K_i, \mathfrak{K}_i, \ldots)$. A l'aide du tableau (7), ces douze coefficients s'exprimeront linéairement en fonction des douze constantes $[A^{(j)}, B^{(j)}, C^{(j)}, D^{(j)}]$ introduites par les termes au même facteur P des trois séries $\mathfrak{F}^{(j)}$. De là résulte, inversement, que si l'on obtient, d'abord, les valeurs des douze coefficients, on en conclura, ensuite, celles des douze constantes, à l'aide de douze équations du premier degré, comprenant deux groupes à quatre inconnues, et deux autres groupes à deux inconnues seulement.

Le problème proposé sera donc résolu, si l'on parvient à déterminer les valeurs, que doivent avoir les deux séries sextuples de coefficients $(K_i, \mathcal{K}_i,\ldots)$, pour rendre identiques les six équations (8). Or, on atteint ce but, en employant successivement deux procédés d'élimination, l'un fondé sur des lois connues des fonctions *sinus* et *cosinus*, l'autre sur une double propriété de la fonction P.

Comme on l'a vu aux §§ CLXV et CLXVI, la série double indiquée par le signe $S$ admet deux modes de groupement différents. De ces deux modes, c'est le second qu'il faut adopter ici. Remplaçant donc $S$ par l'indication suivante :

$$(9) \qquad S = \sum_{l=0}^{l=\infty} \sum_{n=l}^{n=\infty}$$

les équations (8) prendront la forme

$$(10) \quad \begin{cases} \sum \left( \cos l\psi \sum K_i P + \sin l\psi \sum \mathcal{K}_i P \right) = \mathcal{K}_i, \\[2ex] \sum \left[ \begin{aligned} &\cos l\psi \sum \left( L_i c \frac{dP}{d\alpha} - \mathcal{L}'_i \frac{lP}{c} \right) \\ &+\sin l\psi \sum \left( \mathcal{L}_i c \frac{dP}{d\alpha} + L'_i \frac{lP}{c} \right) \end{aligned} \right] = \mathfrak{M}_i, \\[3ex] \sum \left[ \begin{aligned} &\cos l\psi \sum \left( \mathcal{L}_i \frac{lP}{c} + L'_i c \frac{dP}{d\alpha} \right) \\ &-\sin l\psi \sum \left( L_i \frac{lP}{c} - \mathcal{L}'_i c \frac{dP}{d\alpha} \right) \end{aligned} \right] = \mathfrak{C}_i; \end{cases}$$

les séries totales ayant les limites $l$ du premier sigma (9); les séries partielles, que multiplient $\cos l\psi$ et $\sin l\psi$, ayant les limites $n$ du second sigma (9).

## § CLXXIII.

### ISOLEMENT DES SÉRIES PARTIELLES.

Pour appliquer le premier procédé d'élimination, il faut rappeler les théorèmes qui lui servent de base, et qui, tout élémentaires qu'ils soient devenus, n'en sont pas moins importants. Si $l$ est un nombre entier, les deux intégrales définies

$$\int_0^{2\pi} \cos l\psi \, d\psi, \qquad \int_0^{2\pi} \sin l\psi \, d\psi,$$

sont nulles, la seconde toujours, la première pourvu que $l$ ne soit pas zéro, auquel cas sa valeur est $2\pi$. De ce premier théorème, on déduit le suivant : $l$ et $l'$ étant deux nombres entiers, les deux intégrales définies

$$\int_0^{2\pi} \cos l\psi \cos l'\psi \, d\psi, \qquad \int_0^{2\pi} \sin l\psi \sin l'\psi \, d\psi,$$

ont la valeur zéro, quand $l$ et $l'$ sont différents, et la valeur $\pi$, quand ces deux nombres sont égaux, tandis que l'intégrale définie

$$\int_0^{2\pi} \cos l\psi \sin l'\psi \, d\psi$$

est nulle dans les deux cas.

Des deux théorèmes précédents résulte ce corollaire, que les deux intégrales définies

$$\int_0^{2\pi} \cos^2 l\psi \, d\psi, \qquad \int_0^{2\pi} \sin^2 l\psi \, d\psi,$$

qui sont égales entre elles, et à $\pi$, quand l'entier $l$ n'est pas zéro, se séparent brusquement à cette limite, puisque la première devient $2\pi$, et que la seconde s'évanouit. Pour éviter les distinctions encombrantes, qui résultent de cette anomalie, nous représenterons les deux intégrales définies qui précèdent par le symbole $\omega_l$, en nous rappelant qu'il faudra le remplacer, lors des évaluations numériques, par $2\pi$ ou $\pi$, suivant que $l$ sera ou ne sera pas zéro; la seconde intégrale ayant disparu d'elle-même dans le premier cas.

D'après ces propositions diverses, on isolera, dans les équations (10), les séries partielles qui correspondent à une même valeur de $l$, en multipliant successivement ces équations par les facteurs $\cos l\psi\, d\psi$, $\sin l\psi\, d\psi$, et intégrant de $\psi = 0$ à $\psi = 2\pi$. Ce qui donnera

$$(11)\quad\begin{cases}\displaystyle\sum \mathrm{K}_i\, \mathrm{P} = \frac{1}{\omega_l}\int_0^{2\pi} \mathfrak{N}_i \cos l\psi\, d\psi, \\[2ex] \displaystyle\sum \mathfrak{K}_i\, \mathrm{P} = \frac{1}{\omega_l}\int_0^{2\pi} \mathfrak{N}_i \sin l\psi\, d\psi; \\[2ex] \displaystyle\sum \mathrm{L}_i\, c\, \frac{d\mathrm{P}}{d\alpha} + \sum (-\mathfrak{L}'_i)\,\frac{l\mathrm{P}}{c} = \frac{1}{\omega_l}\int_0^{2\pi} \mathfrak{M}_i \cos l\psi\, d\psi, \\[2ex] \displaystyle\sum \mathrm{L}_i\, \frac{l\mathrm{P}}{c} + \sum (-\mathfrak{L}'_i)\, c\, \frac{d\mathrm{P}}{d\alpha} = \frac{1}{\omega_l}\int_0^{2\pi} (-\mathfrak{C}_i) \sin l\psi\, d\psi; \\[2ex] \displaystyle\sum \mathfrak{L}_i\, c\, \frac{d\mathrm{P}}{d\alpha} + \sum \mathrm{L}'_i\, \frac{l\mathrm{P}}{c} = \frac{1}{\omega_l}\int_0^{2\pi} \mathfrak{M}_i \sin l\psi\, d\psi, \\[2ex] \displaystyle\sum \mathfrak{L}_i\, \frac{l\mathrm{P}}{c} + \sum \mathrm{I}'_i\, c\, \frac{d\mathrm{P}}{d\alpha} = \frac{1}{\omega_l}\int_0^{2\pi} \mathfrak{C}_i \cos l\psi\, d\psi;\end{cases}$$

ici, toutes les séries des premiers membres, dans lesquelles $l$ est fixe et constant, s'étendent de $n = l$ à $n = \infty$; et les intégrales des seconds membres, qui sont définies en $\psi$, ne contiennent plus d'autre variable que $\alpha$.

## § CLXXIV.

### PROPRIÉTÉS DE LA FONCTION $P(\alpha)$.

Pour appliquer le second procédé d'élimination, il faut établir les propriétés de la fonction P qui lui servent de base. Soient P et P′ deux valeurs de cette fonction, qui correspondent à la même valeur de $l$, et à deux entiers différents $n$ et $n'$ ; elles vérifieront les deux équations différentielles $[(20) \; \S \; \text{CLXV}]$

$$(12) \quad \begin{cases} \dfrac{d c^2 \dfrac{d\,P}{d\alpha}}{d\alpha} - \dfrac{l^2 P}{c^2} + n(n+1)P = 0, \\[3ex] \dfrac{d c^2 \dfrac{d\,P'}{d\alpha}}{d\alpha} - \dfrac{l^2 P'}{c^2} + n'(n'+1)\,P' = 0, \end{cases}$$

qui donnent, par l'élimination de $l^2$,

$$[n'(n'+1) - n(n+1)]PP' = \frac{d c^2 \left( P' \dfrac{d\,P}{d\alpha} - P \dfrac{d\,P'}{d\alpha} \right)}{d\alpha}.$$

Si l'on intègre cette dernière équation, multipliée par $d\alpha$, entre les limites $-1$ et $+1$ de la variable $\alpha$, on a

$$(13)\,[n'(n'+1) - n(n+1)] \int_{-1}^{+1} PP'\,d\alpha = \left[ c^2 \left( P' \frac{d\,P}{d\alpha} - P \frac{d\,P'}{d\alpha} \right) \right]_{-1}^{+1}.$$

Or, P et P′ ainsi que leurs dérivées n'étant infinies pour aucune valeur de $\alpha$, la parenthèse du second membre s'évanouit aux deux limites par le facteur $c^2 = 1 - \alpha^2$ ; le premier membre doit donc être nul. D'où résulte que l'on a nécessairement

$$(14) \qquad \int_{-1}^{+1} \mathrm{P}\mathrm{P}' \, d\alpha = 0,$$

lorsque les entiers $n$ et $n'$ sont différents.

Quand $n' = n$, le premier membre (13) s'évanouit par son premier facteur, et laisse indéterminée l'intégrale définie

$$\int_{-1}^{+1} \mathrm{P}^2 \, d\alpha,$$

laquelle ne saurait être nulle, puisque tous ses éléments sont essentiellement positifs. Nous désignerons cette intégrale par le symbole $\varpi_l^{(n)}$, pour indiquer qu'elle dépend à la fois des deux entiers $l$ et $n$. On sait que sa valeur générale est

$$(15) \quad \int_{-1}^{+1} \mathrm{P}^2 \, d\alpha = 2 \prod_{i=1}^{i=l} \left( \frac{2i}{2i+1} \right) \cdot \prod_{j=l+1}^{j=n} \left( \frac{j^2 - l^2}{4j^2 - 1} \right) = \varpi_l^{(n)}$$

(*Leçons sur les fonctions inverses*, p. 246).

Au théorème (14), qui est très-connu, il faut en joindre un second, qui l'est moins. L'intégration par partie donne

$$\int c^2 \frac{d\mathrm{P}}{d\alpha} \frac{d\mathrm{P}'}{d\alpha} \, d\alpha = c^2 \frac{d\mathrm{P}}{d\alpha} \mathrm{P}' - \int \mathrm{P}' \frac{d c^2 \frac{d\mathrm{P}}{d\alpha}}{d\alpha} \, d\alpha,$$

d'où l'on déduit, en substituant à la dérivée qui se trouve sous la seconde intégrale, sa valeur donnée par la première équation (12)

$$\int c^2 \frac{d\mathrm{P}}{d\alpha} \frac{d\mathrm{P}'}{d\alpha} \, d\alpha = c^2 \frac{d\mathrm{P}}{d\alpha} \mathrm{P}' - \int \mathrm{P}' \left[ \frac{l^2 \mathrm{P}}{c^2} - n(n+1)\mathrm{P} \right] d\alpha,$$

ou bien, par la transposition d'un terme

$$(16) \int c^2 \frac{d\mathrm{P}}{d\alpha} \frac{d\mathrm{P}'}{d\alpha} d\alpha + \int \frac{l^2\,\mathrm{PP}'}{c^2} d\alpha = c^2 \frac{d\mathrm{P}}{d\alpha} \mathrm{P}' + n(n+1) \int \mathrm{PP}' d\alpha.$$

Si l'on prend les trois intégrales (16) entre les limites $-1$ et $+1$ de $\alpha$, le terme détaché s'annulant à ces deux limites par le facteur $c^2$, on a

$$(17) \int_{-1}^{+1} c^2 \frac{d\mathrm{P}}{d\alpha} \frac{d\mathrm{P}'}{d\alpha} d\alpha + \int_{-1}^{+1} \frac{l^2\,\mathrm{PP}'}{c^2} d\alpha = n(n+1) \int_{-1}^{+1} \mathrm{PP}' d\alpha.$$

Le premier membre (17), partage nécessairement les propriétés du second. C'est-à-dire que, d'après le théorème (14), on a identiquement,

$$(18) \int_{-1}^{+1} c \frac{d\mathrm{P}}{d\alpha} \cdot c \frac{d\mathrm{P}'}{d\alpha} \cdot d\alpha + \int_{-1}^{+1} \frac{l\mathrm{P}}{c} \cdot \frac{l\mathrm{P}'}{c} \cdot d\alpha = 0,$$

quand P et P', ayant le même $l$, diffèrent par $n$ et $n'$, et que, d'après la valeur (15),

$$(19) \int_{-1}^{+1} c^2 \left(\frac{d\mathrm{P}}{d\alpha}\right)^2 d\alpha + \int_{-1}^{+1} \frac{l^2\,\mathrm{P}^2}{c^2} d\alpha = n(n+1)\,\varpi_l^{(n)},$$

lorsque les deux fonctions sont égales, ou si $n' = n$. Ce second théorème, (18) et (19), était indispensable pour achever la solution.

## § CLXXV.

### ISOLEMENT DES PREMIERS COEFFICIENTS.

Le premier théorème (14) est seul nécessaire pour déterminer les coefficients $\mathrm{K}_i$, $\mathcal{K}_i$, dans les deux premières équations (11). Car il suffit de multiplier l'une ou l'autre de ces équations par le facteur P $d\alpha$, P étant la fonction même que multiplie le coefficient dont on veut obtenir la valeur, puis d'intégrer entre les limites $-1$ et $+1$ de $\alpha$; ce qui fera disparaître tous les autres termes, d'après (14); on a ainsi

$$
(20)
\begin{cases}
K_i = \dfrac{\displaystyle\int_{-1}^{+1}\int_{0}^{2\pi} P\,\mathfrak{R}_i \cos l\psi\,d\psi\,d\alpha}{\omega_l\,\varpi_l^{(n)}}, \\[4ex]
\mathfrak{K}_i = \dfrac{\displaystyle\int_{-1}^{+1}\int_{0}^{2\pi} P\,\mathfrak{R}_i \sin l\psi\,d\psi\,d\alpha}{\omega_l\,\varpi_l^{(n)}}.
\end{cases}
$$

Telles sont les valeurs générales, que doivent avoir les coefficients qui composent les séries du premier membre de la première équation (8), pour que ce premier membre reproduise identiquement les fonctions données $\mathfrak{R}_i$.

## § CLXXVI.

### DÉVELOPPEMENTS SIMULTANÉS.

Les quatre dernières équations (11) forment deux couples semblables à celui-ci

$$
(21)
\begin{cases}
\sum \mathrm{E}c\,\dfrac{d\mathrm{P}}{d\alpha} + \sum \mathcal{C}\,\dfrac{l\mathrm{P}}{c} = \mathfrak{f}, \\[2ex]
\sum \mathrm{E}\,\dfrac{l\mathrm{P}}{c} + \sum \mathcal{C}c\,\dfrac{d\mathrm{P}}{d\alpha} = f;
\end{cases}
$$

les seconds membres étant des fonctions connues de $\alpha$; les séries des premiers membres ayant le même $l$ constant, et les mêmes limites pour $n$, que les séries du groupe (11). Il s'agit d'isoler les coefficients $\mathrm{E}$, $\mathcal{C}$, dans ces équations (21).

Si l'on accentue la fonction $\mathrm{P}$ des secondes séries; si l'on ajoute ensuite les deux équations, multipliées, la première par le facteur $c\,\dfrac{d\mathrm{P}}{d\alpha}\,d\alpha$, la seconde par $\dfrac{l\mathrm{P}}{c}$, $\mathrm{P}$ étant la fonction même qu'emploient les termes ayant le coefficient $\mathrm{E}$.

dont on veut obtenir la valeur ; enfin, si on intègre la somme
obtenue entre les limites $-1$ et $+1$ de $\alpha$ : il ne restera,
dans la première série de cette somme, que le seul coefficient choisi, tous les autres ayant disparu, d'après le théorème (18) ; et l'on aura

$$E \cdot n\,(n+1)\,\varpi_l^{(n)} + \sum \mathcal{E} \int_{-1}^{+1} \left( \frac{l\mathrm{P}'}{c} \cdot c\frac{d\mathrm{P}}{d\alpha} + c\frac{d\mathrm{P}'}{d\alpha} \cdot \frac{l\mathrm{P}}{c} \right) d\alpha$$

$$= \int_{-1}^{+1} \left( \mathfrak{f}c\frac{d\mathrm{P}}{d\alpha} + f\frac{l\mathrm{P}}{c} \right) d\alpha,$$

ou bien, l'élément de l'intégrale, que multiplie chaque
coefficient $\mathcal{E}$ de la série qui reste, se réduisant à $ld\,(\mathrm{PP}')$,
plus simplement

$$(22) \quad \left\{ \begin{aligned} &E \cdot n\,(n+1)\,\varpi_l^{(n)} + l\sum \mathcal{E}\,[\mathrm{PP}']_{-1}^{+1} \\ &= \int_{-1}^{+1} \left( \mathfrak{f}c\frac{d\mathrm{P}}{d\alpha} + f\frac{l\mathrm{P}}{c} \right) d\alpha. \end{aligned} \right.$$

Or, la série (22) aux coefficients $\mathcal{E}$ disparaît dans tous
les cas : 1° par le facteur $l$ s'il est nul ; 2° et si $l$ n'est pas
zéro, par le facteur $c^l$ de P $[(21)\,\S\,\mathrm{CLXV}]$, qui s'évanouit
aux deux limites. On a donc définitivement

$$(23) \quad \left\{ \begin{aligned} &E = \frac{\displaystyle\int_{-1}^{+1} \left( \mathfrak{f}c\frac{d\mathrm{P}}{d\alpha} + f\frac{l\mathrm{P}}{c} \right) d\alpha}{n\,(n+1)\,\varpi_l^{(n)}}, \\[2em] &\mathcal{E} = \frac{\displaystyle\int_{-1}^{+1} \left( \mathfrak{f}\frac{l\mathrm{P}}{c} + fc\frac{d\mathrm{P}}{d\alpha} \right) d\alpha}{n\,(n+1)\,\varpi_l^{(n)}}, \end{aligned} \right.$$

car le coefficient $\mathcal{E}$ s'obtiendrait de la même manière, en
intervertissant les deux facteurs, lors de la sommation.

Avec les coefficients (23), les équations (21) donnent les développements simultanés de deux fonctions connues de $\alpha$, dans le système défini par une valeur fixe de $l$, c'est-à-dire exclusivement composé avec les fonctions P où ce nombre est le même. En adoptant successivement toutes les valeurs de $l$, on aurait autant de développements simultanés différents, d'un même couple de fonctions. Mais, pour le système correspondant à $l = 0$, la simultanéité cesse, les équations (21) et les coefficients (23) ne donnent plus qu'un seul genre de développement distinct, qui est

$$(24) \qquad \sum \mathrm{E}\, c\, \frac{d\mathrm{P}}{d\alpha} = \mathrm{f};$$

le coefficient E ayant pour expression

$$(25) \qquad \frac{\displaystyle\int_{-1}^{+1} \mathrm{f}\, c\, \frac{d\mathrm{P}}{d\alpha}\, d\alpha}{n(n+1)\, \varpi_0^{(n)}}.$$

On arriverait directement à cette valeur (25), en établissant d'abord ce théorème particulier, que les fonctions P où $l$ est zéro, donnent

$$(26) \qquad \int_{-1}^{+1} c\, \frac{d\mathrm{P}}{d\alpha} \cdot c\, \frac{d\mathrm{P}'}{d\alpha} \cdot d\alpha = 0,$$

quand P et P$'$ sont différents, et

$$(27) \qquad \int_{-1}^{+1} c^2 \left(\frac{d\mathrm{P}}{d\alpha}\right)^2 d\alpha = n(n+1)\, \varpi_0^{(n)},$$

lorsque P$' = $P, ou $n' = n$. Résultats qui se déduisent d'ailleurs des formules générales (18) et (19), en annulant $l$.

## § CLXXVII.

### ISOLEMENT DES DERNIERS COEFFICIENTS.

Si l'on remplace, dans les formules (23), f et $f$ par les seconds membres de la troisième et de la quatrième équation (11), puis E et $\mathcal{E}$ par $L_i$ et $(- \mathcal{L}'_i)$, on aura

$$(28) \begin{cases} L_i = \dfrac{\displaystyle\int_{-1}^{+1} \int_{0}^{2\pi} \left( c \dfrac{d\mathrm{P}}{d\alpha} \mathfrak{M}_i \cos l\psi - \dfrac{l\mathrm{P}}{c} \mathfrak{T}_i \sin l\psi \right) d\psi\, d\alpha}{n(n+1)\, \varpi_l^{(n)} . \omega_l}, \\[3em] \mathcal{L}'_i = \dfrac{\displaystyle\int_{-1}^{+1} \int_{0}^{2\pi} \left( c \dfrac{d\mathrm{P}}{d\alpha} \mathfrak{T}_i \sin l\psi - \dfrac{l\mathrm{P}}{c} \mathfrak{M}_i \cos l\psi \right) d\psi\, d\alpha}{n(n+1)\, \varpi_l^{(n)} . \omega_l}; \end{cases}$$

et, si l'on remplace, dans les mêmes formules, f et $f$, par les seconds membres des deux dernières équations (11), puis E et $\mathcal{E}$ par $\mathcal{L}_i$ et $L'_i$, il viendra

$$(29) \begin{cases} \mathcal{L}_i = \dfrac{\displaystyle\int_{-1}^{+1} \int_{0}^{2\pi} \left( c \dfrac{d\mathrm{P}}{d\alpha} \mathfrak{M}_i \sin l\psi + \dfrac{l\mathrm{P}}{c} \mathfrak{T}_i \cos l\psi \right) d\psi\, d\alpha}{n(n+1)\, \varpi_l^{(n)} . \omega_l}, \\[3em] L'_i = \dfrac{\displaystyle\int_{-1}^{+1} \int_{0}^{2\pi} \left( c \dfrac{d\mathrm{P}}{d\alpha} \mathfrak{T}_i \cos l\psi + \dfrac{l\mathrm{P}}{c} \mathfrak{M}_i \sin l\psi \right) d\psi\, d\alpha}{n(n+1)\, \varpi_l^{(n)} . \omega_l}. \end{cases}$$

Telles sont les valeurs générales, que doivent avoir les coefficients des séries qui composent les premiers membres des deux dernières équations (8), pour que ces premiers membres reproduisent identiquement les fonctions données $\mathfrak{M}_i$, $\mathfrak{T}_i$.

## § CLXXVIII.

### TERMES INDÉPENDANTS DE LA LONGITUDE.

Toutes les parties des doubles séries, ou des développements simultanés (8), sont maintenant connues : car, les
valeurs générales (20), (28) et (29) permettent de calculer isolément chacun des coefficients, quelque part qu'il se
trouve, quand on connaît les deux entiers $l$ et $n$ qui particularisent le terme multiplié par ce coefficient. Il peut être
utile de signaler, particulièrement, les termes pour lesquels l'entier $l$ est zéro, et qui dominent, le plus souvent,
dans les applications ; on a alors

$$(30) \qquad \omega_0 = 2\pi, \qquad \varpi_0^{(n)} = 2 \prod_{j=1}^{j=n} \left( \frac{j^2}{4j^2 - 1} \right),$$

et les expressions générales (20), (28) et (29) donnent

$$(31) \quad \begin{cases} K_i = \dfrac{1}{2\pi} \dfrac{\displaystyle\int_{-1}^{+1} \int_0^{2\pi} P\, \mathfrak{N}_i\, d\psi\, d\alpha}{\varpi_0^{(n)}}, & \mathfrak{K}_i = 0, \\[3em] L_i = \dfrac{1}{2\pi} \dfrac{\displaystyle\int_{-1}^{+1} \int_0^{2\pi} c\, \dfrac{dP}{d\alpha}\, \mathfrak{M}_i\, d\psi\, d\alpha}{n(n+1)\, \varpi_0^{(n)}}, & \mathfrak{L}_i = 0, \\[3em] L'_i = \dfrac{1}{2\pi} \dfrac{\displaystyle\int_{-1}^{+1} \int_0^{2\pi} c\, \dfrac{dP}{d\alpha}\, \mathfrak{C}_i\, d\psi\, d\alpha}{n(n+1)\, \varpi_0^{(n)}}, & \mathfrak{L}'_i = 0. \end{cases}$$

On arrive d'une autre manière à ces valeurs (31), en

annulant $l$ dans le groupe partiel (11) : il devient alors

$$\sum \mathrm{K}_i\, \mathrm{P} = \frac{1}{2\pi} \int_0^{2\pi} \mathfrak{K}_i\, d\psi, \qquad \sum \mathfrak{K}_i\, \mathrm{P} = 0,$$

$$\sum \mathrm{L}_i\, c\, \frac{d\mathrm{P}}{d\alpha} = \frac{1}{2\pi} \int_0^{2\pi} \mathfrak{M}_i\, d\psi, \qquad \sum \mathfrak{L}_i\, c\, \frac{d\mathrm{P}}{d\alpha} = 0,$$

$$\sum \mathrm{L}'_i\, c\, \frac{d\mathrm{P}}{d\alpha} = \frac{1}{2\pi} \int_0^{2\pi} \mathfrak{T}_i\, d\psi, \qquad \sum \mathfrak{L}'_i\, c\, \frac{d\mathrm{P}}{d\alpha} = 0;$$

et les coefficients aux lettres majuscules doivent être zéro, tandis que ceux aux lettres moulées s'obtiennent directement, en s'appuyant sur les théorèmes (14) et (26).

## § CLXXIX.

### CONCLUSIONS ET PRÉVISIONS.

Les difficultés principales étant levées, on peut regarder la question posée comme étant résolue; puisque toutes les constantes, introduites par l'intégration, peuvent se déterminer à l'aide des coefficients, maintenant connus; ainsi qu'il est dit au § CLXXII. Toutefois, plusieurs de ces constantes restent et doivent rester indéterminées, comme nous l'expliquerons dans la prochaine leçon, qui indiquera, en outre, les modifications à faire subir aux formules trouvées, lorsqu'on introduit les composantes $(\mathrm{R}_0, \Phi_0, \Psi_0)$ d'une ou de plusieurs forces extérieures.

La solution générale du problème de l'équilibre intérieur d'une enveloppe sphérique, soumise à des efforts qui diffèrent d'un point à l'autre de ses parois, est le premier exemple d'un corps de dimensions finies dans tous les sens, complétement traité par la théorie mathématique de l'élasticité. Si le système des coordonnées sphériques ouvre encore la marche, dans ce nouveau genre de questions, cela tient, sans doute, à la faculté qu'il possède, de développer *simultanément* deux fonctions de sa coordonnée $\alpha$, à l'aide des fonctions P.

Il y a tout lieu de penser, qu'on ne réussira, dans la même voie, avec un autre système orthogonal, qu'en lui découvrant, d'abord, la faculté analogue, de développer *simultanément* deux ou trois fonctions, de une ou de deux de ses coordonnées. Car la simultanéité dans les développements des fonctions données, paraît être nécessitée, et par la simultanéité des équations aux différences partielles à intégrer, et par la présence simultanée des fonctions intégrées dans les équations à la surface.

De la leçon actuelle résulte une extension de méthode, qui mérite d'être signalée. Quand il s'agit de trouver la loi intégrale du refroidissement d'un corps de forme donnée, on sait que le problème d'analyse consiste, à intégrer l'équation générale par une somme de termes simples, vérifiant tous séparément cette équation, satisfaisant en outre aux conditions de la surface, et qui sont multipliés par des coefficients, d'abord inconnus, que l'on détermine ensuite de telle sorte que la série totale reproduise l'état initial. Cette détermination s'opère invariablement de la même manière, à l'aide d'un théorème général qui permet d'isoler successivement tous les coefficients de la série. Il n'y a de particulier au corps proposé, que la forme et les propriétés des termes simples qui lui correspondent. C'est uniquement dans leur recherche que gît toute la difficulté.

Chaque terme simple résout, à lui seul, la question posée, si l'état initial, ou la fonction à introduire, lui est égale ou proportionnelle. Si la fonction donnée est une somme linéaire d'un nombre fini de termes simples, ils interviennent seuls dans la solution. Enfin, si cette fonction n'est pas ainsi réductible, tous les termes simples concourent pour résoudre le problème. En un mot, ils s'accordent toujours pour achever le travail : là, c'est un seul ou plusieurs qui s'en chargent; ici, tous ensemble; et chacun d'eux trouve, dans son coefficient, la fraction qui lui est dévolue.

Cette marche, cette réduction à une seule difficulté particulière au corps proposé, ce concours toujours efficace des termes simples, se retrouvent : dans la question de l'équilibre des températures; dans la théorie du potentiel ou de l'attraction des sphéroïdes; dans la théorie mathématique de l'élasticité lors des vibrations, et aussi, lors de l'équilibre intérieur d'un corps solide, comme le constate, enfin, le cas actuel des enveloppes sphériques. Ce n'est donc plus, là, une simple analogie, c'est une véritable loi, qui embrasse toutes les branches de la physique mathématique.

# DIX-NEUVIÈME LEÇON.

## ENVELOPPE SPHÉRIQUE. — VÉRIFICATION.

Fin du problème de l'équilibre d'élasticité des enveloppes sphériques. — Relations nécessaires. — Constantes indéterminées. — Introduction des forces extérieures. — Cas d'une sphère pleine. — Cas d'une cavité sphérique.

### § CLXXX.

#### ÉQUATIONS DE CONDITION.

La solution générale, exposée dans la leçon précédente, rencontre, dès les premiers pas de son application, une sorte de point d'arrêt, une objection, qui fait douter d'abord de sa réalité, mais qui, étant soigneusement analysée, conduit, au contraire, à l'une des meilleures vérifications que le géomètre puisse désirer.

Dans toutes les séries qui expriment, soit les fonctions (U, V, W), soit les composantes des forces élastiques, on peut ne considérer que les seuls termes qui dépendent d'une même fonction P, ou d'un même couple des entiers $(l, n)$. A ces termes, qui contiennent douze constantes $[A^{(j)}, B^{(j)}, C^{(j)}, D^{(j)}]$, correspondent douze coefficients $(K_i, \mathcal{X}_i, ...)$, que l'on déduit des expressions générales, (20) § CLXXV, (28) et (29) § CLXXVII, en y substituant le couple choisi $(l, n)$. Avec ces coefficients, et la valeur actuelle de $n$, le tableau (7) § CLXXI, dans lequel on fait successivement $r = r_0$, $r = r_1$, procure le moyen de déterminer les douze constantes, par deux groupes de quatre équations du premier degré, et deux autres de deux équa-

22.

tions seulement, qui donnent

$$(1) \quad \begin{cases} (A'', \ A, \ B'', \ B) & \text{en} \quad (K_0, \ K_1, \ L_0, \ L_1), \\ (C'', \ C, \ D'', \ D) & \text{en} \quad (\mathcal{H}_0, \ \mathcal{H}_1, \ \mathcal{L}_0, \ \mathcal{L}_1), \\ (A', \ B') & \text{en} \quad (L'_0, \ L'_1), \\ (C', \ D') & \text{en} \quad (\mathcal{L}'_0, \ \mathcal{L}'_0). \end{cases}$$

Si, dans ces groupes, le nombre des constantes à évaluer est toujours égal au nombre des équations, il n'y aura, ni indétermination pour les inconnues, ni relations nécessaires entre les données. C'est ce qui arrivera tant que l'entier $n$ ne sera pas l'unité; mais, pour cette valeur particulière, il y a exception.

En effet, on voit, à l'inspection du tableau (7) § CLXXI, que tous les premiers termes des équations à former ont pour facteur $(n-1)$. Ces termes disparaissent donc quand $n = 1$. Alors les constantes $(A'', C'', A', C')$ restent indéterminées, et les coefficients correspondants $(K_i, \mathcal{H}_i, \ldots)$, qui composent les seconds membres des douze équations, doivent vérifier certaines relations. Il importe de chercher ce qu'expriment ces relations nécessaires, ou ces conditions imposées aux données de la question, c'est-à-dire aux efforts appliqués sur les parois de l'enveloppe sphérique.

Le tableau (7) § CLXXI, aidé des valeurs générales (6) qui le précèdent, donne pour le système des douze équations, correspondant au cas de $n = 1$, le groupe suivant

$$(2) \quad \begin{cases} \dfrac{b}{5a} \, r_i A + \dfrac{12}{r_i^4} B'' + \dfrac{6e - b}{ar_i^2} B = \dfrac{K_i}{\mu}, \\[2ex] -\dfrac{b}{10a} \, r_i A - \dfrac{6}{r_i^4} B'' + \dfrac{a - e}{ar_i^4} B = \dfrac{L_i}{\mu}, \\[2ex] \dfrac{b}{5a} \, r_i C + \dfrac{12}{r_i^4} D'' + \dfrac{6e - b}{ar_i^2} D = \dfrac{\mathcal{H}_i}{\mu}, \\[2ex] -\dfrac{b}{10a} \, r_i C - \dfrac{6}{r_i^4} D'' + \dfrac{a - e}{ar_i^2} D = \dfrac{\mathcal{L}_i}{\mu}, \\[2ex] 3\mu B' = r_i^3 L'_i, \\[1ex] 3\mu D' = r_i^3 \mathcal{L}'_i, \end{cases}$$

qu'il faut écrire deux fois, l'une avec l'indice $i = 0$, l'autre avec l'indice $i = 1$. Si l'on ajoute à la première des équations (2) le double de la seconde, à la troisième le double de la quatrième, on a, en remarquant que les sommes de la première ligne (6) § CLXXI donnent $4e - b = a$,

$$(3) \qquad \begin{cases} 3\mu B = r_i^2 (K_i + 2L_i), \\ 3\mu D = r_i^2 (\mathcal{K}_i + 2\mathcal{L}_i). \end{cases}$$

Dans ces équations (3), ainsi que dans les deux dernières du groupe (2), les premiers membres ne changent pas quand on fait $i = 0$, puis $i = 1$, et les seconds membres doivent partager la même propriété. Ce qui donne

$$(4) \qquad \begin{cases} r_1^2 (K_1 + 2L_1) - r_0^2 (K_0 + 2L_0) = 0, \\ r_1^2 (\mathcal{K}_1 + 2\mathcal{L}_1) - r_0^2 (\mathcal{K}_0 + 2\mathcal{L}_0) = 0, \\ r_1^3 L_1' - r_0^3 L_0' = 0, \\ r_1^3 \mathcal{L}_1' - r_0^3 \mathcal{L}_0' = 0, \end{cases}$$

pour les relations qui doivent exister entre les coefficients $(K_i, \mathcal{K}_i, \ldots)$, si $n = 1$.

## § CLXXXI.

### COEFFICIENTS CORRESPONDANTS.

Or, quand $n$ est l'unité, l'entier $l$ peut être l'unité, ou zéro. Le groupe (4) doit donc être vérifié, séparément, par les valeurs des coefficients $(K_i, \mathcal{K}_i, \ldots)$ qui appartiennent au couple $(l = 1, n = 1)$, et par celles qui appartiennent au couple $(l = 0, n = 1)$. Il faut d'abord chercher quelles sont ces valeurs.

Au couple $(l = 1, n = 1)$ correspond la fonction $P = c$,

d'après l'expression générale (21) § CLXV, on a donc

$$(5) \quad \begin{cases} l = 1, \quad n = 1, \quad P = c, \quad c\dfrac{dP}{d\alpha} = -\alpha, \\[2mm] \omega_1 = \pi, \quad \varpi_1^{(1)} = \displaystyle\int_{-1}^{+1} c^2 d\alpha = \dfrac{4}{3}. \end{cases}$$

Désignons, pour simplifier, $\cos\psi$ et $\sin\psi$ par $c'$ et $s'$, et, pour plus de symétrie, $\sin\varphi$ par $s$ au lieu de $\alpha$. En outre, remarquant que $d\psi\, d\alpha$, ou $cd\psi\, d\varphi$, est l'élément de surface de la sphère dont le rayon est l'unité, remplaçons, par $\sigma$, cet élément précédé du double signe de l'intégration totale, en posant

$$(6) \qquad \int_{-1}^{+1}\int_{0}^{2\pi} d\psi\, d\alpha\, (\ldots\ldots) = \sigma\, (\ldots\ldots);$$

c'est-à-dire indiquons, par $\sigma$, une sommation faite sur toute la surface de la sphère de rayon 1. A l'aide de ces conventions, on peut écrire ainsi

$$(7) \quad \begin{cases} K_i = \dfrac{3}{4\pi}\,\sigma(cc'\,\mathfrak{N}_i), \quad L_i = \dfrac{3}{8\pi}\,\sigma(-sc'\,\mathfrak{M}_i - s'\,\mathfrak{E}_i); \\[2mm] \mathfrak{K}_i = \dfrac{3}{4\pi}\,\sigma(cs'\,\mathfrak{N}_i), \quad \mathcal{L}_i = \dfrac{3}{8\pi}\,\sigma(-ss'\,\mathfrak{M}_i + c'\,\mathfrak{E}_i); \\[2mm] L_i' = \dfrac{3}{8\pi}\,\sigma(-sc'\,\mathfrak{E}_i + s'\,\mathfrak{M}_i), \\[2mm] \mathcal{L}_i' = \dfrac{3}{8\pi}\,\sigma(-ss'\,\mathfrak{E}_i - c'\,\mathfrak{M}_i), \end{cases}$$

les résultats qu'on obtient, en substituant les valeurs (5), dans les formules générales (20) § CLXXV, (28) et (29) § CLXXVII.

Au couple $(l = 0,\ n = 1)$ correspond la fonction

$P = \alpha = s$, d'après l'expression citée ; on a donc

$$(8) \quad \begin{cases} l = 0, \quad n = 1, \quad P = s, \quad c\,\dfrac{dP}{d\alpha} = c, \\[2ex] \omega_0 = 2\pi, \quad \varpi_0^{(1)} = \displaystyle\int_{-1}^{+1} \alpha^2\, d\alpha = \dfrac{2}{3} ; \end{cases}$$

et, à l'aide des conventions précédentes, on peut écrire ainsi

$$(9) \quad \begin{cases} K_i = \dfrac{3}{4\pi}\, \sigma(s\,\mathfrak{K}_i), \quad \mathfrak{K}_i = 0, \\[2ex] L_i = \dfrac{3}{8\pi}\, \sigma(c\,\mathfrak{R}_i), \quad \mathfrak{L}_i = 0, \\[2ex] L'_i = \dfrac{3}{8\pi}\, \sigma(c\,\mathfrak{C}_i), \quad \mathfrak{L}'_i = 0, \end{cases}$$

les résultats que l'on obtient, en substituant les valeurs (8) dans les formules particulières (31) § CLXXVIII.

## § CLXXXII.

### SIX RELATIONS SONT NÉCESSAIRES.

Partant de l'identité établie (6), posons encore

$$r_i^2 \sigma = \mathbf{S}_i,$$

c'est-à-dire indiquons, par $\mathbf{S}_i$, une sommation faite sur toute la surface de la sphère de rayon $r_i$. D'après cela, si l'on substitue successivement les deux groupes (7) et (9), dans les deux premières relations (4) on aura, en supprimant le facteur commun $\dfrac{3}{4\pi}$,

$$(11)\quad\begin{cases}\mathbf{S}_{\text{\tiny 1}}(\mathfrak{N}_{\text{\tiny 1}}\,ec' - \mathfrak{M}_{\text{\tiny 1}}sc' - \mathfrak{C}_{\text{\tiny 1}}s')\\[2mm] -\,\mathbf{S}_{\text{\tiny 0}}(\mathfrak{N}_{\text{\tiny 0}}cc' - \mathfrak{M}_{\text{\tiny 0}}se' - \mathfrak{C}_{\text{\tiny 0}}s') = 0,\\[2mm] \mathbf{S}_{\text{\tiny 1}}(\mathfrak{N}_{\text{\tiny 1}}cs' - \mathfrak{M}_{\text{\tiny 1}}ss' + \mathfrak{C}_{\text{\tiny 1}}c')\\[2mm] -\,\mathbf{S}_{\text{\tiny 0}}(\mathfrak{N}_{\text{\tiny 0}}cs' - \mathfrak{M}_{\text{\tiny 0}}ss' + \mathfrak{C}_{\text{\tiny 0}}c') = 0,\\[2mm] \mathbf{S}_{\text{\tiny 1}}(\mathfrak{N}_{\text{\tiny 1}}s + \mathfrak{M}_{\text{\tiny 1}}c)\\[2mm] -\,\mathbf{S}_{\text{\tiny 0}}(\mathfrak{N}_{\text{\tiny 0}}s + \mathfrak{M}_{\text{\tiny 0}}c) = 0;\end{cases}$$

car la seconde (4) est identique pour le groupe (9).

Ensuite, si l'on substitue successivement les mêmes groupes, dans les deux dernières relations (4), il vient

$$(12)\quad\begin{cases}\mathbf{S}_{\text{\tiny 1}}(-\,\mathfrak{C}_{\text{\tiny 1}}r_{\text{\tiny 1}}se' + \mathfrak{M}_{\text{\tiny 1}}r_{\text{\tiny 1}}s')\\[2mm] -\,\mathbf{S}_{\text{\tiny 0}}(-\,\mathfrak{C}_{\text{\tiny 0}}r_{\text{\tiny 0}}sc' + \mathfrak{M}_{\text{\tiny 0}}r_{\text{\tiny 0}}s') = 0,\\[2mm] \mathbf{S}_{\text{\tiny 1}}(-\,\mathfrak{C}_{\text{\tiny 1}}r_{\text{\tiny 1}}ss' - \mathfrak{M}_{\text{\tiny 1}}r_{\text{\tiny 1}}c')\\[2mm] -\,\mathbf{S}_{\text{\tiny 0}}(-\,\mathfrak{C}_{\text{\tiny 0}}r_{\text{\tiny 0}}ss' - \mathfrak{M}_{\text{\tiny 0}}r_{\text{\tiny 0}}c') = 0,\\[2mm] \mathbf{S}_{\text{\tiny 1}}(\mathfrak{C}_{\text{\tiny 1}}r_{\text{\tiny 1}}c) - \mathbf{S}_{\text{\tiny 0}}(\mathfrak{C}_{\text{\tiny 0}}r_{\text{\tiny 0}}c) = 0;\end{cases}$$

car la quatrième (4) est identique pour le groupe (9).

## § CLXXXIII.

### LEUR INTERPRÉTATION.

Ainsi les conditions imposées aux données de la question, ou aux efforts appliqués sur les deux parois de l'enveloppe sphérique, consistent, totalement, dans la vérification nécessaire des six équations (11) et (12). Que signifient ces équations? La figure ci-jointe répond complétement à cette question. Le point O est le centre du système sphérique,

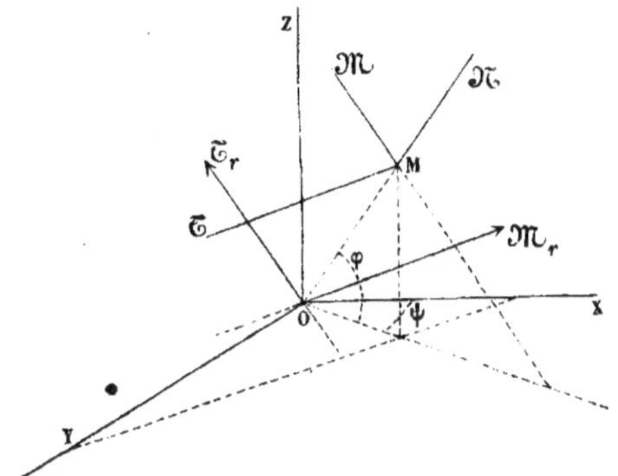

$\overline{OZ}$ l'axe polaire, $\overline{OX}$ et $\overline{OY}$ sont les rayons de l'équateur pour les longitudes $0$ et $\frac{\pi}{2}$ ; M est un point quelconque de l'espace, $\overline{M\mathfrak{X}}$ le prolongement du rayon $\overline{OM}$, $\overline{M\mathfrak{M}}$ la tangente au méridien, $\overline{M\mathfrak{C}}$ la tangente au petit cercle parallèle à l'équateur; et ces trois axes, en M, forment avec les premiers, en O, des angles dont les cosinus sont indiqués par le tableau

$$(13)\qquad
\begin{array}{c|c|c|c}
 & \overline{M\,\mathfrak{N}} & \overline{M\,\mathfrak{M}} & \overline{M\,\mathfrak{T}} \\
\hline
\overline{OX} & cc' & -sc' & -s' \\
\hline
\overline{OY} & cs' & -ss' & c' \\
\hline
\overline{OZ} & s & c & 0 \\
\end{array}
\qquad
\begin{array}{ccc}
0 & \mathfrak{T}\,r & -\mathfrak{M}\,r
\end{array}$$

Maintenant, si l'on se rappelle que ($\mathfrak{N}_1$, $\mathfrak{M}_1$, $\mathfrak{T}_1$) et ($-\mathfrak{N}_0$, $-\mathfrak{M}_0$, $-\mathfrak{T}_0$), représentent les composantes des efforts, exercés sur les parois, extérieure et intérieure, de l'enveloppe sphérique, et rapportés à l'unité de surface ; composantes qui sont respectivement dirigées suivant les lignes de même définition que celles en M de la figure précédente ; à l'inspection seule du tableau (13), on reconnaît, dans les premiers membres des trois relations (11), les sommes des projections, sur les trois axes en O, de toutes les forces appliquées sur les parois ; puis on devine, et l'on vérifie, que les premiers membres des trois relations (12), sont les sommes des moments des mêmes forces, par rapport aux mêmes axes.

En effet, la théorie des moments, si bien exposée dans le nouvel enseignement de la mécanique, donne, pour les moments des trois composantes ($\mathfrak{N}$, $\mathfrak{M}$, $\mathfrak{T}$) par rapport au centre O : 1° pour $\mathfrak{N}$ zéro ; 2° pour $\mathfrak{M}$, $\mathfrak{M}\,r$ porté sur son axe représentatif $\overline{O\,\mathfrak{M}_r}$, qui est parallèle à $\overline{M\mathfrak{T}}$ et dirigé en sens contraire ; 3° pour $\mathfrak{T}$, $\mathfrak{T}\,r$ porté sur son axe représentatif $\overline{O\mathfrak{T}_r}$, qui est parallèle à $\overline{M\mathfrak{M}}$ et dirigé dans le même sens. Alors le tableau (13) (à l'aide de sa dernière ligne), donne immédiatement les sommes des projections de ces moments, ainsi représentés, sur les axes en O, ou les moments de la résultante par rapport à ces axes. Et l'interprétation des secondes relations $(12)$ devient aussi facile que celle des premières $(11)$.

Les sommes qui composent les premiers membres des six équations $(11)$ et $(12)$ sont donc toutes reconnues. Et, puisqu'il faut que toutes ces sommes soient nulles, on en conclut que les forces données doivent être telles, qu'elles se fassent équilibre, sur l'enveloppe sphérique considérée comme un solide invariable. Les groupes $(4)$, ou $(11)$ et $(12)$, n'expriment pas autre chose.

Cette nécessité résultait d'ailleurs des équations mêmes de l'élasticité, qui, étant déduites de l'équilibre d'un parallélipipède et d'un tétraèdre élémentaires, considérés comme étant invariables, expriment conséquemment le même équilibre pour un corps de dimensions finies, formé par la réunion de pareils éléments. Les conditions indiquées existaient donc réellement dans la question posée. On les avait oubliées au départ, et la solution trouvée donne un témoignage irrécusable de sa réalité, en réparant elle-même cette omission.

## § CLXXXIV.

### SIX CONSTANTES INDÉTERMINÉES.

Mais, il faut encore expliquer l'indétermination des constantes $(A'', C'', A', C')$, qui correspondent aux deux couples $(l = 1, n = 1)$ et $(l = 0, n = 1)$. Si elles disparaissent dans les développements des forces élastiques $(\mathfrak{A}, \mathfrak{M}, \mathfrak{C})$, il n'en est pas de même dans ceux des déplacements $(U, V, W)$, car au tableau $(2)$ § CLXX, qui donne les coefficients généraux de ces derniers développements, les constantes $(A'', C'', A', C')$ ne sont plus accompagnées du facteur $(n - 1)$. Ainsi, les $(U, V, W)$ contiennent des termes dont les constantes restent indéterminées, et qui subsisteront, lors même que les parois de l'enveloppe sphérique ne seront soumises à aucun effort, et que, conséquemment, tous les autres termes, toutes les autres constantes, disparaîtront. Supposons donc que les expressions des (U, V, W) soient réduites à ces seuls termes, si complétement indépendants des forces données, et cherchons leur signification.

. A l'aide des valeurs (5) et (8) de la fonction P et de sa dérivée, appartenant aux deux couples $(l, n)$ conservés, les formules générales (1) et (2) du § CLXX, donnent pour ces expressions réduites

$$(14) \begin{cases} U = A''_0 s + A''_1 cc' + C''_1 cs', \\ V = A''_0 c - A''_1 sc' - C''_1 ss' + \dfrac{1}{2} A'_1 rs' - \dfrac{1}{2} C'_1 rc', \\ W = \dfrac{1}{2} A'_0 cr - A''_1 s' + C''_1 c' - \dfrac{1}{2} A'_1 rsc' - \dfrac{1}{2} C'_1 rss'. \end{cases}$$

Les indices 1 et o donnés aux constantes indiquent qu'elles correspondent respectivement aux deux couples $(l=1, n=1)$ et $(l = 0, n = 1)$. Quatre constantes ont l'indice 1, mais deux seulement ont l'indice zéro : les $(C''_0, C'_0)$ n'existant pas, car dans les séries (1) § CLXX, les termes, où $l$ est zéro, n'ont pas de coefficients aux lettres majuscules $(\mathcal{G}, \mathcal{S}, \mathcal{S}')$.

Puisque les six constantes des expressions (14) sont indéterminées, on peut considérer chacune d'elles isolément, comme si les cinq autres étaient nulles. Alors, la figure (p. 345), et le tableau (13), conduisent facilement à leur interprétation. Les (U, V, W) étant respectivement les projections du déplacement très-petit de M, sur les axes $(\overline{M\mathfrak{X}}, \overline{M\mathfrak{N}}, \overline{M\mathfrak{E}})$, les constantes $(A''_1, C''_1, A''_0)$ expriment respectivement de simples translations parallèles aux axes

$(\overline{OX}, \overline{OY}, \overline{OZ})$, et les constantes $(A'_1, C'_1, A'_0)$ de simples rotations autour des mêmes axes; et ces six mouvements partiels peuvent se composer en un seul mouvement hélicoïdal, qu'expriment les six constantes réunies.

Or, il est évident qu'un pareil mouvement élémentaire de l'enveloppe sphérique, tel que ses points matériels conservent leurs positions relatives, ne peut faire naître aucune force intérieure, ni troubler l'équilibre d'élasticité, qui s'établit sous l'action des efforts appliqués sur les parois. Telle est la véritable cause de l'indétermination des six constantes du groupe $(14)$, quand on n'introduit pas d'autres données que les équations à la surface. Les valeurs de ces constantes pourront se déduire de conditions toutes différentes, telles, par exemple, que la fixité de certains points du solide.

## § CLXXXV.

### INTRODUCTION DES FORCES EXTÉRIEURES.

Il s'agit maintenant de reconnaître l'influence des forces extérieures, dont les composantes sont $(R_0, \Phi_0, \Psi_0)$, sur l'équilibre d'élasticité de l'enveloppe sphérique, et d'indiquer les modifications que l'introduction de ces forces apporte dans la solution générale. Il faut remonter jusqu'aux équations aux différences partielles, qui sont, dans le cas de l'équilibre, et en mettant $a$ au lieu de $(\lambda + 2\mu)$ :

$$(15)\quad \begin{cases} ar^2 c \dfrac{d\theta}{dr} + \mu\left(\dfrac{d\Gamma}{d\varphi} - \dfrac{d\beta}{d\psi}\right) + r^2 c\,R_0\,\delta = 0, \\[2ex] ac \dfrac{d\theta}{d\varphi} + \mu\left(\dfrac{d\mathcal{A}}{d\psi} - \dfrac{d\Gamma}{dr}\right) + rc\,\Phi_0\,\delta = 0, \\[2ex] \dfrac{a}{c} \dfrac{d\theta}{d\psi} + \mu\left(\dfrac{d\mathfrak{m}}{dr} - \dfrac{d\mathcal{A}}{d\varphi}\right) + r\,\Psi_0\,\delta = 0, \end{cases}$$

les fonctions $(\theta, \mathcal{A}, \mathcal{U}, \Gamma)$ s'exprimant en $(U, V, W)$ par les relations suivantes :

$$(16)\quad\left\{\begin{array}{l}\theta=\dfrac{1}{r^2}\dfrac{dr^2U}{dr}+\dfrac{1}{rc}\dfrac{dcV}{d\varphi}+\dfrac{1}{rc}\dfrac{dW}{d\psi},\\[2ex]\mathcal{A}=\dfrac{1}{rc}\left(\dfrac{dV}{d\psi}-\dfrac{dcW}{d\varphi}\right),\\[2ex]\mathcal{U}=\dfrac{drW}{dr}-\dfrac{1}{c}\dfrac{dU}{d\psi},\\[2ex]\Gamma=c\left(\dfrac{dU}{d\varphi}-\dfrac{drV}{dr}\right).\end{array}\right.$$

La détermination des valeurs $(U_0, V_0, W_0)$ strictement essentielles pour faire disparaître, lors de la vérification, les termes en $(R_0, \Phi_0, \Psi_0)$ des équations (15), exige que l'on connaisse ces termes eux-mêmes. Lorsqu'ils sont donnés en $(r, \varphi, \psi)$, on cherche d'abord la forme que doivent avoir les $(U_0, V_0, W_0)$ pour atteindre le but qui leur est assigné, puis on emploie la méthode des coefficients indéterminés. C'est ainsi que l'on a résolu les cas suivants :

*Premier cas.* — La force extérieure a une direction et une intensité constante, telle que la pesanteur. — Dirigeant l'axe polaire du système des cordonnées sphériques parallèlement à la direction de cette force extérieure, et en sens inverse, on a

$$(17)\qquad R_0 = -gs, \quad \Phi_0 = -gc, \quad \Psi_0 = 0;$$

puis, posant, pour simplifier,

$$(18)\qquad \frac{g\delta}{10\lambda} = k,$$

on trouve les expressions strictement essentielles

$$(19)\qquad U_0 = kr^2s, \quad V_0 = -3kr^2c, \quad W_0 = 0;$$

lesquelles, étant substituées dans le groupe (16), donnent

$$\theta = \frac{g\delta}{\lambda} rs, \quad \mathcal{A} = 0, \quad \mathcal{B} = 0, \quad \Gamma = \frac{g\delta}{\lambda} r^2 c^2,$$

valeurs qui annulent les premiers membres des équations (15) écrits avec les (17).

*Second cas.* — La force extérieure est une attraction, dirigée vers le centre du système sphérique, et proportionnelle à la distance à ce centre. — Si l'on représente par $g$ l'intensité de la force (toujours rapportée à l'unité de masse), pour la distance $r_1$, on a

$$(20) \qquad R_0 = -\frac{gr}{r_1}, \quad \Phi_0 = 0, \quad \Psi_0 = 0,$$

et l'on trouve les expressions strictement essentielles

$$(21) \qquad U_0 = \frac{g\delta}{10a} \frac{r^3}{r_1}, \quad V_0 = 0, \quad W_0 = 0,$$

lesquelles, étant substituées dans le groupe (16), donnent

$$\theta = \frac{g\delta}{2\alpha} \frac{r^2}{r_1}, \quad \mathcal{A} = 0, \quad \mathcal{B} = 0, \quad \Gamma = 0;$$

valeurs qui vérifient les équations (15), écrites avec les (20).

*Troisième cas.* — L'enveloppe sphérique tournant autour de l'axe polaire, avec une vitesse angulaire constante $\omega$, on considère l'équilibre relatif qui résulte de l'introduction de la force centrifuge. — On a

$$(22) \qquad R_0 = \omega^2 rc^2, \quad \Phi_0 = -\omega^2 rcs, \quad \Psi_0 = 0,$$

et, posant, pour simplifier

$$(23) \qquad \frac{\omega^2 \delta}{7a} = k,$$

on trouve les expressions strictement essentielles

$$(24) \qquad U_0 = \left(\frac{1}{5} - c^2\right) kr^3, \quad V_0 = \frac{k}{2} r^3 cs, \quad W_0 = 0,$$

lesquelles, étant substituées dans le groupe (16), donnent

$$\theta = -\frac{\omega^2 \delta}{2a} r^2 c^2, \quad \mathfrak{L} = 0, \quad \mathfrak{M} = 0, \quad \Gamma = 0;$$

valeurs qui vérifient les équations (15), écrites avec les (22).

## § CLXXXVI.

### NOUVEAUX COEFFICIENTS.

Lorsque les fonctions $(U_0, V_0, W_0)$, qui correspondent à des valeurs données des $(R_0, \Phi_0, \Psi_0)$, sont déterminées, il faut les joindre au groupe (1) § CLXX. On doit substituer ensuite les $(U, V, W)$, complétés par cette addition, dans les expressions, (3) § CLXXI, des composantes $(\mathfrak{K}, \mathfrak{M}, \mathfrak{C})$ de la force élastique qui s'exerce sur tout élément-plan perpendiculaire au rayon ; de telle sorte que, si l'on pose,

$$(25) \quad \left\{ \begin{aligned} & \lambda \theta_0 + 2\mu \frac{d U_0}{dr} = \mathfrak{K}^{(0)}, \\[2ex] & \mu \left( \frac{1}{r} \frac{d U_0}{d\varphi} + r \frac{d \frac{V_0}{r}}{dr} \right) = \mathfrak{M}^{(0)}, \\[2ex] & \mu \left( \frac{1}{rc} \frac{d U_0}{d\psi} + r \frac{d \frac{W_0}{r}}{dr} \right) = \mathfrak{C}^{(0)}, \end{aligned} \right.$$

ces valeurs, qui seront complétement connues en $(r, \varphi, \psi)$, viendront s'ajouter aux séries, à coefficients indéterminés, du groupe (5), § CLXXI. Alors, quand on écrira les équations à la surface (8) § CLXXII, il suffira d'y substituer aux $(\mathfrak{K}_i,\ \mathfrak{M}_i,\ \mathfrak{C}_i)$ les différences

$$(26)\quad \left[\mathfrak{K}_i - \mathfrak{K}_i^{(0)}\right],\quad \left[\mathfrak{M}_i - \mathfrak{M}_i^{(0)}\right],\quad \left[\mathfrak{C}_i - \mathfrak{C}_i^{(0)}\right],$$

dans lesquelles les $\left[\mathfrak{K}_i^{(0)},\ \mathfrak{M}_i^{(0)},\ \mathfrak{C}_i^{(0)}\right]$ représentent ce que deviennent les fonctions connues (25) lorsqu'on y fait $r = r_i$. Et la même substitution faite dans les expressions (20) § CLXXV, (28) et (29) § CLXXVII, donnera les valeurs définitives des coefficients.

Si les $(\mathfrak{K}_i,\ \mathfrak{M}_i,\ \mathfrak{C}_i)$ sont nuls, les coefficients $(K_i,\ \mathfrak{K}_i,...)$ ne s'annuleront pas tous pour cela, car les seconds termes des différences (26) subsisteront encore sous les intégrales définies qui les composent. Aux coefficients existants correspondront des constantes $\left[A^{(j)},\ B^{(j)},\ C^{(j)},\ D^{(j)}\right]$ que l'on déterminera; et à l'aide de ces constantes les expressions complètes des $(U,\ V,\ W)$, donneront les véritables projections des déplacements moléculaires de l'enveloppe sphérique, dus à la seule introduction de la force extérieure; projections qui pourront différer beaucoup des $(U_0,\ V_0,\ W_0)$ primitifs.

Si, les $(\mathfrak{K}_i,\ \mathfrak{M}_i,\ \mathfrak{C}_i)$ n'étant pas nuls, on fait la substitution (26) dans les équations de condition (11) et (12), ces équations, convenablement transformées, expriment alors que les efforts appliqués sur les parois doivent faire équilibre à la résultante des forces extérieures sollicitant la masse, par exemple au poids de l'enveloppe, dans les deux premiers cas du § CLXXXV. Lors du troisième cas, la résultante des forces centrifuges étant nulle, les efforts sur les parois doivent s'équilibrer entre eux.

## § CLXXXVII.

### CARACTÈRE DE LA SOLUTION GÉNÉRALE.

La solution du problème de l'équilibre d'élasticité d'une enveloppe sphérique étant complétée, dans toutes ses parties essentielles, terminons par quelques réflexions, sur le caractère et la généralité de cette solution.

Des trois composantes ($\mathfrak{N}$, $\mathfrak{M}$, $\mathfrak{T}$) de la force élastique exercée sur un élément-plan perpendiculaire au rayon, $\mathfrak{N}$ est la composante normale, ($\mathfrak{M}$, $\mathfrak{T}$) sont les composantes tangentielles. On voit, d'après cela, que les coefficients ($K_i$, $\mathfrak{K}_i$), (20) § **CLXXV**, dépendent uniquement des composantes normales des efforts appliqués sur les parois, et que ceux ($L_i$, $\mathcal{L}_i$, $L'_i$, $\mathcal{L}'_i$) ne dépendent que des composantes tangentielles. Il résulte, alors, des relations indiquées par le tableau (1), que les constantes accentuées (') ne dépendent que des composantes tangentielles des efforts exercés, mais que toutes les autres dépendent à la fois, des composantes normales, et des composantes tangentielles.

C'est ainsi que la moindre modification apportée, dans la direction ou l'intensité de la force appliquée en un point des parois, se transmettra, par les coefficients aux constantes, et par les constantes à un terme quelconque des séries, qui expriment les déplacements relatifs de tous les points de l'enveloppe sphérique. Cette solidarité, qui définit si bien le phénomène de l'élasticité, forme aussi le caractère principal de la solution trouvée, et explique même sa forme nécessaire.

## § CLXXXVIII.

### CAS D'UNE SPHÈRE PLEINE.

Quand la paroi intérieure n'existe pas, ou quand il s'agit de l'équilibre d'élasticité d'une sphère solide, dont la surface, de rayon $r_1$, est soumise à des efforts, différant d'un point à un autre de cette surface, la solution générale se simplifie par la disparition nécessaire de tous les termes contenant des puissances négatives du rayon $r$ : car la valeur $r = 0$ appartient alors à l'un des points du solide, et doit donner des valeurs finies, pour les forces élastiques qui correspondent à ce point.

Les termes des trois séries $\mathcal{F}^{(i)}$, introduites dans les intégrales, ne doivent donc plus contenir, chacun, que les constantes $[\mathrm{A}^{(i)}, \mathrm{C}^{(i)}]$. Les équations à la surface se réduisent à trois, l'indice $i$ étant exclusivement l'unité. Les expressions générales des coefficients restent les mêmes, mais, pour chaque couple des entiers $(l, n)$, il n'y a plus que les six coefficients dont l'indice est $1$, et les six constantes correspondantes sont déterminées, par deux groupes de deux équations, et par deux équations à une seule inconnue, lesquelles donnent

$$(27) \qquad \begin{cases} (\mathrm{A}'', \ \mathrm{A}) \ \text{en} \ (\mathrm{K}_1, \ \mathrm{L}_1), \\ (\mathrm{C}'', \ \mathrm{C}') \ \text{en} \ (\mathcal{K}_1, \ \mathcal{L}_1), \\ \mathrm{A}' \ \text{en} \ \mathrm{L}'_1, \\ \mathrm{C}' \ \text{en} \ \mathcal{L}'_1. \end{cases}$$

Les équations de condition (11) et (12) sont réduites aux sommations $S_1$, et expriment que les efforts exercés sur la surface de la sphère doivent, ou s'équilibrer entre eux, ou faire équilibre à la résultante des forces extérieures sollicitant la masse, suivant que ces dernières forces sont, ou supprimées, ou introduites.

## § CLXXXIX.

### CAS D'UNE CAVITÉ SPHÉRIQUE.

Quand la paroi extérieure n'existe pas, ou quand il s'agit de l'équilibre intérieur d'un milieu indéfini, d'élasticité constante, entourant une cavité sphérique, dont la paroi, de rayon $r_0$, est soumise à des efforts, qui diffèrent d'un point à un autre de cette paroi ; la solution générale se simplifie par la disparition nécessaire de tous les termes contenant des puissances positives du rayon $r$ : car la valeur $r = \infty$, appartient alors à des points du milieu, et ne doit pas donner des valeurs infinies, pour les forces élastiques qui correspondent à ces points.

Les termes des trois séries $\mathcal{F}^{(i)}$, introduites dans les intégrales, ne doivent donc plus contenir, chacun, que les constantes $[B^{(i)}, D^{(i)}]$. Les équations à la surface se réduisent à trois, l'indice $i$ étant exclusivement zéro. Les expressions générales des coefficients restent toujours les mêmes, mais, pour chaque couple des entiers $(l, n)$, il n'y a plus que les six coefficients dont l'indice est zéro, et les six constantes correspondantes sont déterminées, par deux groupes de deux équations, et par deux équations à une seule inconnue, lesquelles donnent

$$(28) \quad \left\{ \begin{array}{l} (B'', \ B) \text{ en } (K_0, \ L_0), \\ (D'', \ D) \text{ en } (\mathcal{K}_0, \ \mathcal{L}_0), \\ B' \text{ en } L'_0, \\ D' \text{ en } \mathcal{L}'_0. \end{array} \right.$$

Les efforts exercés sur la paroi de la cavité sphérique n'ont pas de relations nécessaires ; car les équations de condition (11) et (12) se rapportent au groupe de constantes qui a dû disparaître, et le groupe restant n'indique aucune indétermination.

On remarquera, en rapprochant la solution générale des deux solutions particulières qui précèdent, que, si les efforts ($\mathfrak{N}_1$, $\mathfrak{M}_1$, $\mathfrak{T}_1$) exercés sur la surface de la sphère pleine, de rayon $r_1$, et ceux ($-\mathfrak{N}_0$, $-\mathfrak{M}_0$, $-\mathfrak{T}_0$) exercés sur la paroi de la cavité sphérique, de rayon $r_0$, sont les mêmes que ceux respectivement exercés sur les parois, intérieure et extérieure, de rayons $r_1$ et $r_0$, de l'enveloppe sphérique; les deux groupes des coefficients ($K_i$, $\mathfrak{X}_i$,...), qu'ils soient séparés ou réunis, conserveront exactement les mêmes valeurs numériques.

Mais, il ne s'ensuit pas que les séries qui expriment les forces élastiques et les déplacements du cas général, soient les sommes des séries correspondantes des deux cas particuliers : car, pour chaque couple des entiers ($l$, $n$), les douze constantes, réunies dans le tableau (1), seront très-différentes de celles données, séparément, par les tableaux (27) et (28); quoiqu'elles soient toutes déterminées à l'aide des mêmes coefficients ($K_i$, $\mathfrak{X}_i$,...).

---

Pour compléter l'examen de la solution générale, il faudrait étudier successivement les termes les plus influents, ou ceux qui correspondent aux moindres valeurs des entiers ($l$, $n$), et faire ressortir les propriétés caractéristiques, et distinctes, de ces différents termes, desquels chacun pourrait exister seul, si les fonctions introduites ou les efforts extérieurs se prêtaient à cet isolement. On devrait, aussi, considérer particulièrement le cas des enveloppes sphériques minces, ou dont l'épaisseur ($r_1 - r_0$) est une très-petite fraction du rayon $r_1$, ce qui permettrait de simplifier considérablement les séries finales. Enfin on pourrait citer un grand nombre d'applications spéciales et importantes. Mais nous passerons tout cela sous silence. Une digression

trop étendue, sur une question particulière de la théorie
mathématique de l'élasticité, pourrait donner quelque apparence de raison, à ceux qui ne veulent voir, dans la grande
généralité de cette théorie, qu'une complication inextrica-
ble, et qui préfèrent et prônent des procédés hybrides, mi-
analytiques et mi-empiriques, ne servant qu'à masquer les
abords de la véritable science.

# VINGTIÈME LEÇON.

## PRINCIPES DE LA THÉORIE DE L'ÉLASTICITÉ.

Certitude de la théorie mathématique de l'élasticité. — Doutes relatifs à l'ancien principe. — Équations certaines. — Nouveau principe de l'élasticité constante. — Lemmes fondamentaux. — Conclusions.

---

## § CXC.

### REVUE DE SES ÉQUATIONS.

L'objet principal de cette dernière leçon est de donner les développements réclamés par les astérisques des pages 263 et 264, de discuter les principes qui ont servi de base à la théorie mathématique de l'élasticité, et ceux qu'il convient d'adopter aujourd'hui, pour bannir toute incertitude sur les conséquences de cette théorie. Il s'agit, au fond, de constater que toutes les équations de la feuille $C$, peuvent être établies sans faire aucune hypothèse sur la nature et les lois des actions moléculaires. C'est ce qui a lieu, évidemment, pour les quatre premiers tableaux, où les relations des $(N_i, T_i)$, et leurs variations nécessaires, sont uniquement déduites des théorèmes généraux de la mécanique rationnelle. Il en est encore de même des valeurs $(N_i, T_i)$ du tableau V, prises avec tous leurs coefficients indépendants; car, en ne considérant que des déplacements $(u, v, w)$ très-petits, on établit facilement que tels sont les premiers termes des fonctions $(N_i, T_i)$ développées, ceux qui doivent être les plus sensibles.

## § CXCI.

### EXAMEN DE L'ANCIEN PRINCIPE.

Il reste donc à examiner, par rapport aux deux derniers tableaux de la feuille $C$, si la définition particulière de l'élasticité constante, et surtout l'énorme réduction qui en résulte de tous les coefficients à deux seulement, sont bien exemptes de toute hypothèse, ou si elles ne présupposent pas une loi, pour les actions mutuelles de molécules voisines et inégalement déplacées. Sous ce point de vue, les deux lemmes dont je me suis servi, dans les *Leçons sur l'Élasticité*, pour en conclure la définition dont il s'agit, n'y sont pas présentés d'une manière complétement satisfaisante. Leur démonstration a besoin d'être reprise, pour en effacer tout vestige des anciennes idées. Mais avant d'entreprendre cette rectification, il importe de passer en revue les diverses parties du principe énoncé page 263, et sur lequel on s'appuie, pour réduire les trente-six coefficients des $(N_i, T_i)$ du tableau V, à quinze seulement.

## § CXCII.

### DOUTE RELATIF AUX MOLÉCULES.

D'abord, qu'est-ce : *une molécule* ? L'analyse mathématique ne peut aborder le phénomène de l'élasticité d'un corps solide homogène, chimiquement simple ou composé, qu'en considérant ce corps comme formé de particules similaires, jouissant toutes des mêmes propriétés, et conservant la nature propre du solide lui-même. De là résulte la nécessité d'admettre que chacune de ces dernières particules occupe seule un volume déterminé, nécessairement polyédrique, dilatable et compressible entre certaines limites, qui ne saurait être divisé sans dénaturer le milieu, et dans

lequel peuvent exister des mouvements très-variés. Si c'est
là ce qu'on entend par *une molécule*, il faut bien se garder
de l'assimiler à cet être métaphysique, qu'on appelle point
matériel, et qu'on dépouille de toute dimension géométrique, pour n'avoir pas à considérer les effets et les causes de
ses mouvements internes.

## § CXCIII.

### DOUTE SUR LES ACTIONS MUTUELLES.

Que veut dire cette expression, action mutuelle de deux
molécules? Pour répondre d'une manière précise à cette
question, il faut remonter jusqu'aux principes mêmes de
la dynamique. D'après l'un d'eux, il n'y a pas de cause
étrangère, pas de force à chercher, lorsque le mouvement
d'un point est rectiligne et uniforme. Oui, s'il s'agit d'un
point matériel. Mais, si ce point est le centre de gravité
d'une molécule isolée, il faut, en outre, d'après le théorème
fondamental de M. Poinsot, que la molécule tourne autour
de ce centre, de telle sorte que l'ellipsoïde central roule
sur un même plan tangent. Si la rotation ne satisfait pas
à cette condition essentielle, il existe une cause étrangère
qui modifie ce mouvement. De là résulte que deux molécules doivent agir l'une sur l'autre de deux manières : en
modifiant la translation de leurs centres de gravité, en alté-
rant la rotation autour de ces centres.

## § CXCIV.

### DOUTE SUR LA FONCTION-FACTEUR.

Si telle est, en réalité, l'action mutuelle de deux molécules, on arrive à cette conséquence, que, dans une même

direction, pour une même distance, pour un même écartement, le travail ou la puissance vive de l'action totale peut
se partager très-diversement entre les deux actions partielles : dans tel concours de circonstances ambiantes, se
porter en totalité sur la translation, dans tel autre, sur la
rotation. C'est-à-dire que la fonction-facteur introduite,
peut changer indépendamment des variables qu'on lui
donne.

## § CXCV.

### DOUTE SUR LA DIRECTION DES FORCES.

D'un autre côté, l'éther confiné dans les volumes parti-
culaires doit influer sur l'élasticité : on n'en saurait douter, quand on se rappelle l'intensité des phénomènes physiques qu'il peut occasionner. Or, le calcul, en supprimant
cet agent, ne fait pas autre chose que substituer, à toutes
les actions de l'éther d'une particule, une seule action éma-
nant de son centre de gravité. Alors, est-il bien certain
que cette force unique doive avoir la direction qu'on lui
assigne, pour remplir fidèlement son rôle de résultante,
entre particules aussi rapprochées qu'elles le sont dans un
milieu solide, et surtout dans ce qu'on appelle la sphère
d'activité des actions moléculaires?

Enfin, quand on attribue à la fonction-facteur, la propriété d'avoir la même valeur pour deux directions opposées l'une à l'autre, on admet exclusivement une distribu-
tion particulaire, qui ne s'accorde pas avec plusieurs faits,
tels que, la cristallisation tétraédrique, l'électrisation par
la chaleur de certains cristaux, etc.

## § CXCVI.

### SEULES ÉQUATIONS CERTAINES.

On le voit, chaque partie du principe dont il s'agit, chaque mot de son énoncé, donne lieu à un doute, déguise une hypothèse, ou présuppose une loi. La théorie mathématique de l'élasticité ne peut donc faire usage de ce principe, sans cesser d'être rigoureuse et certaine. Pour être sûr de rester d'accord avec les faits, elle doit se restreindre : 1° aux équations générales déduites, avec Navier, des théorèmes fondamentaux de la mécanique rationnelle; 2° aux relations qui existent entre les forces élastiques autour d'un point, si bien définies par la loi de réciprocité, ou par l'ellipsoïde d'élasticité, et qui résultent de l'équilibre du tétraèdre élémentaire, imaginé par Cauchy; 3° aux $(N_i, T_i)$ exprimés linéairement par les dérivées premières des déplacements, avec leurs coefficients indépendants, sous la forme essentielle établie par Poisson.

Ainsi les belles recherches ultérieures de ces géomètres, partant de lois préconçues, sortent du champ des applications actuelles. Mais, elles ont admirablement préparé, et rendront faciles les applications futures, lorsque de nouveaux faits, et leur étude approfondie, auront conduit aux lois réelles des actions moléculaires.

## § CXCVII.

### PRINCIPE DE L'ÉLASTICITÉ CONSTANTE.

Revenons maintenant au cas particulier de l'élasticité constante, ou aux deux lemmes qui servent de base à sa définition. On considère un milieu solide, d'une homogénéité, et d'une élasticité, telles : 1° que par le centre de gravité O de chaque molécule, on puisse mener trois plans rectangulaires (partout de mêmes directions), divisant le milieu en parties symétriques; c'est-à-dire qu'à chaque molécule pondérable, existant dans l'un des huit angles trièdres formés, correspondent sept molécules symétriquement placées dans les autres; 2° qu'un élément de volume $\omega$, dont O fait partie, éprouvant une première action élastique, de la part de toutes les molécules contenues dans un premier angle trièdre A, et dont les déplacements relatifs suivent une loi donnée, si, dans un second angle trièdre A', les déplacements sont symétriquement les mêmes, la seconde action élastique exercée par A' sur $\omega$ aura la même intensité que celle exercée par A, et une direction symétrique de la première.

On admet, de plus, que si les déplacements relatifs dans A' sont symétriquement les mêmes que dans A, mais de sens opposés, l'action de A' sur $\omega$, aura encore la même intensité que celle de A, et une direction symétrique, mais de sens contraire. Tel est le seul principe qui soit nécessaire. On peut d'ailleurs le regarder comme évident, en s'appuyant sur le mode d'approximation adopté : car, en limitant les développements des forces élastiques aux premières puissances des dérivées premières des déplacements, ces forces élastiques changent de signes, en conservant les mêmes valeurs absolues, quand les déplacements relatifs changent de sens.

## § CXCVIII.

### LEMME DE LA TRACTION SIMPLE.

Cela posé, adoptons le point O pour origine, et ses trois plans de symétrie pour ceux des coordonnées rectilignes. Le

premier lemme consiste en ce que, si la loi des déplacements
est

$$(1) \qquad u = 0, \quad v = 0, \quad w = ez,$$

et indique une simple traction parallèle aux $z$, la force
élastique exercée, en un point M de $\overline{OX}$, sur un élément-
plan $\varpi_x$ perpendiculaire aux $x$, sera *normale* à cet élément.
Prenant pour $\omega$ le cylindre de base $\varpi_x$ dont les génératrices
sont dirigées vers O, la force élastique cherchée est la résultante des actions exercées sur $\omega$ par les quatre angles trièdres
situés à droite de $\varpi_x$. Les déplacements relatifs donnés par la
loi (1) sont symétriquement les mêmes dans les quatre angles
trièdres. Alors, les quatre actions particielles auront la même
intensité, et des directions symétriques. Leur résultante
sera donc dirigée suivant l'axe des $x$. C'est ce qu'il fallait
démontrer.

## § CXCIX.

### LEMME DE LA TORSION SIMPLE.

Le second lemme consiste en ce que, si la loi des déplacements est

$$(2) \qquad u = -azy, \quad v = azx, \quad w = 0,$$

et indique une simple torsion autour de $\overline{OZ}$, la force élastique exercée, en M, sur $\varpi_x$, sera nulle, et celle exercée, au
même point M, sur l'élément-plan $\varpi_z$ perpendiculaire aux
$z$, sera tangentielle et parallèle aux $y$. Considérant le même
élément de volume cylindrique $\omega$ de base $\varpi_x$ que dans le
lemme précédent, la force élastique exercée sur $\varpi_x$ sera
la résultante des actions exercées sur $\omega$ par les quatre
angles trièdres situés à droite de $\varpi_x$, et désignés par le

tableau suivant

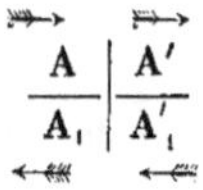

$$\begin{array}{c|c} \overrightarrow{A} & \overrightarrow{A'} \\ \hline A_1 & A'_1 \\ \overleftarrow{\phantom{A}} & \overleftarrow{\phantom{A}} \end{array}$$

vu d'un point pris sur le prolongement de $\overline{OM}$. Or, il résulte de la loi (2) que les déplacements relatifs seront symétriquement les mêmes dans les quatre angles trièdres, qu'ils auront un même premier sens pour le couple $(A, A'_1)$, et un même second sens pour le couple $(A_1, A')$, mais symétriquement opposé au premier. Les deux actions de $(A, A'_1)$ sur $\omega$ donneront une première résultante suivant la bissectrice $\overline{OX}$, et les deux actions de $(A_1, A')$ une seconde résultante suivant la même bissectrice, de même intensité que la première, mais de sens opposé. La résultante totale sera donc nulle.

Prenons maintenant pour $\omega$ le cylindre de base $\varpi_z$ dont les génératrices sont dirigées vers les $z$ négatifs, la force élastique exercée sur $\varpi_z$ sera la résultante des actions exercées sur $\omega$ par les quatre angles trièdres désignés par le nouveau tableau

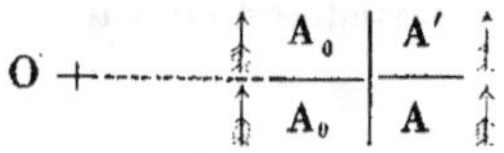

$$O + \cdots\cdots\cdots \begin{array}{c|c} A_0 & A' \\ \hline A_0 & A \end{array}$$

vu d'un point pris sur la perpendiculaire élevée en M sur $\varpi_z$. Les déplacements relatifs dans $A'$ sont respectivement les mêmes que ceux dans $A$, mais symétriquement de sens opposés; on en conclut que la résultante des actions de ces deux angles trièdres sera dirigée suivant une bissectrice parallèle aux $y$. On arrive à la même conclusion pour la résultante des actions du couple $(A_0, A'_0)$. Donc la résultante totale sera la somme de ces deux résultantes partielles, et dirigée, comme elles, parallèlement aux $y$.

## § CC.

### CONCLUSIONS.

Avec ces nouvelles démonstrations, substituées à celles des §§ XVI et XVII des *Leçons sur l'Élasticité*, l'établissement des formules inscrites aux deux derniers tableaux de la feuille *C*, et qui se rapportent à l'élasticité constante, est complétement dégagé de toute hypothèse, de toute idée préconçue. Et tel est précisément le but que nous nous étions proposé.

Il résulte des leçons précédentes, que, si l'idée des coordonnées curvilignes est venue de la théorie mathématique de l'élasticité, c'est aussi dans cette théorie, que le nouvel instrument conduit aux lois les plus complètes, et rencontre le plus grand nombre d'applications. Comme on l'a vu, les équations aux différences partielles de l'élasticité, transformées à l'aide des divers paramètres du système orthogonal, se présentent sous la forme qui se prête le mieux aux intégrations. En outre, étant exprimées par les courbures des surfaces conjuguées et les variations suivant les arcs d'intersection, elles donnent elles-mêmes leur interprétation géométrique, ou les lois différentielles du phénomène étudié. Il semble, d'après cela, que cette théorie, et cet instrument, fassent deux parties d'un même tout, et que l'une ne puisse plus être considérée sans l'autre ; sorte de fusion naturelle, qui justifie l'étendue que nous avons donnée à cette dernière partie du Cours.

---

Si quelque personne trouvait étrange et singulier, que l'on ait pu fonder un Cours de Mathématiques, sur la seule idée des systèmes de coordonnées, nous lui ferions remarquer, que ce sont précisément ces systèmes qui caractérisent les phases ou les étapes de la science. Sans l'invention des coordonnées rectilignes, l'algèbre en serait peut-être encore au point où Diophante et ses commentateurs l'ont laissée, et nous n'aurions, ni le Calcul infinitésimal, ni la Mécanique analytique. Sans l'introduction des coordonnées sphériques, la Mécanique céleste était absolument impossible. Sans les coordonnées elliptiques, d'illustres géomètres n'auraient pu résoudre plusieurs questions importantes de cette théorie, qui restaient en suspens; et le règne de ce troisième genre de coordonnées spéciales ne fait que commencer. Mais quand il aura transformé et complété toutes les solutions de la Mécanique céleste, il faudra s'occuper sérieusement de la Physique mathématique, ou de la Mécanique terrestre. Alors viendra nécessairement le règne des coordonnées curvilignes quelconques, qui pourront seules aborder les nouvelles questions dans toute leur généralité. Oui, cette époque définitive arrivera, mais bien tard : ceux qui, les premiers, ont signalé ces nouveaux instruments, n'existeront plus et seront complétement oubliés; à moins que quelque géomètre archéologue ne ressuscite leurs noms. Eh! qu'importe, d'ailleurs, si la science a marché !

www.ingramcontent.com/pod-product-compliance
Lightning Source LLC
LaVergne TN
LVHW011950170726
843503LV00001B/82